YASUOKONGQI CHUNENGFADIAN
XITONG TIAOJIE TEXING

压缩空气储能发电

系统调节特性

贵州电网有限责任公司电力科学研究院 组编

中国电力出版社
CHINA ELECTRIC POWER PRESS

图书在版编目（CIP）数据

压缩空气储能发电系统调节特性/贵州电网有限责任公司电力科学研究院组编 . —北京：中国电力出版社，2023.8（2024.11重印）

ISBN 978-7-5198-7898-6

Ⅰ.①压…　Ⅱ.①贵…　Ⅲ.①压缩空气-储能-应用-发电-研究　Ⅳ.①TM61

中国国家版本馆 CIP 数据核字（2023）第 099719 号

出版发行：中国电力出版社

地　　址：北京市东城区北京站西街 19 号（邮政编码 100005）

网　　址：http：//www. cepp. sgcc. com. cn

责任编辑：王　南（010-63412876）

责任校对：黄　蓓　常燕昆

装帧设计：王红柳

责任印制：石　雷

印　　刷：北京天泽润科贸有限公司

版　　次：2023 年 8 月第一版

印　　次：2024 年 11 月北京第二次印刷

开　　本：787 毫米×1092 毫米　16 开本

印　　张：14

字　　数：314 千字

印　　数：1501—2000 册

定　　价：69.00 元

前　言

　　储能是建设新型电力系统的重要支撑技术。压缩空气储能作为超长时、大容量物理储能技术，近年来发展很快，如安徽芜湖 500 千瓦级、河北廊坊 1.5 兆瓦级、贵州毕节 10 兆瓦级、山东肥城 10 兆瓦级、江苏金坛 10 兆瓦级，乃至张北 100 兆瓦级非补燃超临界压缩空气储能示范工程。但研究主要集中在膨胀机和压缩机的本体设计制造以及系统集成方面，在压缩空气储能发电的调节特性、机电耦合等方面研究较少，制约了压缩空气储能的应用。

　　针对上述情况，作者参加了国家重点研发计划《10 兆瓦级先进压缩空气储能技术研发与示范》（2017YFB0903600）项目研究，作为子课题，开展了《压缩空气储能电站调节特性研究》，掌握了压缩空气储能发电机组的转速调节特性、功率调节特性、一次调频响应特性。

　　在上述背景和近期工作基础上，将研究成果通过专著形式展示出来，有利于向广大读者推介压缩空气储能技术，有利于揭示完善压缩空气储能发电系统的调节性能，有利于压缩空气储能发电系统的顺利并网和友好运行。

　　本书分为六章，第一章为压缩空气储能技术概述，第二章为压缩空气储能发电系统，第三章为压缩空气储能发电系统调节系统建模，第四章为压缩空气储能发电系统转速调节性能优化技术，第五章为压缩空气储能发电系统源网耦合，第六章为压缩空气储能发电系统并网及测试。

　　本书读者对象为大中专教师、学生，储能领域研究人员以及一线专业技术人员。

编　者
2023.2

目 录

前言

第一章 压缩空气储能技术概述 ……………………………………… 1

　　第一节 压缩空气储能技术 …………………………………… 1

　　第二节 国内外研究现状 ……………………………………… 16

第二章 压缩空气储能发电系统 …………………………………… 19

　　第一节 压缩机的分类及工作原理 …………………………… 19

　　第二节 膨胀机的分类及工作原理 …………………………… 25

　　第三节 管道模型 ……………………………………………… 37

　　第四节 调节阀门 ……………………………………………… 40

　　第五节 换热器模型 …………………………………………… 45

　　第六节 储气装置 ……………………………………………… 54

　　第七节 泵原理 ………………………………………………… 57

　　第八节 发电机模型 …………………………………………… 62

　　第九节 10MW 压缩空气储能系统 …………………………… 70

第三章 压缩空气储能发电系统调节系统建模 …………………… 82

　　第一节 压缩空气储能调节系统 ……………………………… 82

　　第二节 调节系统模型 ………………………………………… 86

　　第三节 调节系统动态特性 …………………………………… 88

第四章 压缩空气储能发电系统转速调节性能优化技术 ………… 96

　　第一节 基于软着陆的转速控制技术 ………………………… 96

　　第二节 基于喷气射流的转速精细调节技术 ………………… 98

第五章 压缩空气储能发电系统源网耦合 ………………………… 149

　　第一节 源网耦合 ……………………………………………… 149

　　第二节 源网耦合模型 ………………………………………… 152

　　第三节 源网耦合动态特性 …………………………………… 155

第六章　压缩空气储能发电系统并网及测试 ···················· 161

　第一节　适用标准及并网点的选择 ···························· 161

　第二节　并网管理 ··· 163

　第三节　电源侧的技术要求 ·································· 167

　第四节　应完成的测试项目概述 ······························ 175

　第五节　机组冲转前应完成的测试项目 ························ 179

　第六节　空负荷阶段应完成的测试项目 ························ 200

　第七节　并网后应完成的测试项目 ···························· 201

参考文献 ·· 214

第一章
压缩空气储能技术概述

第一节　压缩空气储能技术

高效规模利用清洁能源、促进间歇性可再生能源大规模入网、传统电力峰谷差值增长，其发电间歇性和波动性甚至反调节性的问题越来越突出，迫切需要行之有效的技术方案来解决新能源的大规模并网问题，大规模电力储能技术是能够解决该问题的有效途径。

电力储能按照技术分类，可分为机械储能（抽水蓄能、压缩空气储能、飞轮储能等）、电磁储能（超级电容器等）和电化学储能（铅酸电池、锂离子电池、钠硫电池等）等。

在各种储能技术中，抽水蓄能在规模上最大，达到吉瓦级，技术也最成熟；压缩空气储能次之，单机规模可以达到 100 兆瓦级；化学储能规模较小，单机规模一般在兆瓦级或更小，并且规模越大控制问题越突出。目前为止，已经大规模投入商业应用的大规模储能技术（100 兆瓦级以上）只有抽水蓄能、压缩空气储能两种。

压缩空气储能（Compressed Air Energy Storage，CAES）被认为是最有发展前景的大规模电力储能技术之一，具有储能规模大、存储周期长、对环境污染小等优点。对于大规模可再生能源利用、提高电能并网能力、实现电能回馈过程的零碳排放都具有重要价值。压缩空气储能是构建智能电网的关键技术之一，在削峰填谷、节约能源，以及保证国家电力安全方面都有重要意义，将成为除抽水蓄能之外最具发展潜力的大规模储能技术。

压缩空气储能是指在电网负荷低谷期用电能驱动压缩机以压缩空气，在电网负荷高峰期释放压缩空气来推动膨胀机发电的储能方式。其中，在释能阶段，由压缩机压缩得到的高压空气在每级膨胀机前通过换热器回收热量，以提高系统的整体效率。

压缩空气储能技术种类繁多，目前有示范工程的种类主要有非绝热式、补燃式、先进绝热式和恒温式等。而先进绝热压缩空气储能（Advanced Adiabatic Compressed Air Energy Storage，AA-CAES）技术是一种新型的大规模储能技术，该技术可以有效地"削峰填谷"，缓解电网调峰的压力，储能效率较高，且建造成本和运行成本都较低，还可以实现零排放，环境污染小，适合与各个级别的分布式发电系统配套建设。为了充分、高效地利用压缩空气储能系统，提高电能的安全性和经济性，须深入认识系统的动态特性。因此，对压缩空气储能系统进行建模与仿真研究，加深对系统动态特性及并网调速规律的认识，是推进压缩空气储能的应用与普及的重要理论及技术基础。

总体而言，我国压缩空气储能系统规模不够，且严重缺乏长期运行的数据和经验，对压缩空气储能系统动态特性的认识尚不深入，这严重限制了压缩空气储能系统的设计与运维技术的发展。为了提高系统设计及控制水平，亟待深入认识其动态特性。为此，本书基于模块化建模思想及专用仿真平台，建立了 10 兆瓦级压缩空气储能系统模型，并利用验证过的动态模型分析该系统在储能、释能等过程的动态特性；通过典型扰动下的响应分析，获得优化的控制策略，为压缩空气储能系统的设计与调控提供有效的手段和基础数据。

一、大规模储能技术的选择

1. 抽水蓄能

抽水蓄能是在电力系统中技术最成熟、应用最广泛的一种储能技术。根据国家能源局 2021 年发布的《抽水蓄能中长期发展规划（2021~2035 年)》，截至 2021 年，我国已投产抽水蓄能电站总规模 3249 万 kW，在建抽水蓄能电站总规模 5513 万 kW。已建和在建规模均居世界首位。计划到 2030，投产总规模达到 1.2 亿 kW。抽水蓄能可以建造为不同容量，能量释放时间可从几小时到几天，是目前唯一达到吉瓦级的储能技术，同时转化效率较高，综合效率可达 70%~85%。抽水蓄能电站示意图如图 1-1 所示，抽水蓄能需要高低两个水库，并安装能双向运转的电动水泵机组。它利用电能与水的势能转变，将风能、太阳能等可再生资源产生的不可控的电能转变为电网可以接纳的稳定电能或者起削峰平谷的目的。其缺点在于需要建设高低两个水库，建设选址受到地理条件的严格限制，选址非常困难，而且厂址一般都远离大规模风电场和太阳能发电场，建设周期也较长，还会带来一定的生态和移民问题。

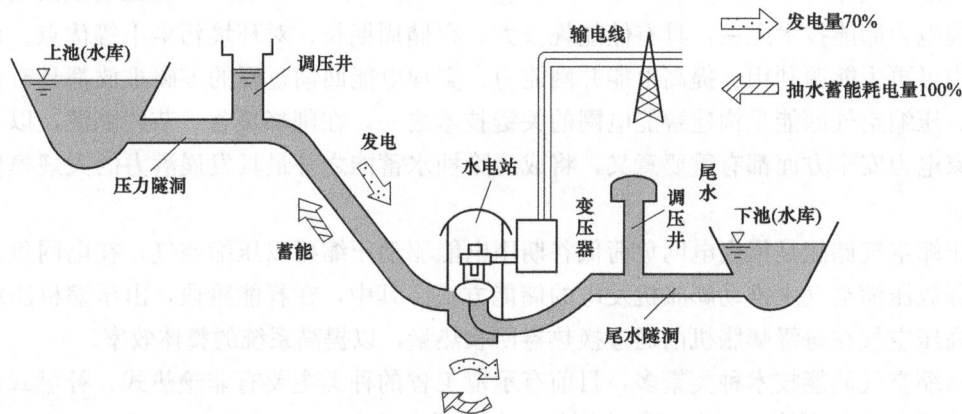

图 1-1　抽水蓄能电站示意图

2. 压缩空气储能

压缩空气储能是另一种可以实现大容量和长时间电能存储的电力储能系统，是指将低谷、风电、太阳能等不易储藏的电力用于压缩空气，将压缩后的高压空气密封在储气设施中，在需要时释放压缩空气推动透平发电的储能方式。相比之下，建设限制条件较少，规模大，单位成本低，寿命长，储能周期不受限制，并且对环境友好，综合效率较高，有望成为解决大规模新能源开发的最佳选择。

目前，地下储气站采用报废矿井、沉降在海底的储气罐、山洞、过期油气井和新建储气井等多种模式，其中最理想的是水封恒压储气站，能保持输出恒压气体。地上储气站采用高压储气罐模式。

压缩空气储能是一种基于燃气轮机的储能技术，技术非常成熟，已经实现大规模商业化应用。压缩空气储能具有容量大、工作时间长、经济性能好、充放电循环多等优点，具体优点如下。

（1）规模上仅次于抽水蓄能，适合建造大型电站。压缩空气储能系统可以持续工作数小时乃至数天，工作时间长。

（2）建造成本和运行成本比较低，低于钠硫电池或液流电池，也低于抽水蓄能电站，具有很好的经济性。随着绝热材料的应用仅使用少量或不使用天然气或石油等燃料加热压缩空气，燃料成本占比逐步下降。

（3）场地限制少。虽然将压缩空气储存在合适的地下矿井或溶岩下的洞穴中是最经济的方式，但是现代压缩空气储存的解决方法是可以用地面储气罐取代溶洞。

（4）寿命长。通过维护可以达到 40～50 年，接近抽水蓄能的 50 年寿命。并且其效率可以达到 60％左右，接近抽水蓄能电站。

（5）安全性和可靠性高。压缩空气储能使用的原料是空气，不会燃烧，没有爆炸的危险，不产生任何有毒有害气体。万一发生储气罐漏气事故，罐内压力会骤然降低，空气既不会爆炸也不会燃烧。

总之，我国不具备广泛建设抽水蓄能电站自然条件的一些地区，尤其远离消费中心的大型风电场和太阳能发电场，迫切需要研究开发另外一种能够大规模长时间使用的储能技术。由于压缩空气储能优势明显，可以弥补抽水蓄能的先天不足，成为有效解决我国大规模储能问题的重要选择。

二、压缩空气储能工作原理

传统压缩空气储能系统是基于燃气轮机技术发展起来的一种能量存储系统。燃气轮机的主要结构示意图如图 1-2 所示，燃气轮机装置由压气机、燃烧器（燃烧室）和透平

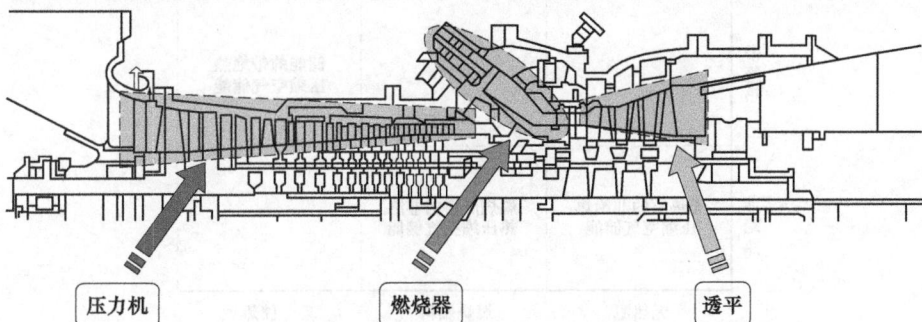

压力机　　　　　燃烧器　　　　　透平

图 1-2　燃气轮机的主要结构示意图

3个主要部分组成。燃气轮机的工作原理为：叶轮式压气机从外部吸收空气，压缩后送入燃烧器，同时燃料（气体或液体燃料）也喷入燃烧室与高温压缩空气混合，在定压下进行燃烧。生成的高温高压烟气进入透平膨胀做功，推动动力叶片高速旋转，同时驱动压气机旋转增压空气，燃气轮机装置中约2/3功率用于驱动压气机。

压缩空气储能系统原理图如图1-3所示，压缩空气储能一般包括6个主要部件：压气机（一般为多级压缩机带中间冷却装置）、燃烧室及换热器、膨胀透平（一般为多级透平膨胀机带级间再热装置）、储气装置（地下或地上洞穴或压力容器）、电动机/发电机、辅助系统。

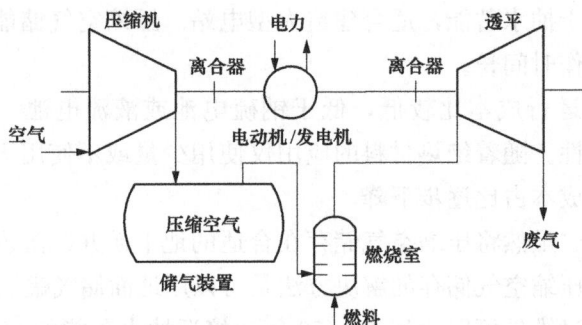

图1-3 压缩空气储能系统原理图

其工作原理与燃气轮机稍有不同的是：压气机和透平不同时工作。在储能时，压缩空气储能中的电动机耗用电能，驱动压气机压缩空气并存于储气装置中；释能过程中，高压空气从储气装置释放，进入燃气轮机燃烧室同燃料一起燃烧后，驱动透平带动发电机输出电能。由于压缩空气来自储气装置，透平不必消耗功率带动压气机，透平的出力几乎全用于发电。

三、压缩空气储能分类

压缩空气储能分类示意图如图1-4所示，根据压缩空气储能的绝热方式，可以分为两种：非绝热压缩空气储能、带绝热压缩空气储能。同时根据压缩空气储能的热源不同，非绝热压缩空气储能可以分为无热源的非绝热压缩空气储能、燃烧燃料的非绝热压

图1-4 压缩空气储能分类示意图

缩空气储能，带绝热压缩空气储能可以分为外来热源的带绝热压缩空气储能、压缩热源的带绝热压缩空气储能。

1. 无热源的非绝热压缩空气储能

无热源的压缩空气储能系统既不采用燃烧燃料加热，也不采用其他外来热源和绝热装置。

无热源的非绝热压缩空气储能系统示意图如图 1-5 所示，在储能时，电动机带动压气机压缩空气并存于储气装置中；放气发电过程中，高压空气从储气装置释放，驱动透平带动发电机输出电能。

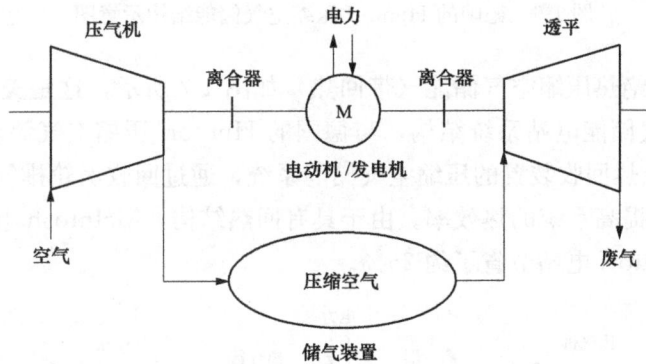

图 1-5 无热源的非绝热压缩空气储能系统示意图

无热源的非绝热压缩空气储能优点是结构简单，但系统能量密度和效率较低。因此，它仅应用在微小型系统中，用作备用电源、空气马达动力和车用动力等，不适应大规模储能。

2. 燃烧燃料的非绝热压缩空气储能

国外压缩空气储能发展较早，主要形式为补燃式压缩空气储能。燃烧燃料的非绝热空气压缩蓄能的特点是需要向系统提供较多额外的燃料，放气时加热从储气装置中流出的空气。该类型压缩空气系统储能时，电动机带动压缩机，空气通过多级压缩，同时使用冷却装置回收其压缩放出的热量，并储存于储气装置中。在释能过程中，高压空气从储气装置中释放，通过多次补燃，驱动透平带动发电机输出电能。

补燃式压缩空气储能优点是可靠性强，稳定性强，灵活性好，缺点是消耗化石能源，增加温室气体排放。

典型代表为德国的 Huntorf 压缩空气储能电站和美国 Alabama 州的 McIntosh 压缩空气储能电站。它们与压缩空气储能基本原理相比，压缩过程和膨胀过程为二级，压缩过程包括级间以及级后冷却，膨胀过程包括中间再热结构。

德国的 Huntorf 压缩空气储能结构示意图如图 1-6 所示。在储能过程中，电动机带动压缩机，空气通过两级压缩成高压空气，同时使用冷却装置，在进入储气装置之前被冷却，然后存于储气装置中。释能时，储气装置中的高压空气经过两次补燃后驱动透平，从而带动发电机输出电能。

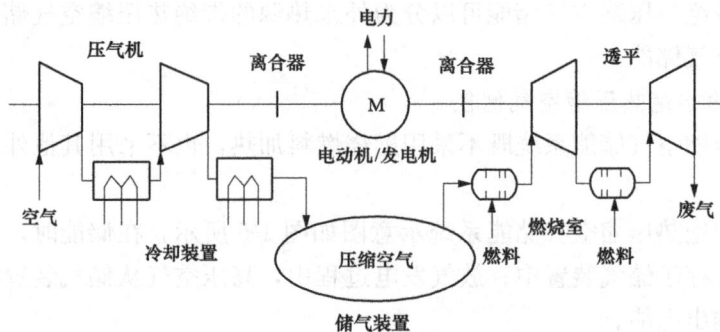

图 1-6　德国的 Huntorf 压缩空气储能结构示意图

　　燃烧燃料的非绝热压缩空气储能（带回热）如图 1-7 所示，这是美国 Alabama 州的 McIntosh 压缩空气储能电站系统结构，与德国的 Huntorf 压缩空气储能不同之处在于，McIntosh 是带有余热回收装置的压缩空气储能系统，通过回收涡轮排气中的废热预热压缩空气，从而可以提高系统的热效率。由于具有回热结构，McIntosh 电站的单位发电燃料消耗相对于 Huntorf 电站节省了约 25%。

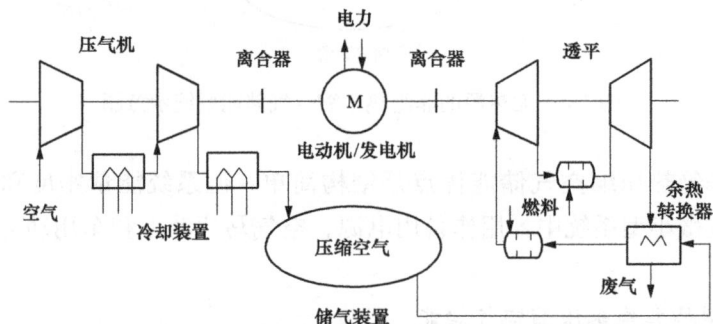

图 1-7　燃烧燃料的非绝热压缩空气储能（带回热）

　　3. 外来热源的带绝热压缩空气储能

　　此类压缩空气储能是通过存储外来热源代替燃料燃烧加热。外来热源可以是太阳能热能、电力、化工、水泥等行业的余热废热等。目前应用最广泛是太阳能热能，太阳能热利用是一种最现实、最有前景、最能够有份额地替代化石能源消耗的太阳能利用方式，通过太阳集热器可以获得 550℃ 以上的高温，但由于太阳能的间歇性和不稳定性，储热装置在太阳能热利用系统中具有先天的需求。

　　外来热源的带绝热压缩空气储能示意图如图 1-8 所示，在储能过程中，电动机带动压缩机，压缩成高压空气存于储气装置中，外来热源热能存储在储热装置中。在释能过程中，利用存储的外来热源热能加热压缩空气，驱动透平带动发电机输出电能。

　　4. 压缩热源的带绝热压缩空气储能

　　压缩空气储能系统中空气的压缩过程接近绝热过程，产生大量的压缩热。如在理想状态下，压缩空气至 10MPa，能够产生 650℃ 的高温。

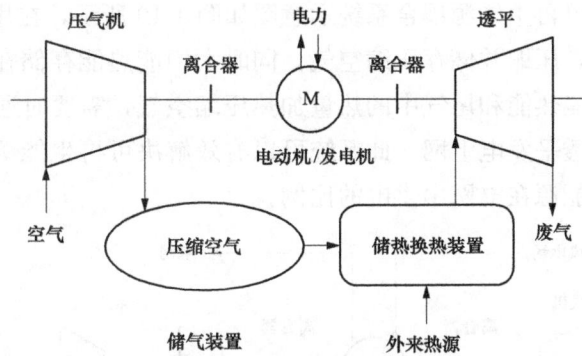

图 1-8 外来热源的带绝热压缩空气储能示意图

压缩热源的带绝热压缩空气储能示意图如图 1-9 所示，在储能过程中，压缩热源的带绝热压缩空气储能将空气压缩过程中的压缩热存储在储热装置中，高压空气存于储气装置中。在释能过程中，利用存储的压缩热能加热压缩空气，然后驱动涡轮做功。与非绝热压缩空气储能相比较，综合效率最高可达到 70%。同时，此系统中压气机的出口会达到 650℃的高温，增加了对压气机耐热材料的要求。系统虽然去除了燃烧室，但是增加了储热装置，会带来管道和阀门数量的增加与储气装置体积过大的问题。

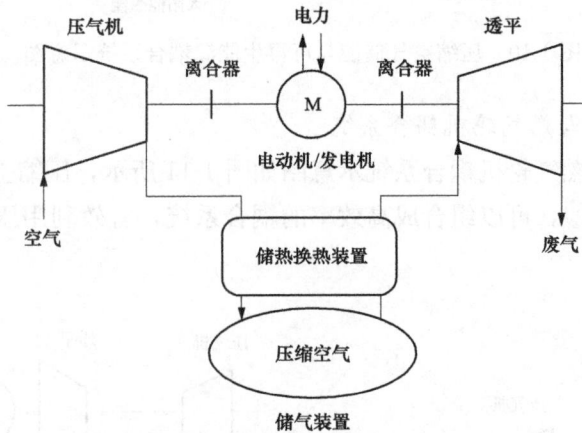

图 1-9 压缩热源的带绝热压缩空气储能示意图

四、压缩空气储能的耦合利用方式

传统的压缩空气储能主要通过透平直接发电。为了提高系统工作方式的灵活性，改善系统的效率和适应特殊用途等，逐步出现了直接利用经过压缩空气储能压缩后的高压空气与其他热力循环系统耦合的应用方式。

1. 压缩空气储能与可再生能源耦合系统

风电和太阳能发电出力的不确定性和波动性给电网的实时功率平衡和安全稳定运行带来诸多问题。压缩空气储能可实现间歇式可再生能源稳定输出，为可再生能源大规模利用提供有效解决方案。

　　压缩空气储能与可再生能源耦合系统示意图如图 1-10 所示，在用电低谷，风电场的多余电力驱动压气机，压缩并储存压缩空气，同时太阳能热能存储在储热装置中。在释能过程中，利用太阳能热能和尾气中的热量加热压缩空气，需要时通过燃烧进一步加热压缩空气，然后进入透平发电上网。此系统可以有效解决可再生能源的并网问题，进一步提高间歇式可再生能源在电网中供电的比例。

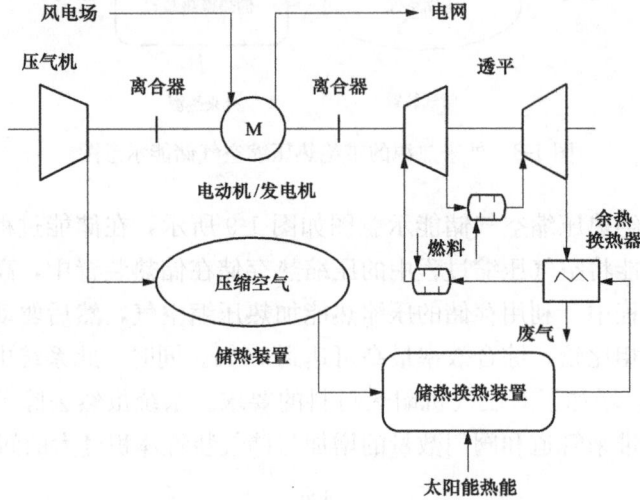

图 1-10　压缩空气储能与可再生能源耦合系统示意图

　　2. 压缩空气储能与燃气轮机耦合系统

　　压缩空气储能与燃气轮机耦合系统示意图如图 1-11 所示，压缩空气储能与燃气轮机的结构和工作原理类似，可以组合成高效率的耦合系统，有效利用压缩空气储能起到削峰平谷的目的。

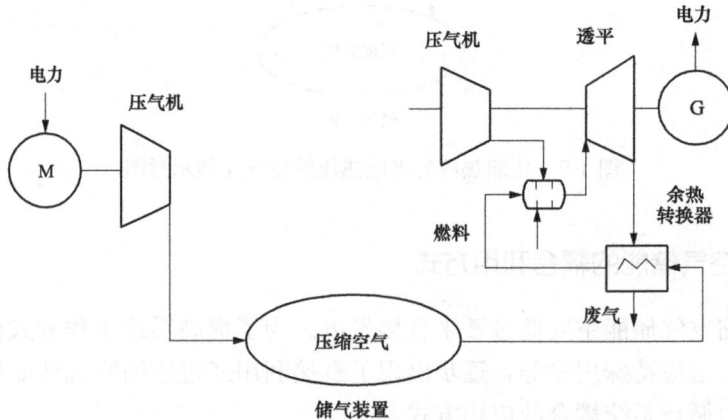

图 1-11　压缩空气储能与燃气轮机耦合系统示意图

　　为了提高能源利用效率，在一般情况下，大功率燃气轮机需要连续高负荷运行，而压缩空气储能则作为燃气轮机发电的"加力装置"。在用电低谷时，多余电力用来压缩空气并储存在地下洞穴或者地上高压容器等储气装置里；在用电高峰时，压缩空气通过燃气轮机的废气加热之后，可以直接喷入或者同燃气轮机压缩空气混合喷入燃烧室，以增加燃气轮机出力，其排气仍通过余热换热器加热压缩空气储能中的空气。

3. 压缩空气储能与制冷循环耦合系统

高压空气在膨胀过程中气体温度会大幅降低，因此可以作为制冷剂向用户供冷。压缩空气储能与制冷循环耦合系统示意图如图 1-12 所示，该系统用低谷电能压缩并存储空气；当需要制冷时，压缩空气进入空气透平膨胀，一方面透平输出功可以驱动另外一个蒸发制冷循环，另一方面，透平膨胀后出口空气温度降低，可直接为用户提供冷气。压缩空气储能系统膨胀机和制冷系统蒸发器出口的冷空气混合后输出给用户提供冷量，其运行成本低于同类型的蒸发制冷循环和冰蓄冷系统。

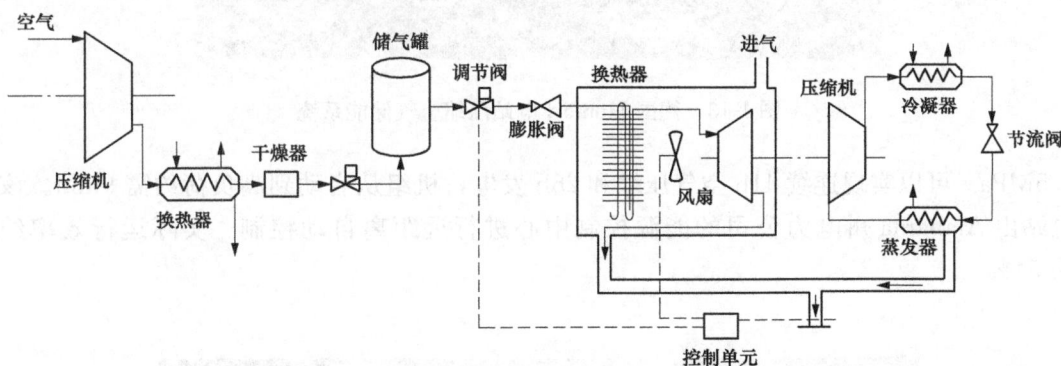

图 1-12　压缩空气储能与制冷循环耦合系统示意图

五、压缩空气储能应用现状

1. 国外压缩空气储能电站

截至 2021 年底，全球已投运储能项目累计装机规模为 205.3GW。其中压缩空气储能装机功率 1863.8MW，占比 0.91%。目前已有两座大规模压缩空气储能电站投入了商业运行，分别位于德国和美国。

第一座也是世界上最大容量的压缩空气储能电站，是 1978 年投入商业运行的德国 Huntorf 电站，目前仍在运行中，压缩空气储能系统如图 1-13 所示。空气有两级压缩和两次补燃过程，机组的压缩机功率 60MW，释能输出功率为 290MW。系统将压缩空气存储在地下 600m 的废弃矿洞中，矿洞总容积达 $3.1 \times 10^5 m^3$，压缩空气的压力最高可达 10MPa。机组可连续充气 8h，连续发电 2h。该电站在 1979～1991 年期间共启动并网 5000 多次，平均启动可靠性 97.6%。实际运行效率约为 42%。

第二座是 1991 年投入商业运行的美国 Alabama 州的 McIntosh 压缩空气储能电站，压缩空气储能系统如图 1-14 所示。带有余热回收装置，通过回收涡轮排气中的废热预热压缩空气，从而可以提高系统的热效率。储能电站压缩机组功率为 50MW，发电功率为 110MW。储气洞穴在地下 450m，总容积为 $5.6 \times 10^5 m^3$，压缩空气储气压力为

图 1-13　德国 Huntorf 电站压缩空气储能系统

7.5MPa。可以实现连续 41h 空气压缩和 26h 发电，机组从启动到满负荷约需 9min。该电站由 Alabama 州电力公司的能源控制中心进行远距离自动控制。实际运行效率约为 54%。

图 1-14　美国 McIntosh 压缩空气储能系统

　　美国俄亥俄州从 2001 年起开始建设一座 2700MW 的大型压缩空气储能商业电站，该电站由 9 台 300MW 机组组成。压缩空气存储于地下 670m 的地下岩盐层洞穴内，储气容积为 $9.57 \times 10^6 m^3$。

　　日本于 2001 年投入运行的上砂川町压缩空气储能示范项目，位于北海道空知郡，输出功率为 2MW，是日本开发 400MW 机组的工业试验用中间机组。它利用废弃的煤矿坑（约在地下 450m 处）作为储气洞穴，属于补燃压缩空气储能工程，最大压力为 8MPa。上砂川町压缩空气储能试点电厂项目参数见表 1-1。

表 1-1 上砂川町压缩空气储能试点电厂项目参数

参数名	单位	值
输出功率	MW	2
压缩机运行时间	h	10
发电时间	h	4
启动到满负荷时间	s	210
停止时间	s	30
压缩空气储存压力（最高）	MPa(abs)	8
压缩空气储存压力（最低）	MPa(abs)	4
储存压缩空气温度	℃	≤5
压缩空气容量	m^3	1600

美国 SustainX 公司研发的恒温式压缩空气储能技术，在用电低谷时，利用电网中的电能驱动压缩空气的发动机（此时相当于电动机）带动压缩机做功，恒温压缩空气储能技术（Isothermal Compressed Air Energy Storage，ICAES）捕捉在压缩空气过程中产生的热能，存入水中，并在管道中储存一定温度的汽水混合物，以等温或者几近恒温的状态储存。在用电高峰时，与上述过程相反，气体膨胀驱动发电机发电。

美国 SustainX 公司的恒温压缩空气储能技术及其示范项目，得到美国能源部国家技术实验室的资金支持，其储能技术主要有两方面的创新。

（1）气体恒温循环技术，在空气压缩或膨胀过程中，通过在空气中喷射液体达到恒温目的。

（2）额定功率，应用新型气体膨胀方式，发电机在压缩空气的设定压力内均可以发出额定功率。基于恒温压缩空气储能技术的美国 SustainX 公司 1.5MW 商业原型机已于 2014 年 9 月 15 日试运完成，美国 SustainX 公司恒温压缩空气储能示范项目主要技术参数见表 1-2。

表 1-2 美国 SustainX 公司恒温压缩空气储能示范项目主要技术参数

技术参数	单位	值
储能功率	MW	2.2
发电功率	MW	1.65
储能容量	MWh	1
储能时间	min	60
发电时间	min	36
启动到满负荷时间	min	<3
储能响应时间	s	<13
效率	%	54
工作温度	℃	−20～40

英国 Highview 公司提出液态空气储能（Liquid Air Energy Storage，LAES）技术，

2005 年开始研究，2008 年在实验室得到验证，2010 年修建试点工程，2011 年完成试点工程的建设。Highview 公司的液态空气储能系统包含三个主要过程：系统充能、能量存储、系统发电，工艺流程如图 1-15 所示。2014 年，Highview 公司与 Viridor 公司合作，共同修建 5MW 液态空气储能示范项目，该项目位于 Viridor 公司的 Pilsworth 填埋气发电厂旁，为该电厂提供储能服务，该项目获得英国政府支持并计划 2017 年投入运行。2017 年，Highview 公司的远景规划是建设 200MW/1.2GWh 的项目。

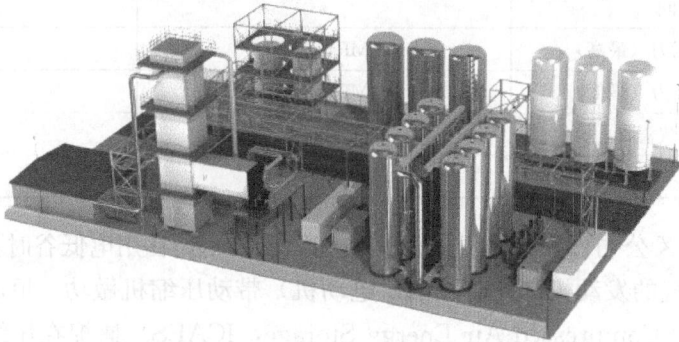

图 1-15 英国 Highview 公司液态空气储能系统

图 1-16 瑞士 ABB 公司联合循环压缩空气储能发电系统示意图

瑞士 ABB 公司（现已并入阿尔斯通公司）正在开发联合循环压缩空气储能发电系统，其示意图如图 1-16 所示。储能系统发电功率为 422MW，空气压力为 3.3MPa，系统充气时间为 8h，储气洞穴为硬岩地质，采用水封方式。目前除德、美、日、瑞士外，俄、法、意、卢森堡、南非、以色列和韩国等也在积极开发压缩空气储能电站。

德国正在开展先进绝热压缩空气储能研究，该项目采用非补燃型压缩空气储能，设计储能容量 360MW，设计输出功率 90MW，系统理论效率 70%。但也面临高温压缩和高温储热的难题。

2. 国内压缩空气储能示范工程

尽管我国在压缩空气储能方面起步较晚，但近年来发展迅速。截至 2021 年底，国内已建成压缩空气储能项目数量 7 个，总装机容量约 182.5MW。尤其在非补燃式压缩空气储能的研究方面已取得了一系列的研究成果，已建成多个示范性项目。国内的压缩空气储能示范工程均采用了非补燃绝热式压缩空气储能，系统不采用外来燃料进行燃烧，对压缩空气时产生的大量压缩热，使用储热装置进行回收，在发电过程中，使用该热源对压缩空气进行加热，可以提高系统效率，一般采用多级压缩放热和多级膨胀吸热。优点是环境友好，不会产生污染物。缺点是储能密度比较低、转化效率相对较低。

中国科学院工程热物理研究所提出了一种新型的超临界压缩空气储能系统。通过采用蓄冷技术，将压缩空气温度低于 78.6K（-194.55℃），空气将被液化，体积减小上百倍，储能密度大大增加，约为常规压缩空气储能系统能量密度的 18 倍，大幅减少了系统储罐体积，摆脱了对地理条件的限制；该系统回收了间冷热，摆脱了对化石燃料的依赖；同时利用了空气的超临界状态流动与传热特性提高了系统效率。

2014 年 11 月，清华大学等单位在安徽芜湖建成了 500kW 非补燃压缩空气储能示范工程。该系统基于多温区高效回热技术储存压缩热并用其加热透平进口高压空气，实现储能发电全过程的高效转换和零排放。目前系统电换电试验效率达到 40%，其系统参数见表 1-3。

表 1-3　　　　　　　　　**500kW 压缩空气储能示范项目系统参数**

参数	单位	数值
储气压力	MPa	10
储气罐体积	m³	100
压缩机级数	级	5
充气时间	h	5.5
发电时间	h	1
压缩机额定功率	kW	282
发电功率	kW	550

中国科学院工程热物理研究所承担北京市科技计划重大课题"超临界压缩空气储能系统研制"，在河北廊坊建成了 1.5 兆瓦级非补燃超临界压缩空气储能系统示范工程，于 2014 年 7 月 16 日通过北京市科学技术委员会组织的鉴定。该工程实现了超宽负荷压缩机、多级高负荷膨胀机、高效蓄热（冷）换热器、系统集成与控制等关键技术的突破，河北廊坊 1.5MW 压缩空气储能示范工程如图 1-17 所示。

中国科学院工程热物理研究所与贵州省毕节市人民政府合作，在毕节市成立了国家能源大规模物理储能技术研发中心，建设的非补燃超临界压缩空气储能示范工程功率为 10MW，储能容量为 40MWh。系统采用四级压缩储能和四级膨胀发电，储气压力 <10MPa。在经过 4000h 的试验运行后，于 2021 年 10 月 9 日在贵州毕节正式并网发电。10 兆瓦级非补燃超临界压缩空气储能示范工程如图 1-18 所示。

2017 年 5 月 27 日，金坛盐穴压缩空气储能发电系统国家示范项目获国家能源局批复，由中盐集团、中国华能集团和清华大学共同开发建设，金坛拥有约 1000 万 m³ 地下盐穴储气库，盐穴储气库距厂区约 1km，采用地下浅埋压缩空气管道的方式与主厂区连接，一期工程发电装机 60MW，储能容量 300MWh。项目远期规划 1000MW。金坛盐穴压缩空气储能发电系统国家示范项目为日调度的调峰电站，可根据当地用电负荷状况快速转换运行模式。目前一期工程 60MW 压缩空气储能电站已建成，并于 2021 年 9 月 30

图 1-17　河北廊坊 1.5MW 压缩空气储能示范工程

图 1-18　10 兆瓦级非补燃超临界压缩空气储能示范工程

日实现并网发电，充分检验了设备的可靠性和系统的高效性，江苏金坛 60MW 压缩空气储能示范工程如图 1-19 所示。

图 1-19　江苏金坛 60MW 压缩空气储能示范工程

2021 年 8 月，山东肥城 50MW 压缩空气储能电站一次送电成功，标志着国内首家压缩空气储能商业电站顺利实现并网。该项目由中国能建葛洲坝装备公司和中能装备共同投资建设，采用中国科学院工程热物理所的技术支持，由葛洲坝中科储能技术有限公司提供设备、技术并负责工程实施，建设规模为 5×10MW/300MWh，山东肥城 50MW 压缩空气储能示范工程如图 1-20 所示。

图 1-20　山东肥城 50MW 压缩空气储能示范工程

2021 年国际首套 100MW 先进压缩空气储能项目在河北张家口建成。该项目是国家发改委立项支持的国家可再生能源示范区重大项目，建设规模为 100MW/400MWh，系统设计效率 70.4%，项目建设地为河北省张家口市张北县庙滩云计算产业园，占地约 0.057km²（85 亩）。项目由张北巨人能源有限公司（巨人集团）投资，技术来源为中国科学院工程热物理研究所，由中储国能（北京）技术有限公司提供全套设备，河北张北 100MW 压缩空气储能示范工程如图 1-21 所示。

图 1-21　河北张北 100MW 压缩空气储能示范工程

第二节　国内外研究现状

1949 年以来，为了揭示压缩空气储能系统的动态特性，国内外学者开展了大量的实验和仿真研究。

1. 在机组控制方面

Li Pan 等人提出配电网级压缩空气储能系统并网过程控制策略。Bai Jiayu 等人提出了考虑系统的非设计特性和换热器的动态性能压缩空气储能系统功率跟踪控制的简化 AA-CAES 模型。Bhowmik Pritam 等人提出了一种自校正动态指数控制策略来调节电池和压缩空气之间的电荷均衡。Widjonarko 等人提出一种小型压缩空气储能系统利用发电机的空气控制发电机转速的方法。文贤馗等通过在保持换热条件不变时，控制进气质量流量，使第二级至第四级压缩机进气温度和各级膨胀机排气温度保持为设定值，提出一种改变压比和膨胀比的控制策略。李扬等通过建立集成压力控制单元的 TS-CAES 系统热力学模型，揭示了系统储释能过程中压力、温度、质量流量以及功率等关键参数随时间的变化规律。李广阔等从电网调峰和调压综合需求以及压缩空气储能系统自身运行特性出发，提出一种 S-CAES 电站调相运行模式及其内部热力学优化设计方法，并通过实际算例对所提运行模式进行了验证和分析。王丹等通过分析大规模压缩空气储能系统常规定速发电方式特点，提出了基于全控器件励磁的定速恒频同步储能机组控制策略。

2. 在机组设计方面

Jiang Runhua 等人提出一种在透平前增加一个燃烧器的先进的 T-CAES 系统；Chen Longxiang 等人提出了采用一种新的节流策略和一个额外的喷射器的绝热压缩空气储能系统；Han Zhonghe 等人提出了压缩空气储能系统膨胀机采用定压、定滑压和滑压运行的冷热电联供系统；Fu Hailun 等人提出了一种基于有机朗肯循环的新型变压比绝热压缩空气储能系统用于提高压缩空气储能的循环效率。韩中合等人提出采用太阳能辅热系统进一步加热释能过程的高压空气，以提高膨胀机入口空气温度，从而提高系统的输出功。周升辉等人为提高储气罐体积恒定的绝热压缩空气储能系统的性能，提出了采用多喷射器和单喷射器两种强化压缩空气充能过程的储能系统。刘嘉豪建立了喷嘴配气调节全三维分析数值模型，分析了调节级进行了变工况特性分析及流动损失机理，结果表明采用喷嘴配气可满足调节需求，并大幅度提高调节级变工况性能。郭欢等人构建了能反映 AA-CAES 变工况特性的系统仿真模型，分析了 AA-CAES 系统中压缩段关键参数随背压的变化变化规律、膨胀段各段参与随入口压力的变化规律、各关键参数在储能/释能过程中的变化规律。

3. 与微电网相结合研究方面

JiangRunhua 等通过 AA-CAES 系统的多联产系统综合数学模型研究了 AA-CAES 系统类型与系统压缩/膨胀阶段数和参数的关系。Li Yaowang 等人研究了使用微电网规模的 CAES 作为备用设备的潜在应用。蔡杰等人针对现有研究在 AA-CAES 参与微型能源系统热电联储联供方面的不足，提出一种考虑 AA-CAES 热电联储/供特性的微型能源系统优化运行调度策略。薛小代等人针对城市居民小区的需求特点，分析了该系统不同运行模式下的能量转换特性，并提出一种基于压缩空气储能的微能源网设计方案。严毅等人提出一种将储能在控制架构层面置于源与荷之间并作为系统的核心，综合考虑"源—储—荷"特性的微网复合储能系统主动控制策略。胡厚鹏通过 MATLAB 仿真平台建立了 500 千瓦级先进绝热压缩空气储能系统仿真模型，分析了该系统运行过程中各主要设备动态响应特性，探索了微电网中先进绝热压缩空气储能系统运行的动态特性。

4. 在与其他机组耦合方面

M. Ammal Dhanalakshmi 等人分析了对 5kW 风电机组与塔式结构内压缩空气储藏相结合的新型模块化系统进行结构和可行性。Lucio Tiago Filho Geraldo 等人分析了一种连接了一台航空发电机和一台燃气轮机热电组的压缩空气储存系统的技术经济可行性。Abouzeid Said I. 等人提出了一种风能转换系统和压缩空气储能的协同控制框架，缓解风电不确定性的影响。Chen Xiaotao 等人提出了一种可满足多种形式的能源需求的基于混合三蓄热压缩空气储能系统的新型 CCHP 系统。Rafał Hyrzyński 等人分析了压缩空气储能系统中储热和电能与燃气轮机后热回收耦合的过程。Chen Xiaotao 等人提出了一种具有较高的透平吸入温度以提高系统效率的新型太阳能辅助的先进压缩空气储能系统。张华煜通过考虑冷热电的联合供应以及电能不同时段、季节的费率结构，一种耦合绝热压缩空气储能和风力发电机组的分布式能源系统模型。Gheiratmand A 等人提出使用 CAES 装置解决风力发电的不确定性，并采用混合整数规划模型和 GAMS 软件来最小化电网的运行费用和风力削减。

压缩空气储能作为大容量物理储能方式，在源、网、用户侧都有极大的应用空间。压缩空气储能技术在电力系统中应用前景广阔，典型应用场景包括如下几个方面。

（1）削峰填谷。集中式的大型压缩空气储能电站的单机容量可达百兆瓦量级，发电时间可达数小时，可在电力系统负荷低谷时消纳富余电力，在负荷高峰时向电网馈电，起到"削峰填谷"的作用，从而促进电力系统的经济运行。

（2）消纳新能源。分散式压缩空气储能电站的容量配置为几兆瓦到几十兆瓦，可与光伏电站、风电场、小水电站等配套建设，将间歇性的可再生能源储存起来，在用电高峰期释放，缓解当前的弃风、弃光和弃水困局。

（3）构建独立电力系统。压缩空气储能还可用于沙漠、山区、海岛等特殊场合的电力系统。该类地区对储能系统的寿命、环保等方面有特殊需求。在此情况下，若配合风力发电、光伏发电、潮汐发电等清洁能源，结合非补燃压缩空气储能的冷热电联供特点，则有望构建低碳环保的冷热电三联供独立电力系统。

（4）紧急备用电源。由于非补燃压缩空气储能技术不受外界电网、燃料供应等条件的限制，对于电网出现突发情况如冰灾造成的断网等，该技术的应用将能确保重要负荷单位如政府机关、军事设施、医院等的正常运行。

（5）辅助功能。压缩空气储能具有功率和电压均可调节的同步发电系统，且响应迅速，其大量应用可以增加整个电力系统的旋转备用和无功支撑能力，提高系统电能品质和安全稳定水平。

对于单机容量达到百兆瓦级的大型压缩空气储能电站（目前一般为补燃式），一般接入 220kV 输电网，可以按照传统的同步发电机并网流程进行管理；对于与光伏、风电及小水电配套建设的分散式压缩空气储能电站，可以将压缩空气储能看做电源点内部的辅助系统，不做并网要求；构建独立电力系统的压缩空气储能，主要考虑孤网运行性能，与并入公共电网的要求应有所不同；作为紧急备用电源、提供辅助服务或分散式的压缩空气储能，将接入统调公共配电网，为了保证公共电网安全和电能质量，应对系统功能和并网性能提出要求。

第二章
压缩空气储能发电系统

第一节　压缩机的分类及工作原理

在压缩空气储能系统中，压缩机是最重要的设备之一，工业上常用的压缩机有容积式、轴流式和离心式三种。容积式压缩机适用于高压比小流量运行工况，需要备机。轴流式压缩机虽然可以输送大气量，但是级压比低。相比轴流式和容积式压缩机，离心式压缩机不仅可以输送较大气量，而且单级压比也比较高。根据压缩空气储能系统的特性，压缩机需要具备大流量、高效率、高压比、较宽调节范围的特点。离心式压缩机可以为压缩空气储能项目提供较为完善的解决方案。

一、离心式压缩机的基本组成

离心式压缩机的典型结构如图 2-1 所示。

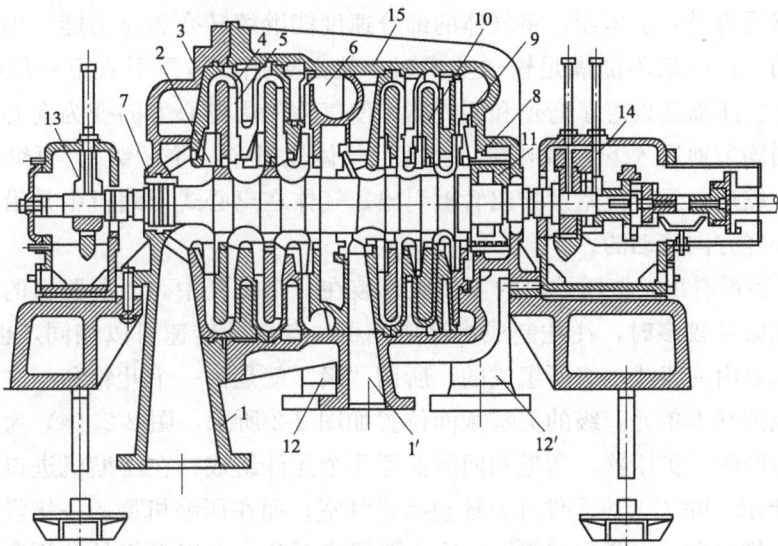

图 2-1　离心式压缩机的典型结构

1，1′——一段/二段吸气室；2—叶轮；3—扩压器；4—弯道；5—回流器；6—蜗室；7，8—轴端密封；9—隔板密封；10—轮盖密封；11—平衡盘；12，12′—一段/二段抽出管；13—径向轴承；14—径向推力轴承；15—机壳

离心式压缩机由转子及定子两大部分组成。转子包括转轴、固定在轴上的叶轮、轴套、平衡盘、推力盘及联轴器等零部件；定子则包括机壳、扩压器、弯道、回流器、轴

承和蜗壳以及定位于缸体上的各种隔板等零部件。在转子与定子之间需要密封气体的部位还设有密封元件。除此之外，还有润滑、冷却、自动控制等辅助系统。

离心式压缩机主要过流部件有：

（1）吸入室：将所要压缩的气体由进气管（或中间冷却器出口）均匀地引入叶轮进行增压。

（2）叶轮：是离心式压缩机中唯一对气体做功的部件。气体进入叶轮后，随叶轮一起高速旋转，由于离心力和扩压作用，使气体的速度和压力得到很大提高。

（3）扩压器：在叶轮后设置流通面积逐渐扩大的扩压器，用以把动能转变为压力能，提高气体压力。

（4）弯道：将扩压器流出的气体由离心方向改变为向心方向，将气体更好地引入下一级轮。

（5）回流器：级间导流，将气体均匀地引入下一级叶轮入口。

（6）蜗壳：将从扩压器或叶轮流出的气体汇集起来并导向排出管路，同时由于流道面积的逐渐扩大，还起转能的作用，使气体的动能进一步转变为压力能。

二、离心式压缩机的工作原理

离心式压缩机的基本工作原理与离心泵有许多相似之处。但由于气体是可压缩的，必然涉及热力状态的变化，因此要用到工程热力学和气体动力学方面的知识。以图 2-1 为例说明，气体由吸气室进入，通过叶轮对气体做功后，使气体的压力、速度、温度都得到提高，然后再进入扩压器，将气体的部分速度能继续转变为压力能。当通过一级叶轮对气体做功、扩压后不能满足输送要求时，就必须把气体再引入下一级继续进行压缩。为此，在扩压器后设置了弯道和回流器，使气体先由离心方向变为向心方向，然后再按一定方向均匀地进入下一级叶轮。至此，气体流过了一个"级"，再继续进入第二级、第三级压缩后，经排出室及排出管被引出。气体在离心式压缩机中是沿着与压缩机轴线垂直的半径方向流动的。

由图 2-1 还可看出，该压缩机的 4 个级都装在一个机壳中。当所要求的气体压力较高，需用叶轮数目较多时，往往制成多缸压缩机。各缸的转速可以相同，也可以不同。离心式压缩机是由一级或多级所组成的，所谓"级"就是由一个叶轮和与之相配合的固定元件所构成的基本单元。级的关键截面位置如图 2-2 所示，图 2-2（a）为压缩机的中间级，它是由叶轮、扩压器、弯道和回流器等几个元件组成；在压缩机进口处的首级如图 2-2（b）所示，除了上述元件外，还包括进气室；而在压缩机最后一级没有弯道和回流器，代之以排出室。本章将"级"作为主要研究对象。在以后级的分析和计算中，就着重分析级内几个关键截面上的参数。

当离心式压缩机要求增加的压力比较高时，如果不对气体进行中间冷却，不仅多耗功，而且排气温度太高，对压缩机的轴承和气缸都不利，尤其是当压缩易燃、易爆气体时更应冷却。因此，在压缩过程中必须进行缸外冷却，即把压缩机分为若干段。图 2-3 为三段二次中间冷却压缩示意图。

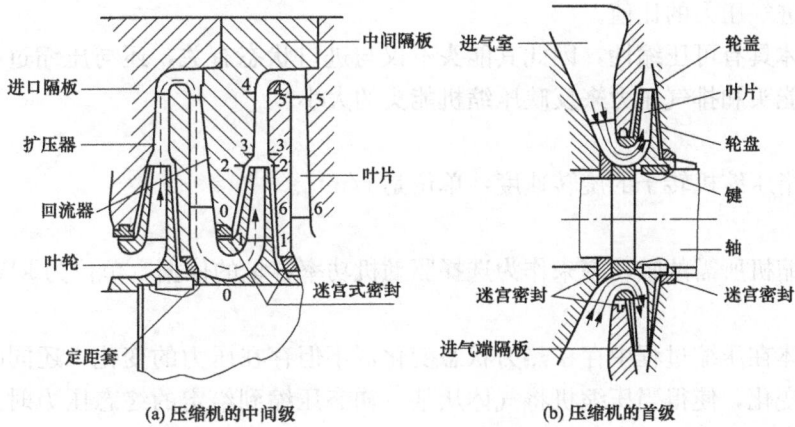

图 2-2　级的关键截面位置

0—叶轮进口截面；1—叶片叶道进口截面；2—叶轮出口截面；3—扩压器进口截面；
4—扩压器出口截面；5—回流器进口截面；6—回流器出口截面（即级的出口截面）

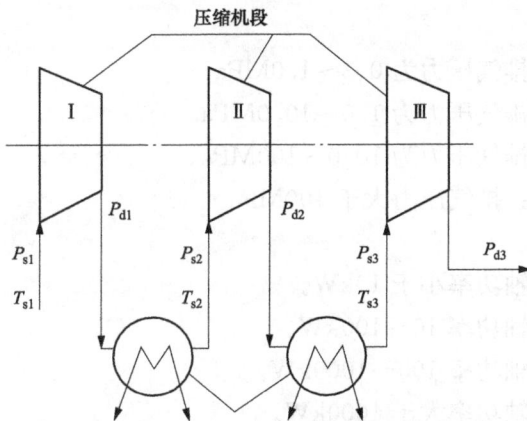

图 2-3　三段二次中间冷却压缩示意图

P_{s1}、P_{s2}、P_{s3}—各级吸气压力；P_{d1}、P_{d2}、P_{d3}—各级排气压力；T_{s1}、T_{s2}、T_{s3}—各级吸气温度

三、离心式压缩机的主要性能参数

1. 流量

流量既可以用容积流量也可以用质量流量来表示。容积流量是单位时间内通过压缩机流道的气体体积流量，单位常用 m^3/min。常用进口容积流量和标准容积流量。

（1）进口容积流量表示压缩机的通流能力，是指压缩机进口法兰截面上的压力、温度、气体可压缩性、气体组分和湿度条件下的容积流量。

（2）标准容积流量是指将压缩机压缩并排出的气体在标准排气位置的实际容积流量换算到标准工况的气体容积值。

2. 压力比、多变能头和排气压力

在压缩机中常用压力比来表示气体的能头增加，压力比（简称压比）定义为压缩机排气压力与进气压力的比值。

由于气体具有可压缩性，因此其能头不仅与进口状态有关，还与压缩过程有关，通常采用多变能头和排气压力来反映压缩机能头的大小。

3. 转速

转速是指压缩机转子的旋转速度，单位是 r/min。

4. 功率

常用压缩机所需的轴功率来作为选择驱动机功率容量的依据，单位为 kW。

5. 效率

由于气体在压缩过程中存在热力状态变化，不但存在压力的变化，还同时存在比体积和温度的变化，使得当压缩机将气体从某一初态压缩到给定的终态压力时，存在多种可逆压缩过程，即多变压缩过程、等熵压缩过程以及等温压缩过程。

四、离心式压缩机的分类

离心式压缩机种类繁多，根据其性能、结构特点，可从如下几个方面进行分类。

1. 按排气压力分

(1) 低压压缩机：排气压力为 0.3～1.0MPa。

(2) 中压压缩机：排气压力为 1.0～10.0MPa。

(3) 高压压缩机：排气压力为 10.0～100MPa。

(4) 超高压压缩机：排气压力大于 100MPa。

2. 按功率分

(1) 微型压缩机：轴功率小于 10kW。

(2) 小型压缩机：轴功率 10～100kW。

(3) 中型压缩机：轴功率 100～1000kW。

(4) 大型压缩机：轴功率大于 1000kW。

3. 按吸入气体流量分

(1) 小流量压缩机：流量小于 100m³/min。

(2) 中流量压缩机：流量为 100～1000m³/min。

(3) 大流量压缩机：流量大于 1000m³/min。

4. 按轴型式分

(1) 单轴多级式：一根轴上串联几个叶轮。

(2) 双轴四级式：4 个叶轮分别悬臂地装在 2 个小齿轮轴的两端，气体经过每级压缩后被送到机外下方的冷却器，原动机通过大齿轮来驱动机组。

5. 按气缸型式分

(1) 水平剖分式：气缸在中心线处水平剖分成上、下两部分，通常称为上、下机壳。上、下机壳用连接螺栓连成一个整体。结合面的密封靠研磨加工、涂密封剂，进气管、排气管均在缸体下半部分，在揭去缸体上半部分后，可方便地进行检查、维修内件。该种类型适用于中压、低压压缩机，出口压力通常低于 5MPa。

(2) 垂直剖分式：即筒形压缩机，上、下剖分的隔板和转子装在筒形气缸内，气缸两侧端盖用螺栓紧固。隔板与转子组装后，用专用工具送入筒形缸体内。

6. 按级间冷却形式分

（1）机外冷却：每段气体压缩后输出机外进入下方的冷却器。

（2）机内冷却：冷却器的壳体与压缩机的机壳铸为一体，冷却器对称地布置在机壳的两侧，气体每经过一级压缩后都得到冷却。

7. 按压缩介质分

按压缩介质不同，离心式压缩机可分为空气压缩机、天然气压缩机、氮气压缩机、裂解气压缩机、氨冷冻压缩机和乙烯、丙烯压缩机等。

五、离心式压缩机热力学方程

1. 状态方程

理想气体的压力 p、比体积 v、温度 T 之间的函数关系符合以下的理想气体状态方程：

$$pv = R_g T \tag{2-1}$$

式中　p——气体绝对压力，Pa；

$\quad\ \ T$——气体绝对温度，K；

$\quad\ \ v$——气体的比体积，m^3/kg；

$\quad\ \ R_g$——气体常数，$J/(kg \cdot K)$。

2. 过程方程

由于在实际的热力过程中不可避免地存在能量耗损，因此所有的实际过程均为不可逆过程。为了便于分析，常将实际过程近似为可逆过程。凡是参数满足 pv^m 为常数的可逆过程称为多变过程，m 称为过程指数。

对于等温过程，其过程指数 $m=1$，则过程方程为 $pv=$ 常数。

对于可逆绝热过程，即定熵过程，$m=k=c_p/c_v$，k 为绝热指数，c_p 为比定压热容，c_v 为比定容热容。

压缩机的实际压缩过程一般是多变过程。当气体在压缩过程中吸热时，则多变过程指数 $m>k$，m 值的大小既与 k 值有关，又与吸热量大小有关，离心式压缩机的实际压缩过程接近这种多变过程。当气体在压缩过程中放热时，即有冷却的压缩过程，$1<m<k$，这种过程与活塞式压缩机的实际压缩过程接近。实际过程的多变指数在整个过程中是变化的，通常取始、末状态指数的平均值 $m=(m_1+m_2)/2$。

3. 压缩功

压缩过程示意图如图 2-4 所示，其中 s 为比熵，v 为比体积。

当气体经历可逆过程由状态 1 压缩至状态 2 时，压缩机对单位质量气体所做的压缩称为压缩能头或技术功，可表示为

$$w = \int_{p_1}^{p_2} v \, \mathrm{d}p \tag{2-2}$$

（1）等温压缩过程，有

$$pv = p_1 v_1 = p_2 v_2 \tag{2-3}$$

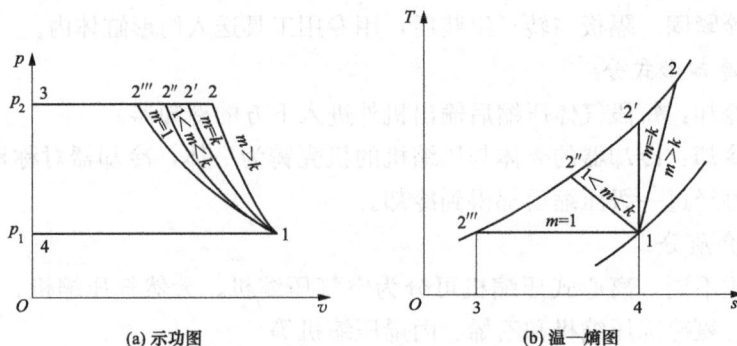

(a) 示功图   (b) 温—熵图

图 2-4　压缩过程示意图

等温压缩功为

$$w_{is} = \int_{p_1}^{p_2} v \mathrm{d}p = p_1 v_1 \ln \frac{p_2}{p_1} \tag{2-4}$$

等温压缩功 w_{is} 相当于图 2-4（a）中 p-v 图上的 1-2‴-3-4-1 的耗功，而在图 2-4（b）中 T-s 图上相当于面积 1-2‴-3-4-1 的放热量。

（2）绝热压缩过程。

由绝热过程方程 $pv^k = p_1 v_1^k = p_2 v_2^k$ 可得

$$w_{ad} = \frac{k}{k-1} R_g T_1 \left[\left(\frac{P_2}{P_1} \right)^{\frac{k-1}{k}} - 1 \right] = \frac{k}{k-1} p_1 v_1 \left[\left(\frac{P_2}{P_1} \right)^{\frac{k-1}{k}} - 1 \right] \tag{2-5}$$

绝热压缩功 w_{ad} 相当于 2-4（a）中面积 1-2′-3-4-1 的耗功，而在图 2-4（b）中相当于面积 1-2′-2‴-3-4-1 的热量。

（3）多变压缩过程。

由多变过程方程 $pv^m = p_1 v_1^m = p_2 v_2^m$，积分得多变压缩功为

$$w_{pol} = \frac{m}{m-1} R_g T_1 \left[\left(\frac{P_2}{P_1} \right)^{\frac{m-1}{m}} - 1 \right] = \frac{m}{m-1} p_1 v_1 \left[\left(\frac{P_2}{P_1} \right)^{\frac{m-1}{m}} - 1 \right] \tag{2-6}$$

理想气体可逆压缩过程不同类型计算式如下。

1°等压压缩过程为

$$\begin{cases} \text{过程方程：} T = \text{定值} \\ \text{压缩终态温度：} T_{2''} = T_1 \\ \text{压缩功：} w_{is} = p_1 v_1 \ln \frac{P_2}{P_1} = R_g T_1 \ln \frac{P_2}{P_1} \end{cases} \tag{2-7}$$

2°等熵压缩过程为

$$\begin{cases} \text{过程方程：} pv^k = \text{定值} \\ \text{压缩终态温度：} T_{2''} = T_1 \left(\frac{P_2}{P_1} \right)^{\frac{k-1}{k}} \\ \text{压缩功：} w_{ad} = \frac{k}{k-1} p_1 v_1 \left[\left(\frac{P_2}{P_1} \right)^{\frac{k-1}{k}} - 1 \right] = \frac{k}{k-1} R_g (T_2 - T_1) \end{cases} \tag{2-8}$$

3°多变压缩过程为

$$
\begin{cases}
\text{过程方程：} pv^m = \text{定值} \\[2mm]
\text{压缩终态温度：} T_{2''} = T_1 \left(\dfrac{P_2}{P_1}\right)^{\frac{m-1}{m}} \\[2mm]
\text{压缩功：} w_{\mathrm{pol}} = \dfrac{m}{m-1} p_1 v_1 \left[\left(\dfrac{P_2}{P_1}\right)^{\frac{m-1}{m}} - 1\right] = \dfrac{m}{m-1} R_g (T_2 - T_1)
\end{cases}
\tag{2-9}
$$

第二节　膨胀机的分类及工作原理

膨胀机内气体的热力学过程接近于等熵膨胀过程。膨胀机内气体热力学过程如图 2-5 所示，压缩气体从高压 p_1、温度 T_1 状态在膨胀机中作等熵（$s=$ 常数）膨胀至低压 p_2，从点 1 沿等熵线与 p_2 等压线交于点 2。点 2 的温度 T_2 即为等熵膨胀后的温度。其温差为 $\Delta T = T_1 - T_2$，相应等熵焓降为 $\Delta h = h_1 - h_2$。在等熵膨胀过程中，气体有部分内能转化为功，同时为克服分子间的吸引力而使分子动能减少，从而降低了气体温度。但在实际工作过程中，因为有若干能量损失，气体膨胀时不可能达到状态 2，而只能达到状态 $2'$，其实际温差为 $\Delta T' = T_1 - T_{2'}$，相应实际焓降为 $\Delta h' = h_1 - h_{2'}$，故绝热效率是指膨胀机在膨胀过程中实际焓降与等熵焓降之比。绝热效率越高，越接近于等熵膨胀过程。一般膨胀机绝热效率为 $60\% \sim 85\%$。

根据膨胀机能量转换的方式不同，可将膨胀机分为两类：容积式膨胀机和透平式膨胀机。膨胀机的分类示意图如图 2-6 所示。

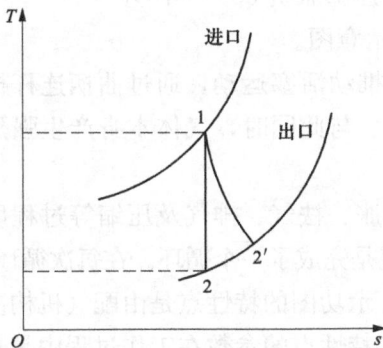

图 2-5　膨胀机内气体热力学过程　　　　图 2-6　膨胀机分类示意图

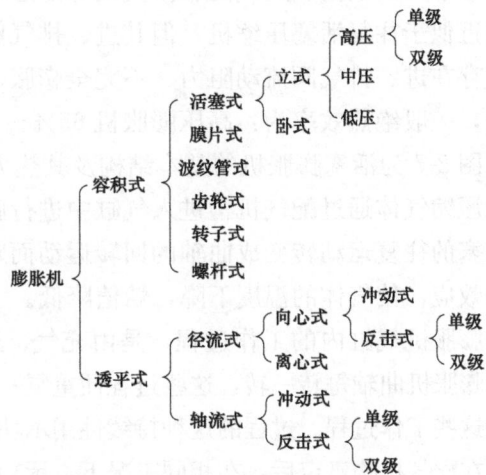

容积式膨胀机是利用容积的变化而使气体膨胀输出外功以制取冷量的。改变气体的容积有很多方法，因此，容积式膨胀机的型式也有许多种。它既包括一般的利用活塞在气缸中作往复运动以改变容积的活塞膨胀机，也包括做回转运动的容积式膨胀机。目前，最常见应用最广的还是活塞膨胀机，因此，通常都习惯于把膨胀机分成活塞膨胀机

和透平膨胀机。透平膨胀机是利用气体膨胀时，其能量（全部或部分）首先变成高速气流的动能，然后使动能转化为转子的输出功以制取冷量的。在这类膨胀机中，既包括膨胀气体做向心运动的径流式透平膨胀机，又包括膨胀气体做轴向运动的轴流式透平膨胀机。根据膨胀气体的膨胀过程不同，可分为冲动式和反动式两种。在冲动式透平膨胀机中，气体的膨胀过程完全在静止的喷嘴中进行，叶轮依靠气流的冲击而运动。而在反动式透平膨胀机中，气体的膨胀过程不仅在喷嘴中进行，而且还在叶轮的流道中继续进行。但不管哪种透平膨胀机都是以工质流动时速度能的变化来传递能量的。因此，也称为速度型膨胀机。膨胀机是利用压缩气体膨胀降压时向外输出机械功使气体温度降低的原理以获得冷量的机械。当气体具有一定的压力和温度时，就具有由压力而体现的势能和由温度所体现的动能，这两种能量总称为内能。膨胀机主要的作用是利用气体在膨胀机内进行绝热膨胀对外做功消耗气体本身的内能，使气体的压力和温度大幅度降低达到制冷与降温的目的。

一、活塞式膨胀机工作原理

活塞膨胀机的原理工作是，使被压缩的气体经过膨胀机，在气缸内膨胀，推动活塞对外做功，并使气体温度降低，同时制取冷量。活塞膨胀机的特点是适用于小流量、高压力、大膨胀比工况，多用于中高压、小流量领域。缺点是复杂、体积大、易损件多、操作维护复杂。活塞型膨胀机使气体在可变容积中膨胀，输出外功制冷的膨胀机（通常由电动机制动吸收外功），也称为容积型膨胀机。工质在气缸内推动活塞输出外功，同时本身内能降低。这种膨胀机分立式和卧式两种。采用较多的是立式结构，曲轴、连杆、十字头、活塞、进气阀和排气阀等是运动件，分别装在机身、气缸和中间座中，其作用近似于往复活塞压缩机，但其进、排气阀系借进、排气凸轮定时启闭。活塞膨胀机由于存在进、排气阀流动阻力、不完全膨胀、摩擦热、外热与内部热交换等引起的冷量损失，一般绝热效率为：高压膨胀机 65%～85%，中压膨胀机 60%～70%。

图 2-7 为活塞膨胀机的基本结构及其热力过程的示意图。

压缩气体通过配气机构进入气缸中进行膨胀，并推动活塞运动，通过曲柄连杆机构将活塞的往复运动转变成曲轴的回转运动而对外做功。与此同时，气体本身产生强烈的冷却效应，使气体的温度下降，熵值降低。

膨胀机气缸内的工作过程，是由充气、进气、膨胀、祛气、排气及压缩等过程所组成。膨胀机曲轴每转一转，这些过程便重复一次，也就是完成了一个循环。在每次循环中，重复这些工作过程。过程的这种持续性用示功图表示。示功图的特性点是由配气机构决定的。在配气机构已定后，在相同工况下，示功图上的各特性点的参数在工作过程中是不变的。示功图是用专门的示功器将气体在气缸内压力和体积的变化关系描绘在图纸上。

为了分析膨胀机的工作循环，对于一些标志膨胀机工作过程的性能指标，说明如下。

1. 绝热焓降 Δh_s

绝热焓降是气体等熵绝热膨胀开始及终了时的最大焓差，它仅决定于膨胀过程的气体参数 P_H、T_H 和 P_K。这些参数一旦给定，就可根据 $T\text{-}s$ 图（见图 2-8）来确定，绝热

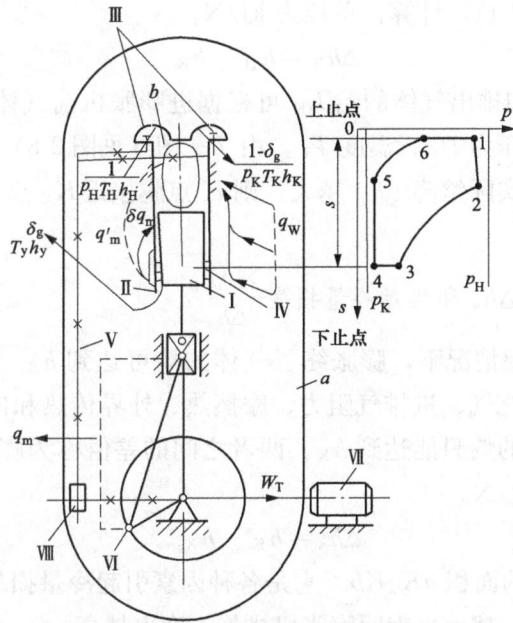

图 2-7　活塞膨胀机基本结构和热力过程示意图

Ⅰ—活塞；Ⅱ—气缸；Ⅲ—配气机构；Ⅳ—活塞密封；Ⅴ—配气机构传动链；

Ⅵ—运动机构；Ⅶ—制动机构；Ⅷ—调节机构；

1—2：进气过程；2—3：膨胀过程；3—4：祛气过程；4—5：排气过程；5—6：压缩过程；6—1：充气过程

a—活塞膨胀机的绝热部分；b—活塞的工作容积；q_W—外界传入热量；q_m、q'_m—摩擦热；

T_y、h_y—泄漏气体的温度和焓值；δ_g—泄漏气体量；W_T—制动功；

p_H、T_H、h_H—进膨胀机气体的压力、温度和焓值；p_K、T_K、h_K—出膨胀机气体的压力、温度和焓值

焓降按式（2-10）计算，单位为 kJ/N。绝热焓降也是理想膨胀机的最大单位制冷量，用其作为评定膨胀机好坏的标准。

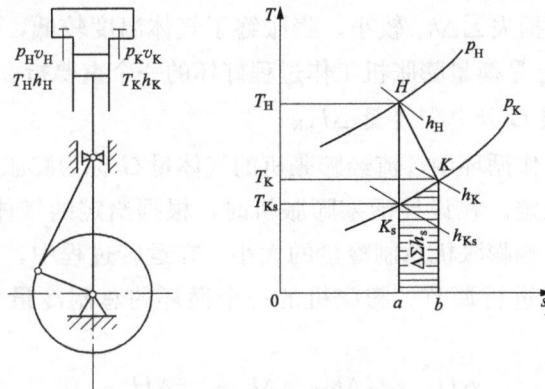

图 2-8　绝热膨胀过程

$$\Delta h_s = h_H - h_{Ks} \tag{2-10}$$

2. 实际焓降 Δh_K

实际焓降是实际单位制冷量，也是膨胀机实际循环中进口气体和排出气体的单位焓

27

差，实际焓降值按式（2-11）计算，单位为 kJ/N。

$$\Delta h_K = h_H - h_K \tag{2-11}$$

进口气体的焓 h_H 和排出气体的焓 h_K 可根据进膨胀机前气体的压力 P_H、温度 T_H 和排出膨胀机后气体的压力 P_K、温度 T_K，由 T-s 图（见图 2-8）确定。从图 2-8 可以看出，在一定的条件下，实际焓降 Δh_K 越大，则 K 点越接近 K_s 点。这表明膨胀机的效率也越高。

3. 单位冷量损失 $\sum \Delta h_s$ 和相对冷量损失 $\dfrac{\sum \Delta h_s}{\Delta h_s}$

图 2-8 表示，在理想情况下，膨胀终了气体的焓可达到 h_{Ks}。实际上，由于膨胀和压缩不完全、余隙容积充气、进排气阻力、摩擦热、外界传热和内部热交换等各种因素的影响，实际排出气体的焓只能达到 h_K。两者之间的差值称为膨胀机的单位冷量损失，即式（2-12），单位为 kJ/N。

$$\Delta h_s = h_K - h_{Ks} \tag{2-12}$$

它相当于图 2-8 中的面积 aK_sKb。它是各种因素引起冷量损失的总的反映。在一定条件下，冷量损失 $\sum \Delta h_s$ 越大，表明膨胀机排气温度也越高。

冷量损失有时用相对冷量损失 $\dfrac{\sum \Delta h_s}{\Delta h_s}$ 表示，是单位冷量损失与理想单位制冷量的比值。

4. 绝热效率 η_s

膨胀机的绝热效率是膨胀机实际焓降与绝热焓降之比值为

$$\eta_s = \frac{\Delta h_K}{\Delta h_s} \tag{2-13}$$

膨胀机的进气压力 P_H、进气温度 T_H 和排气压力 P_K，一般都是由制冷装置的工艺流程决定的。在 P_H、T_H 和 P_K 已定时，绝热焓降 Δh_s 也就确定了。所以，绝热效率 η_s 越高，则表明冷量损失 $\sum \Delta h_s$ 较小，膨胀终了气体温度较低，膨胀机的工作过程比较完善。因此，效率 η_s 是衡量膨胀机工作过程好坏的一个重要指标。

5. 膨胀机气体流量 G 及总制冷量 ΔH_K

在膨胀机的一个工作循环中，流经膨胀机的气体量 G 称为膨胀机气体流量。它由制冷装置流程设计计算确定。在设计活塞膨胀机时，根据给定的气体流量确定气缸尺寸。气体流量的大小直接影响膨胀机总制冷量的大小。在运转过程中，通过膨胀机的气体流量，根据不同工况可以进行调节。膨胀机的一个循环的总制冷量 ΔH_K（单位为 kJ/s）为

$$\Delta H_K = G \Delta h_K = \Delta h_s \eta_s = \Delta H_s \eta_s \tag{2-14}$$

6. 指示功率 N_i、制动功率 N_T

活塞膨胀机在一个循环中，发出的功称为指示功。根据热力学第一定律，如果膨胀气体与外界没有热交换，那么循环的制冷量就等于循环的指示功。但是，在实际工作过程中，由于有摩擦热及外界传热的影响，使得膨胀机的指示功增加，膨胀终了气体的焓

也增大，循环制冷量则随之减少，这时，循环指示功大于循环制冷量。

以膨胀机作为一个孤立系统，列出能量平衡方程式

$$\begin{cases} \Delta H_K = N_e - Q_w \\ N_e = N_i - Q_m \end{cases} \tag{2-15}$$

经变换整理得到

$$\Delta H_K = N_i - Q_m - Q_w \tag{2-16}$$

式中　N_e——轴功率，kW；

　　　N_i——指示功率，kW；

　　　Q_m——摩擦热，kJ/s；

　　　Q_w——外界传热，kJ/s。

因此，在实际工作过程中，膨胀机的指示功并不等于制冷量。只是在一定条件下，指示功的大小可以反映制冷量的大小。

近代活塞膨胀机的摩擦热和外界传热的数值，通常不超过指示功的10%。因而，可以根据示功图的变化，来近似地判断一些因素对膨胀机制冷量的影响。

膨胀机发出的功率，通过曲柄连杆机构传给外界制动设备。例如电机、压缩机及泵等。这些制动设备的制动功率 N_T（单位 kW）为

$$N_T = (0.7 \sim 0.8)\Delta H_K \tag{2-17}$$

二、透平式膨胀机的分类及工作原理

1. 透平式膨胀机的分类

透平膨胀机由于有喷嘴损失、叶轮损失、余速损失、轮盘摩擦损失、泄漏损失、窜流损失和外热侵入损失，一般绝热效率为：中压膨胀机65%~75%，低压膨胀机75%~85%。20世纪60年代已制成带液膨胀机，大多用于天然气分离设备。透平膨胀机的主要工作在喷嘴及叶轮中完成，当高速、低温的气体通过叶轮通道时，由于叶轮高速转动，使气体速度很快下降。同时，气体在不断变大的通道中流动时，因为压力与速度下降使气体内能降低，气体温度进一步大幅度降低，达到降温与制冷的目的。透平膨胀机与活塞膨胀机相比，具有流量大、结构简单、体积小、气流无脉动、振动小、调节性能好、效率高和运转周期长等特点。透平膨胀机多用于低中压、流量相对较大的领域。随着透平技术的进一步发展，中高压、小流量的大膨胀比的透平膨胀机在各领域也有越来越多的应用。

透平膨胀机是利用工质流动时速度的变化来进行能量转换的，因此也称为速度型膨胀机。工质在透平膨胀机的通流部分中膨胀获得动能，并由工作轮轴输出外功，因而降低了膨胀机出口工质的内能和温度。工质在工作轮中膨胀的程度称为反动度。具有一定反动度的透平膨胀机就称为反动式透平膨胀机。如果反动度很小以致接近零，则工作轮基本上由喷嘴出口的气流推动而对外作功，因此称为冲动式透平膨胀机。

根据工质在工作轮中流动的方向可以有径流式、径—轴流式和轴流式之分。按照工质从外周向中心或从中心向外周的流动方向，径流式和径—轴流式又有向心式和离心式

的区别。事实上，由于离心式工作轮的流动损失大，因此只有向心式才有价值。透平膨胀机通流部分的基本形式如图 2-9 所示。

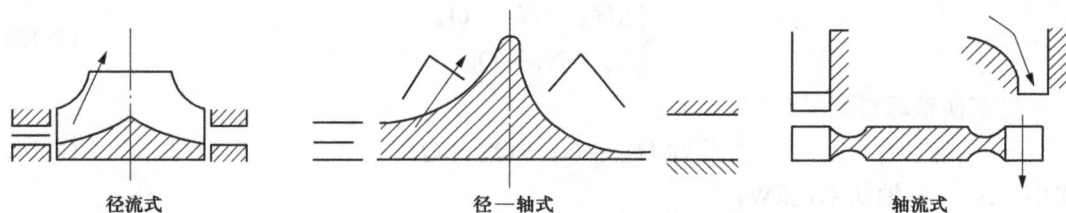

| 径流式 | 径—轴式 | 轴流式 |

图 2-9　透平膨胀机通流部分的基本形式

轮盖没有，只有轮背的则称为半开式工作轮，如图 2-10（a）所示。如果工作轮叶片的两侧具有轮背和轮盖，则称为闭式工作轮，如图 2-10（b）所示。轮盖和轮背都没有的，或轮背只有中心部分而外缘被切除的，则称为开式工作轮，如图 2-10（c）所示。只有在应力很大的场合，才采用开式工作轮，利用外缘的切除来降低离心力。在低温装置中开式工作轮的应用并不普遍。

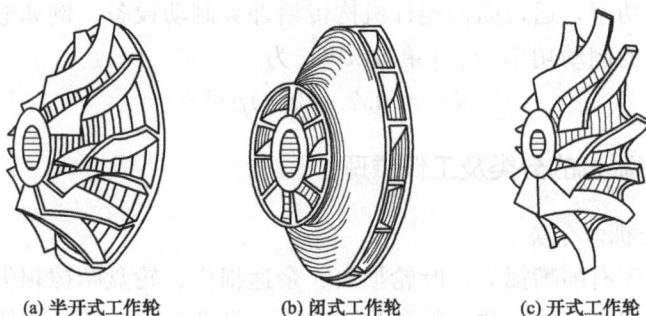

| (a) 半开式工作轮 | (b) 闭式工作轮 | (c) 开式工作轮 |

图 2-10　径—轴流工作轮的形式

根据每台膨胀机中含的级数多少，可分为单级和多级透平膨胀机。为了简化结构，减少流动损失，径—轴流式透平膨胀机一般都采用单级或由几台单级组成的多级膨胀机。按照工质在膨胀过程所处的状态，膨胀机可分为气相透平膨胀机和两相透平膨胀机。按照透平膨胀机的制动方式，可分为风机制动透平膨胀机、增加制动透平膨胀机、电极制动透平膨胀机和油制动透平膨胀机。根据透平膨胀机轴承的不同形式，可分为油轴承透平膨胀机、气体轴承透平膨胀机和磁轴承透平膨胀机等。最后，还可以按照工质的性质、工作参数、用途以及制动方式等来区分不同类型的透平膨胀机，这里不再赘述。

2. 透平式膨胀机的工作原理

透平膨胀机是一种高速旋转的热力机械，它是利用工质流动时速度的变化来进行能量转换的，因此也称为速度型的膨胀机。它由膨胀机通流部分，制动器及机体三部分组成。

工质在透平膨胀机的通流部分中膨胀机获得动能，并由工作轮轴端输出外功，因而降低了膨胀机出口工质的内能和温度。透平膨胀机主机剖面示意如图 2-11 所示。

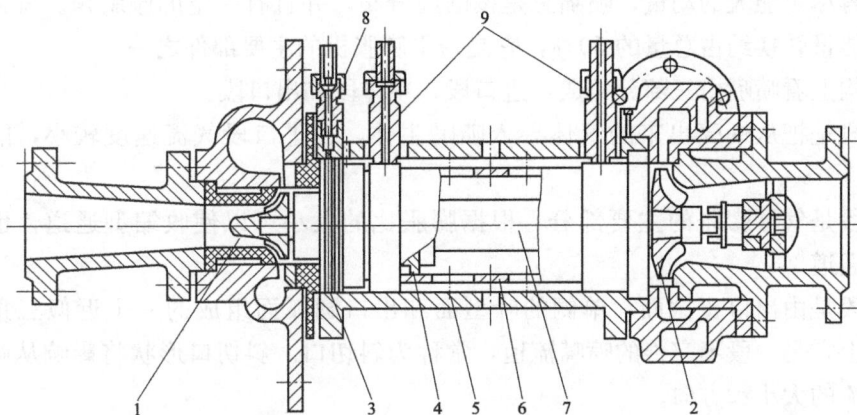

图 2-11　透平膨胀机剖面示意图

1—膨胀机；2—制动风机；3—密封套；4—空气轴承；5—外筒体；
6—轴承套；7—转子；8—密封气接头；9—轴承气接头

膨胀机工质由进气管进入蜗壳，被均匀地分配进入喷嘴，经过喷嘴膨胀，降低了压力和温度后进入工作轮，在工作轮中工质进一步膨胀做功然后经由扩压器排入膨胀机的出口管道，而膨胀功则由工作轮相连的主轴向外输出。由膨胀机主轴输出的能量可被用于驱动一台压缩机或一台发电机，如果输出的能量较小，则可用风机或由制动器来平衡能量，以使透平膨胀机有一个稳定的运行条件。

各参数在膨胀机通流部分的变化趋势如图 2-12 所示。

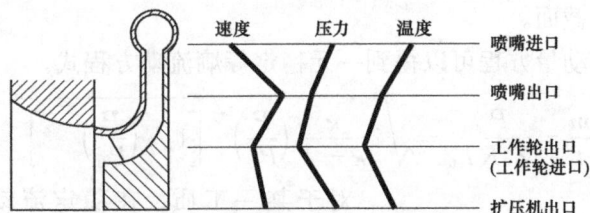

图 2-12　各参数在膨胀机中的变化趋势

三、膨胀机的通流部分

膨胀机的通流部分是指膨胀机在整个膨胀过程中所流经的部分，是工质进行能量转换的主要部件。膨胀工质在通流部分膨胀降温，同时将内能转换成外功输出。

1. 气体在蜗壳中的流动

进入蜗壳的介质速度较小，且蜗壳一般设计成无能量转换型，只是将流体均匀地分配并导入喷嘴环，起导向作用。故保证蜗壳内出口介质的轴对称流动是蜗壳形式的基本设计条件。圆形和矩形截面蜗壳使用较多，其他形式还有梯形、三角形截面等。

2. 气体在喷嘴中的流动

喷嘴是由一组喷嘴叶片均匀分布而成的一组叶栅。在透平膨胀机中为了使工作轮能

31

有效地获得尽可能大的动量，喷嘴总是按圆周分布，并且有一定的倾斜角。气体在喷嘴中完成的能量转换约占总量的 50%，它是透平膨胀机的主要部件之一。

从结构上看喷嘴由三部分组成：进口段、主体段和出口段。

进口段是把从蜗壳出来的气体导入喷嘴主体，在进口段气流速度较小，能量转换很少。

主体段是气体膨胀的主要部分，根据膨胀比的大小可以使收缩型通道，也可以是缩—放型通道。

出口段是由出口正截面，单侧的叶型面和出口圆弧面组成的一个近似三角形的部分。实质上它是一段不完善的喷嘴流道，常称为斜切口。斜切口形状将影响从喷嘴主体段出来气流的大小和方向。

（1）速度系数。

气体在喷嘴内的实际流动过程不是等熵过程，流动损失是不可避免的，不仅有气体和壁面的摩擦，还有气流内部相互间的摩擦，这就引起了气流内部的能量交换。

气流的实际出口速度 C_1 理想的出口温度 C_{1s}，动能转换成热量而使焓降减少。对于透平膨胀机来说，实际焓降的减少就意味着制冷量的减少，这一损失通常用速度系数 φ 来反映，即

$$\varphi = C_1/C_{1s} \tag{2-18}$$

速度系数 φ 是一个综合性的经验损失系数，它的影响因素很多，如喷嘴的结构尺寸、叶片形状、加工质量和气流参数等。对于现代大中型透平膨胀机来说，速度系数 φ 一般在 $0.92\sim0.98$ 之间。

（2）喉部和临界截面。

由连续性方程的动量方程可以得到一元稳定等熵流动方程式。

$$\frac{m}{f} = \frac{P_{\text{非}}}{Z_0 R T_0} = \sqrt{2\frac{\kappa}{\kappa-1}\left(\frac{P}{P_0}\right)^{\frac{2}{\kappa}}\left[1-\left(\frac{P}{P_0}\right)^{\frac{\kappa-1}{\kappa}}\right]} \tag{2-19}$$

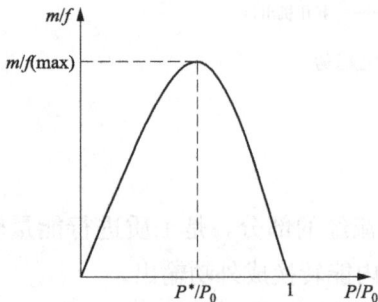

图 2-13 流量密度和压力比关系

对于某一工质，在稳定流动时，m、P_0、Z_0、T_0、R 都是常数，式（2-19）表述了流道面积 f 与膨胀过程中压力 P 的关系。流量密度 m/f 和压力比 P/P_0 的变化关系如图 2-13 所示。

式（2-19）可知，当 $P/P_0=0$ 和 $P/P_0=1$ 时，$m/f=0$；当 $0<P/P_a<1$ 时，m/f 总大于 0。很明显在这当中存在 1 个值 $P/P_0=P^*/P_0$ 使所对应的流量密度达到最大值 $(m/f)_{\max}$。也就是说，当 m 不变时，流道截面积 f 达到最小值。

通常把喷嘴流道的最小截面称为喉部截面，而把当地气流速度等于该地音速的那个截面积称为临界截面。由计算可知，在不考虑损失等熵流动时，出现最大流量密度时的截面（喉部截面）与临界截面相重合。但流动过程存在摩擦，使喉部截面上的气流实际速度小于当地音速，即该截面与临界截面不重合。也就是说在有摩擦的绝热流动中，膨

胀比减小了，且临界截面出现在喉部截面之后。

（3）斜切口膨胀。

所谓斜切口是指喷嘴叶片由于倾斜放置，而在出口部存在着一段不完善的喷嘴流道。它对于气流的大小和方向有着重要的影响，必须加以考虑。

虽然斜切口一边有限流壁面，但是另一边是敞开的。当喷嘴前后压力比大于临界压力比时，气体在斜切口不发生附加膨胀。但喷嘴压力小于临界压力比时，则在收缩型喷嘴的斜切口中，气流还将出现附加膨胀而加速，气流朝敞开边偏离 ε 角。这时喷嘴斜边口出口气角 α_1，等于喷嘴流道中心线切斜角 α_{11} 与偏离角 ε 之和，即

$$\alpha_1 = \alpha_{11} + \varepsilon \tag{2-20}$$

（4）在变负荷下的工作。

在实际运行中，很少有膨胀机运行在设计工况下，流量有时经常需要调节。在启动过程也是如此，膨胀机往往在偏离设计工况下运行。

流量与喷嘴出口截面积及进口压力成正比，与进口温度的平方根成反比。而透平膨胀机的进口压力往往变化不大，所以只有增大喷嘴出口截面积和降低进口温度来增加流量。在低温装置启动过程中，膨胀机进口气流温度高于设计工况，因此在启动过程中透平膨胀机的流量比设计工况要小，这延长了整个装置的启动时间。而进口温度只能随装置温度慢慢下降。为了弥补这一缺陷，使低温装置较快地达到设计工况，只有采取增大喷嘴出口面积来提高流量，从而增加制冷量的措施。

对于大中型透平膨胀机来说，几乎无一例外地采取可调喷嘴进行流量调节，它的调节是依靠执行机构带动喷嘴叶片转动而改变喷嘴之间通道截面积来实现。目前采用不锈钢铸件或锻件来制造。

（5）气体在工作轮中的流动。

透平膨胀机工作轮的作用主要使工质在叶轮中进一步有效膨胀做功，并同时把这部分能量和工质动能有效地转化为机械能，并通过轴输出。同时，还应把膨胀后的气体平稳地导入到扩压器中。也就是说叶轮的叶片一直从径向延伸到轴向。因此，径—轴流式叶轮均可将其流道分解成主体段和出口导流段两部分，透平膨胀机工作轮如图 2-14 所示。

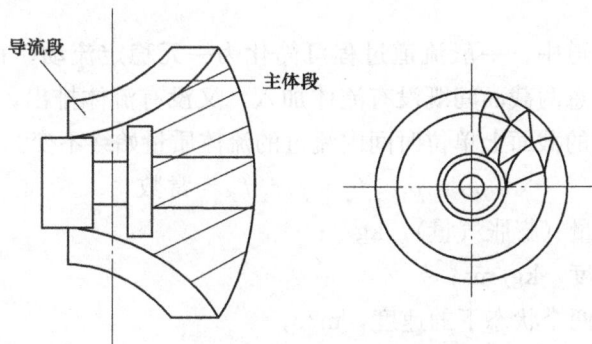

图 2-14 透平膨胀机工作轮

主体段中气体的流向，主要使轮缘处向中心的径向流动，而导流段气体为轴向流动。故这种径—轴流式叶轮实际上是径流式叶轮和轴流式叶轮的组合，当然这种径—轴的转换是逐渐和连续的。所以这种组合叶轮具有比焓降大，损失小的特点。

工作轮不但接受从喷嘴出来的气流的动能，而且气体还在工作轮中继续膨胀做功，进一步降低比焓和温度。

冲动式透平膨胀机和反动式透平膨胀机的区别就在于工作轮中气体膨胀的程度。在冲动式透平膨胀机工作轮中，膨胀全部在喷嘴中完成，机械功几乎全部由喷嘴出来的气流动能转换而得。而对于反动式透平膨胀机工作轮来说，除一部分比焓降在喷嘴中完成外，还有一部分则在工作轮中继续膨胀。这样膨胀机总的比焓降就分为两部分，它们的大小用反动度 ρ_0 来表达，是工作轮中的等熵比焓降 Δh_{s1} 与膨胀机总的等熵比焓降 Δh_{s1} 之比。

$$\rho_0 = \frac{\Delta h_{s1}}{\Delta h_{s2}} \tag{2-21}$$

四、膨胀机的基础理论

实际气体流动的理论基础主要由状态方程、连续性方程、动量方程和能量守恒方程建立。

1. 状态方程

透平膨胀机是一种低温机械，膨胀机的出口状态通常接近冷凝温度，有时出口气体已带有部分液体，这样在计算时就必须考虑到实际气体的影响。

实际气体的状态方程形式有很多的，大多数都很复杂，不便于工程计算。相对来说，在透平膨胀机的计算中，利用压缩性系数 Z 来对理想气体状态方程进行修正是最方便的，精度也满足要求。

$$PV = ZRT \tag{2-22}$$

式中　P——绝对压力，Pa；

V——气体比体积，m^3/kg；

R——气体常数，$J/(kg \cdot K)$；

T——气体温度，K。

2. 连续性方程

在透平膨胀机流道中，一般流道过程可简化为一元稳定流动。在一元稳定流动时，如果在流体经过的任意两截面间既没有流体加入，又没有流体排出，则在流道管内的每一个与流速方向垂直的截面上单位时间内流过的流体质量始终不变。

$$m = \rho_1 c_1 f_1 = \rho_2 c_2 f_2 = 常数 \tag{2-23}$$

式中　m——质量流量（膨胀气量），kg/s；

ρ_1，ρ_2——气体密度，kg/m^3；

c_1，c_2——气体在两个状态下的速度，m/s；

f_1，f_2——垂直于 c 的流道截面积，m^2。

从式（2-23）可知，当流体体积、流量一定时，流道面积和气体速度成反比关系。

3. 动量方程

在透平膨胀机的固定流道（比如喷嘴和扩压器）中，对于一元稳定流动，式（2-24）中所表示的动量方程得到广泛的应用。

$$\frac{1}{2}(c_2^2 - c_1^2) = \frac{k}{k-1} ZRT \left[1 - \left(\frac{P_2}{P_1} \right)^{\frac{n}{n-1}} \right] \tag{2-24}$$

式（2-24）适用于摩擦的不可逆绝热流动过程。

对于某一旋转速度工作的膨胀机工作轮来说，可以导出一元稳定流动时的动量方程式。

$$h_1 - h_2 = \frac{w_2^2 - w_1^2}{2} + \frac{u_1^2 - u_2^2}{2} \tag{2-25}$$

式中　h_1，h_2——工质在两个状态下的比焓，J/kg；

　　　w_1，w_2——工质在两个状态下的相对速度，m/s；

　　　u_1，u_2——工质在两个状态下的牵连速度（圆周速度），m/s。

式（2-25）是计算透平膨胀机工作轮中流体流动的重要公式，它适用于一元稳定流动绝热非等熵热力过程。在工作轮的进出口相对速度 w_1 和 w_2 相同条件下，可以看出不同形式工作轮的工作情况，见表 2-1。

表 2-1　　　　　　　　　　　不同形式工作轮的工作情况

叶轮形式	$(u_1^2 - u_2^2)/2$
向心径流式工作轮	>0
轴流式工作轮	≈ 0
离心径流工作轮	<0

由此可见，向心径流式工作轮具有最大的比焓降和温降。

4. 能量守恒方程

根据能量守恒定律，当工质在绝热膨胀过程中，与外界既无热量交换，又无动能传递，则膨胀过程始终的单位质量能量是不变的。

$$h_1 + \frac{c_1^2}{2} = h_2 + \frac{c_2^2}{2} = 常数 \tag{2-26}$$

式中　$c_1^2/2$，$c_2^2/2$——工质在两个状态下的动能，J/kg；

　　　h_1，h_2——工质在两个状态下的比焓，J/kg。

在透平膨胀机中，喷嘴和扩压器是固定元件，其内工质流速的增加和减少是由工质的比焓变化来实现的。所以在理想情况下，工质在喷嘴和扩压器中的流动过程就属于这类流动。

5. 膨胀机模型

压气机特性主要由压比、折合流量、折合转速以及绝热效率组成，由其中任意两个参数即可求得另外两个参数。压气机模块特性由式（2-27）和式（2-28）所示的函数关系式来表述。

$$\pi_c = f\left(\frac{G_c\sqrt{T_1}}{P_1}, \frac{n}{\sqrt{T_1}}\right) \tag{2-27}$$

$$\eta_c = f\left(\frac{G_c\sqrt{T_1}}{P_1}, \frac{n}{\sqrt{T_1}}\right) \tag{2-28}$$

式中　　T_1——压气机进口温度；

$\qquad$ P_1——压气机进气压力；

$\qquad$ π_c——压比；

$\qquad$ η_c——绝热效率；

$G_c\sqrt{T_1}/P_1$——折合流量；

$n/\sqrt{T_1}$——折合转速。

压差与流量的数学关系透平模块可分为三个级组，空气在每个级组膨胀做功时，级组空气流量与其前后参数之间的函数关系可由经温度修正的弗留格尔公式来表示。

$$\frac{G}{G_1} = \sqrt{\frac{p_1^2 - p_2^2}{p_{11}^2 - p_{21}^2}}\sqrt{\frac{p_{11}v_{11}}{p_1 v_1}} = \frac{\sqrt{\dfrac{p_1^2 - p_2^2}{p_1 v_1}}}{\sqrt{\dfrac{p_{11}^2 - p_{22}^2}{p_{11}v_{11}}}} \tag{2-29}$$

式中　　p_1、p_2、v_1——设计工况时级前压力、级后压力、级前比容；

$\qquad$ p_{11}、p_{21}、v_{11}——变工况时各参量；

$\qquad$ G、G_1——设计工况和变工况时的级组流量。

$$令 \quad G\sqrt{\frac{p_1 v_1}{p_1^2 - p_2^2}} = \text{const} = K \tag{2-30}$$

式中　　K——斯托朵拉系数，反映了级组变工况通流能力。通过实际计算表明，对于本文研究对象而言，其数值变化幅度较小，可选择设计工况下求取的 K 作为常数，并由式（2-31）求取级组的实际压降系数 k。

$$k = \frac{2}{K^2\left(1 + \dfrac{p_2}{p_1}\right)} \tag{2-31}$$

因此，压差和流量之间的关系为

$$p_1 - p_2 = k\frac{G^2 v_1}{2} \tag{2-32}$$

透平前后压损系数、压力计算为

$$K = m \times \sqrt{(p_1 v_1)/\left[(p_1)^2 - (p_2)^2\right]} \tag{2-33}$$

$$P_{mek} = \sum(m \cdot \Delta h) \tag{2-34}$$

式中　　K——压损系数；

$\qquad$ m——质量流量；

p_1、p_2——进出口压力；

$\qquad$ v_1——透平入口比容；

P_{mek}——机械功；

h——焓值。

第三节 管道模型

一、模拟的物理现象和简化假设

模拟物理现象：压力损失、惯性、能量和质量储存、流体膨胀、纯延迟效应。

假设：流体为完全发展的紊流。

二、基本方程

1. 质量守恒

对于一个固定的控制体，质量守恒方程可简化为

$$\frac{\mathrm{d}\rho}{\mathrm{d}t} = \frac{W_{we} - W_{wl}}{V_p} \tag{2-35}$$

式中 W_{we}——管道流体进口流量，kg/s；

W_{wl}——管道流体出口流量，kg/s；

V_p——管道体积，m^3；

ρ——管道流体密度，kg/m^3；

t——时间，s。

展开 $\rho = f(P, h)$

$$\begin{cases} \alpha_h \dfrac{\mathrm{d}h}{\mathrm{d}t} + \alpha_p \dfrac{\mathrm{d}P}{\mathrm{d}t} = \dfrac{W_{we} - W_{wl}}{V_P} \\[2mm] \alpha_h = \dfrac{\partial \rho}{\partial h} \\[2mm] \alpha_P = \dfrac{\partial \rho}{\partial P} \end{cases} \tag{2-36}$$

式中 P——管道流体压力，Pa；

h——管道流体焓，kJ/kg；

α_h——密度随焓的变化率；

α_P——密度随压力的变化率。

2. 能量守恒

对于一个固定控制体，忽略轴功和动能影响得到

$$\frac{\mathrm{d}}{\mathrm{d}t}(\rho u) = \frac{W_{we}h_{we} - W_{wl}h_{wl} + q_s}{V_p} \tag{2-37}$$

式中 q_s——空气对外放热，kJ。

展开密度导数并整理各项得到

$$\rho \frac{\mathrm{d}h}{\mathrm{d}t} + h\left(\alpha_h \frac{\mathrm{d}h}{\mathrm{d}t} + \alpha_p \frac{\mathrm{d}P}{\mathrm{d}t}\right) = \frac{W_{we}h_{we} - W_{wl}h_{wl} + q_s}{V_p} \tag{2-38}$$

式中　h_{we}——管道流体进口焓，kJ/kg；

　　　h_{wl}——管道流体出口焓，kJ/kg。

联立解方程，可得

$$\frac{\mathrm{d}h}{\mathrm{d}t}=\frac{\alpha_p(W_{we}h_{we}-W_{wl}h_{wl}+q_s)-(\alpha_p h-1)(W_{we}-W_{sl})}{V_p(\alpha_h+\alpha_p\rho)} \tag{2-39}$$

$$\frac{\mathrm{d}p}{\mathrm{d}t}=\frac{[(\alpha_p h+\rho)(W_{we}-W_{wl})-\alpha_h(W_{we}h_{we}-W_{wl}h_{wl}+q_s)]}{V_p(\alpha_h+\alpha_p\rho)} \tag{2-40}$$

为了避免能量损失，假设 $h=h_{wl}$，$\rho=\rho_{wl}$，则有

$$\frac{\mathrm{d}h_{wl}}{\mathrm{d}t}=\frac{\alpha_p(W_{we}h_{we}-W_{wl}h_{wl}+q_s)-(\alpha_p h_{wl}-1)(W_{we}-W_{wl})}{V_P(\alpha_h+\alpha_p\rho_{wl})} \tag{2-41}$$

$$\frac{\mathrm{d}P_{wl}}{\mathrm{d}t}=\frac{[(\alpha_p h_{wl}+\rho_{wl})(W_{we}-W_{wl})-\alpha_h(W_{we}h_{we}-W_{wl}h_{wl}+q_s)]}{V_P(\alpha_h+\alpha_p\rho_{wl})} \tag{2-42}$$

延迟时间为

$$t_d=\frac{\rho_{avg}V_p}{W_{we}} \tag{2-43}$$

式中　ρ_{wl}——管道流体出口密度，kg/m³；

　　　ρ_{avg}——管道流体平均密度，kg/m³。

3. 动量守恒

动量守恒关系为

$$\frac{\mathrm{d}W_{we}}{\mathrm{d}t}=\frac{1}{L_f}\Big[W_{we}v_{we}-W_{wl}v_{wl}+g(A_{we}P_{we}-A_{wl}P_{wl}-F_w)$$

$$+A_f\rho_{avg}g(f_{we}-f_{wl})-W_{avg}\frac{\mathrm{d}L_f}{\mathrm{d}t}\Big] \tag{2-44}$$

式中　v_{we}——管道流体进口流速，m/s；

　　　v_{wl}——管道流体出口流速，m/s；

　　　A_{we}——管道进口横截面积，m²；

　　　A_{wl}——管道出口横截面积，m²；

　　　A_f——管道平均横截面积，m²；

　　　P_{we}——管道流体进口压力，Pa；

　　　P_{wl}——管道流体出口压力，Pa；

　　　F_w——管道压力损失，Pa；

　　　L_f——管道长度，m；

　　W_{avg}——管道流体平均流量，kg/s。

对于一般管道有 $A_{we}=A_{wl}=A_f$，则

$$L_f=\text{constant}\Big(\frac{\mathrm{d}L_f}{\mathrm{d}t}=0\Big) \tag{2-45}$$

因此，在一般情况下，关系式（2-45）可简化为

$$\frac{\mathrm{d}W_{we}}{\mathrm{d}t}=\frac{1}{L_f}[W_{we}v_{we}-W_{wl}v_{wl}+A_fg_c(P_{we}-P_{wl})-g_cF_w+A_f\rho_{sav}(f_{we}-f_{wl})]$$

$$\tag{2-46}$$

对于固定边界，由摩擦损失造成的表面剪切力为

$$F_w = A_f (W_{we}/C_f)^2 / \rho_{avg} \tag{2-47}$$

$$\frac{dW_{we}}{dt} = \frac{1}{L_f}(W_{we}v_{we} - W_{wl}v_{wl} + A_f g)\left[\Delta P - \frac{(W_{we}/C_f)^2}{\rho_{avg}}\right] \tag{2-48}$$

式中 C_f——管道侧面积，m^2。

$$\Delta P = P_{we} - P_{wl} + \rho_{avg}\Delta Hg \tag{2-49}$$

$$\Delta H = H_{in} - H_{out} \tag{2-50}$$

式中 H_{in}——管道进口高度，m；

H_{out}——管道出口高度，m。

对于阻力—储存型和阻力型管道模块，$\rho_{we} \approx \rho_{wl}$，又由 ρ_{avg} 的计算，由于 $\rho_{we} = \rho_{wl} = \rho_{avg}$，$W_{we} = W_{wl}$，又由质量守恒关系式，$\rho_{we}A_{we}V_{wl} = \rho_{we}A_{we}V_{we}$，$V_{we} = V_{wl}$。因此，动量方程式可简化为

$$\frac{dW_{we}}{dt} = g_c\left(\frac{A_f}{L_f}\right)\left[\Delta P - \left(\frac{\Delta P^2}{\Delta P^2 + K_{fm}}\right)\frac{(W_{we}/C_f)^2}{\rho_{avg}}\right] \tag{2-51}$$

式中 $\dfrac{\Delta P^2}{\Delta P^2 + K_{fm}}$ 项是为了避免数值不稳定而设定的。

储存—阻力型管道模块跟密度的变化有关。代入 $v = w/\rho A$ 到式（2-51）可得到

$$\frac{dW_{we}}{dt} = \frac{A_f}{A_p}\left\{\Delta P - \left(\frac{\Delta P^2}{\Delta P^2 + K_{fm}}\right)\left[\frac{(W_{wl}/K_{cf})^2}{\rho_{avg}}\right] + \frac{W_{we}^2/\rho_{we} - W_{wl}^2/\rho_{wl}}{A_f^2}\right\} \tag{2-52}$$

4. 传热方程

环境散热损失 q_1 可表示为

$$q_1 = U_L(T_m - T_{amb}) \tag{2-53}$$

式中 U_L——换热器与环境之间的传热系数，$kJ/(m^2 \cdot K)$；

T_m——金属管壁温度，K；

T_{amb}——环境温度，K。

从流体到管壁的热流量为

$$q_1 = U_s A_s(T_{wl} - T_m) \tag{2-54}$$

式中 U_s——流体与管壁之间的传热系数，$kJ/(m^2 \cdot K)$；

A_s——流体与管壁换热面积，m^2；

T_{wl}——流体的温度，K。

总热通量系数为

$$U_s = \frac{1}{1/U_m + 1/U_f} \tag{2-55}$$

式中 U_m——金属管壁的传热系数，$kJ/(m^2 \cdot K)$；

U_f——管道流体的传热系数，$kJ/(m^2 \cdot K)$。

假设热传递的距离是壁厚的一半，面积为该管内表面积，则有

$$U_m = \frac{K_m}{5R_i l_n[(R_i + R_o)/(2R_i)]} \tag{2-56}$$

式中 K_m——金属导热系数；

R_i——管道的内半径，m；

R_o——管道的外半径，m。

$$\frac{dT}{dt} = \frac{-q_s - q_l}{M_m} \tag{2-57}$$

式中 M_m——金属管壁质量，kg。

第四节 调 节 阀 门

一、阀门的类型及选择

阀门是压缩空气储能系统重要部件，阀门的种类较多，其选择、使用是否合理，将直接影响到系统运行的安全性和经济性。

1.1° 阀门类型

按阀门在系统中所起的作用可分为以下三大类。

（1）起关断作用：如闸阀、截止阀、旋塞和球阀等。

闸阀和截止阀都只作关断用。运行时处于全开状态，停止运行时，处于全关状态。为保持闸阀和截止阀密封面的严密性，不允许作调节流量和压力用。

高压管道用关断阀如图 2-15 所示，图 2-15（a）所示的闸阀的特点是流动阻力小，开启、关闭力小，介质可两个方向流动，但结构复杂、阀体较高，密封面易擦伤，制造维护要求高。双闸板闸阀宜装于水平管道上，阀杆垂直向上。单闸板闸阀可装于任意位置的管道上。在蒸汽管道和大直径给水管道中，由于阻力要求较小，多选用闸阀。

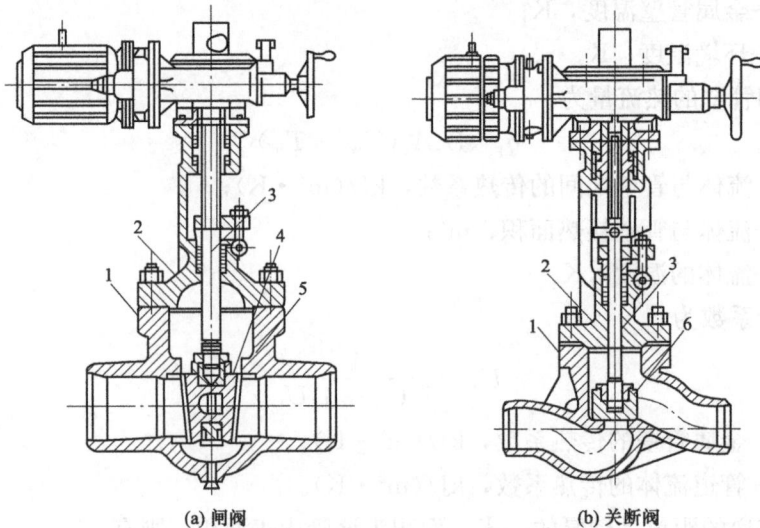

图 2-15 高压管道用关断阀

1—阀体；2—阀盖；3—阀杆；4—闸板；5—万向顶；6—阀瓣

如图 2-15 （b）所示，截止阀的特点是结构简单，密封性较好，制造维修较方便，但流动阻力较大，开启、关闭力也较大，启闭时间较长。当要求严密性较高时，宜选用截止阀。它可装于任意位置的管道上。

大直径管道上的阀门，由于开启扭矩大，使阀门开启困难，为此需要在阀门旁并列装设一个尺寸小的旁通阀，当阀门未开启前先开启旁通阀，以减小大阀门两侧之压力差，便于阀门开启。

球阀作调节或关断用。当要求迅速关断或开启时，可选用球阀。其密封面小，不易磨损，可装于任意位置的管道上，但带传动机构的球阀应使阀杆垂直向上。

（2）起调节作用：如调节阀、节流阀、减压阀和疏水阀等。

阀门应根据介质、管道布置、使用目的、调节方式和调节范围及调节阀流量特性来选用，并应满足在任何工况下对流压降及噪声的要求。调节阀门不宜作关断阀使用。

调节阀用以调节介质流量。其流量调节是借助于圆筒形阀瓣与阀座相对位置改变瓣上窗口流通面积来改变流量的。

减压阀可自动将介质压力减到所需数值。它靠膜片、弹簧等敏感元件来改变阀瓣位置，从而改变阀瓣与阀座的缝隙达到减压。

节流阀结构与截止阀类似，但其阀瓣多为圆锥流线型，用来调节介质流量和压力，蝶阀宜用于全开、全关，也可作调节用。

当调节幅度小且不需要经常调节时，在设计压力不大于 1.6MPa 的水管道和设计压力不大于 1.0MPa 的蒸汽管道可用截止阀或闸阀兼作关断和调节用。

调节阀门在运行中要经常开关，为防止泄漏不严密，在调节阀门之前要串联关断阀，开启时，要先全开关断阀再开调节阀门，关闭时，要先关调节阀门再关关断阀。图 2-16 为高压管道用调节阀门，其中图 2-16 （a）为单座式，图 2-16 （b）为双座式。

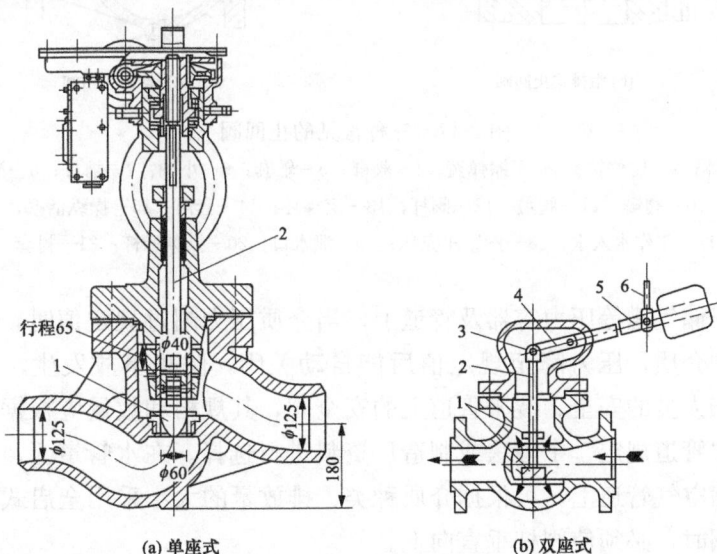

(a) 单座式　　　　(b) 双座式

图 2-16　高压管道调节阀门

1—阀瓣；2—阀杆；3—球形接头；4—内部杠杆；5—外部杠杆；6—控制杠杆

（3）起保护作用：如安全阀、止回阀和快速关断阀等。

止回阀是用作保证介质单向流动，防止管内介质倒流的一种阀门，当介质倒流时，阀瓣能自动关闭，截断介质流量，避免发生事故。压缩空气储能系统中止回阀主要装在水泵出口膨胀机紧急排气管道上。

止回阀根据阀瓣动作的规律可分为升降式（垂直瓣和水平瓣）和旋启式（单瓣和多瓣）。升降式垂直瓣止回阀应装在垂直管道上；而水平瓣止回阀应装在水平管道上；旋启式止回阀宜安装于水平管道上且应注意介质流动方向与阀体箭头方向一致，不能装反。底阀应装在水泵的垂直吸入管端。图 2-17 为三种常见的止回阀，其中图 2-17（a）为水泵出口水平装的止回阀，图 2-17（b）为空排式止回阀，图 2-17（c）为球型液压止回阀。

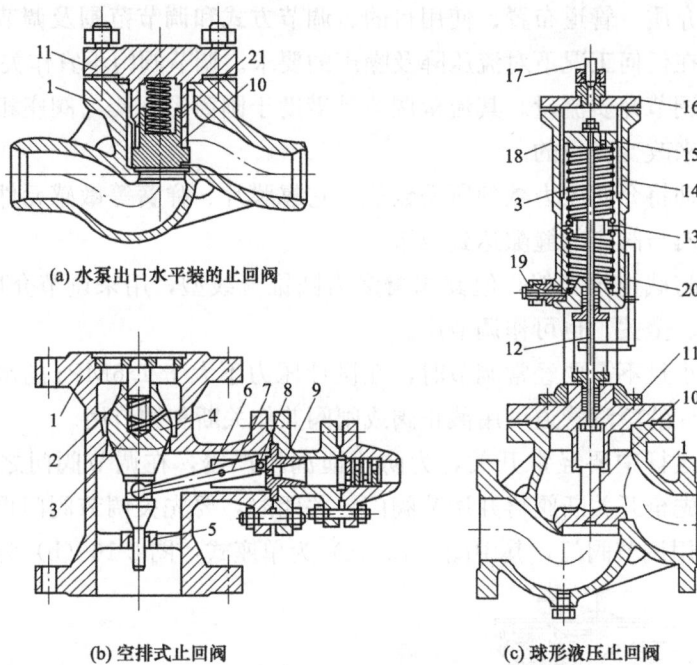

(a) 水泵出口水平装的止回阀

(b) 空排式止回阀

(c) 球形液压止回阀

图 2-17 三种常见的止回阀

1—阀体；2—定位轴；3—压缩弹簧；4—阀碟；5—轴套；6—小轴；7—摇杆；8—滑块；
9—空排盘；10—阀瓣；11—阀盖；12—阀杆；13—支撑环；14—套筒；15—操纵活塞；16—压盖；
17—工作水入水；18—操纵座壳体；19—泄水口；20—操纵标杆；21—衬套

安全阀用于储气罐等压力容器及管道上，当介质压力超过规定值时，安全阀能自动开启，排除过剩介质，压力降至规定值后能自动关闭，防止事故发生，保证设备、管道、厂房和生产人员的安全。装于管道上的安全阀，其规格和数量应根据排放介质的流量和参数，按"管道规定"中方法或制造厂资料进行选择。在水管道上，应采用微启式安全阀；在压缩空气管道上，可根据介质种类、排放量的大小采用全启式或微启式安全阀。布置安全阀时，必须使阀杆垂直向上。

2.2° 阀门的选择

（1）阀门的材料有铸铁（灰铸铁、可锻铸铁、球墨铸铁）、合金（铜、铅、铝合金）、合金钢、碳钢及硅铁等，应根据介质的参数选择适合的材料。

（2）阀门应根据系统的参数、通径、泄漏等级、启闭时间选择，满足气热系统关断、调节、保证安全运行的要求和布置设计的需要。阀门的类型、操作方式，应根据阀门的结构、制造特点和安装、运行、检修的要求来选择。当有特殊要求时，可提高等级选用。

二、调节阀工作原理

调节阀在管路中用来调节介质的流量和压力，当介质通过阀门时，调节阀相当于一个阻力可变的节流件，克服这种阻力，流体要消耗一定的能量，能量的消耗意味着速度、压头的损失。

对于水，可以认为是不可压缩流体，由流体的能量守恒原理可知，调节阀内的压力损失和流体的流速平方成正比，即

$$h = \zeta \frac{v^2}{2g} \tag{2-58}$$

式中 h——调节阀的压头损失；

ζ——调节阀的阻力系数；

v——调节阀节流处流体流速；

g——重力加速度。

同时 $h = \dfrac{p_1 - p_2}{\rho g}$、$v = \dfrac{q_v}{F}$ 代入式（2-58），整理后得体积流量为

$$q_v = \frac{F}{\sqrt{\zeta}} \sqrt{\frac{2(p_1 - p_2)}{\rho}} \tag{2-59}$$

式中 q_v——调节阀体积流量；

F——流通面积；

p_1、p_2——调节阀前后压力；

ρ——介质密度。

若式（2-59）中各项的单位 F 以 cm^2，p_1、p_2 以 kPa，ρ 以 g/cm^3 计，则式（2-59）可写成

$$q_v = 0.0509 \frac{F}{\sqrt{\zeta}} \sqrt{\frac{2(p_1 - p_2)}{\rho}} = K_v \sqrt{\frac{p_1 - p_2}{\rho}} \, (m^3/h) \tag{2-60}$$

$$K_v = q_v \sqrt{\frac{\rho}{p_1 - p_2}} \tag{2-61}$$

式中 K_v——调节阀的额定流量系数，表示调节阀在全开时，$p_1 - p_2 = 100$kPa，介质为常温水，其密度 $\rho = 1$g/cm^3 的条件下，通过调节阀的体积流量，以 m^3/h 计。

通过以上分析，不可压缩流体的调节阀的通流量 q_v，与通流面积 F 及阀前后压差平方根 $\sqrt{p_1 - p_2}$ 成正比。因而要调节介质流量及参数，可调整调节阀开度，以改变被调流体流动阻力。

流体是可压缩的空气时，调节阀工作原理同前，不同之处是流量计算中必须考虑空气随压力改变而发生膨胀现象对水蒸气流动的影响。

三、模型描述物理现象和简化假设

模型描述的主要物理现象：阀门产生的压力损失，节流，多种阀门特性，包括等百分比开度、线性、快开和用户自定义等四种特性。

简化假设：绝热，准静态，无密封泄漏。

四、基本方程

由于阀门被视为准静态流动，则

$$W_{wl} = W_{we} \tag{2-62}$$

$$h_{wl} = h_{we} \tag{2-63}$$

式中　W_{we}、W_{wl}、h_{we}、h_{wl}——进口流量、出口流量、进口焓和出口焓。

五、流动方程

1. 对不可压缩流体

$$W_{we} = C_v \sqrt{\rho_{avg} \left[(P_{we} - P_{wl}) + \rho_{avg} \Delta H \right]} \tag{2-64}$$

式中　W_{we}——阀门通流量；

C_v——阀门通流系数，它是工质物性和阀门开度的函数；

P_{we}、P_{wl}——阀门进、出口压力；

ρ_{avg}——平均密度；

ΔH——阀门进出口高差。

2. 可压缩气体

可压缩气体，其动力学特性与不可压缩工质相比要复杂得多。由于通过阀门的压力下降，从而使密度减小，这样不仅使分析复杂化，而且使阀门的通流特性发生变化，为了简化计算，在模型中采用半经验公式。

$$W_{we} = C_v [1 - 0.33(X/0.9X_r)] \sqrt{\rho_{avg} X P_{we}} \tag{2-65}$$

$$X = \frac{P_{we} - P_{wl}}{P_{we}} \bigg|_{min} = X_T \tag{2-66}$$

式中　X——阀门压力损失的份额；

X_T——发生节流处的最小压力损失份额。

对不同类型的阀门其值不同。

3. 饱和水

实际处理时，常将液态水视为不可压缩的流体，在某些条件下，当作可压缩流体处理更精确些。当流过阀门的蒸汽压力降到水的饱和压力时，汽泡形成。如果当离开阀门时这些汽泡凝结或破裂，阀门被气蚀。否则离开阀门的将是两相流，将出现闪蒸。

气蚀系统数定义为

$$K_c = \frac{P_{we} - P_{wl}}{P_{we} - P_v} \tag{2-67}$$

式中　P_v——饱和压力。

阀门压损为

$$K_M = \frac{\Delta P_m}{P_{we} - P_{wl}} \tag{2-68}$$

式中　ΔP_m——由于阀门节流产生的压降。

基本计算关系为

$$W_{we} = C_v \sqrt{\rho_{avg} \Delta P} \tag{2-69}$$

$$\begin{cases} \Delta P = P_{we} - P_{wl} \\ \Delta P_m = K_M (P_{we} - P_{wl}) \big|_{min} \end{cases} \tag{2-70}$$

六、阀门性能

根据阀门的固有特性，其流导系数 C_v 随阀门行程而变。模型中已设置了：等百分比开度、线性、快开和用户自定义四种方式。

七、阀门模型

摩擦阻力和流动阻力共同构成了阀门压降，阀门流动阻力系数为

$$\zeta = (\pi^2 / 8)(D^2 / m^2) \rho \Delta P \tag{2-71}$$

式中　ζ——阀门流动阻力系数；

　　　D——阀门直径；

　　　ρ——流体密度。

第五节　换 热 器 模 型

一、换热器的分类

工程上，将某种流体的热量以一定的传热方式传递给另一种流体的设备称为换热器，又称热交换器。在这种设备内，一般是两种温度不同的流体参与传热，一种流体温度较高，放出热量，另一种流体温度较低，吸收热量。

换热器作为一种传热单元设备，在实际生产过程中得到了非常广泛的应用。随着节能技术的飞速发展及生产工艺的不断改进，换热器的种类越来越多，适用于不同介质、不同温度和不同压力的换热器结构和形式也不相同，因此，换热器的分类方法也很多。

1. 按传热过程换热器的分类

按照换热器内的传热过程来分，可将换热器分成间壁式、直接接触式、蓄热式和热管换热器四大类，这种分类方法是换热器最主要的分类方法。

（1）间壁式换热器。在间壁式换热器中，热流体和冷流体之间有一固体壁面，一种流体在壁的一侧流动，另一种流体在壁的另一侧流动，两种流体不直接接触，热量通过

壁面进行传递。

间壁式换热器是应用最广、数量最多的一种换热器。例如，热力发电厂的省煤器、过热器、再热器、高（低）压加热器、凝汽器等都属于间壁式换热器。其主要优点是两种介质在换热中彼此不接触、不掺混，能够保证介质不被污染；缺点是传热效率低，流动阻力大。因此，目前关于间壁式换热器的各种强化传热技术层出不穷，从而为间壁式换热器的应用提供了广阔的前景。

（2）直接接触式换热器。直接接触式换热器又称混合式换热器。在这种换热器内，主要依靠热流体与冷流体的直接接触进行传热。

1）如果冷、热流体是同一种介质，则两流体混合后，理论上应为同温同压的流体，两者不能分开，因此，换热效率高。例如，热力发电厂内的除氧器就属于这种情况。

2）如果冷、热流体不是同一种介质，则两流体在直接接触过程中，接触面积大、传热强度高，换热也非常充分。例如，循环水冷却塔内水与空气间的换热过程。

（3）蓄热式换热器。在蓄热式换热器中，热量的传递是借助于固体构件组成的蓄热体来完成的。其中，两种流体并非同时，而是轮流地流过蓄热体，当热流体流过时，对蓄热体进行加热，其温度逐渐升高，把热量储蓄于蓄热体内；当冷流体流过时，蓄热体放出热量，温度逐渐降低。如此反复进行，就可以达到换热的目的。蓄热体可以是运动的，也可以是静止的，例如，锅炉的回转式空气预热器和炼铁厂的热风炉等。

蓄热式换热器的最大特点是，蓄热体被周而复始地加热和冷却，温度不断变化，因此，传热过程是典型的非稳态过程。

（4）热管换热器。严格来讲，热管换热器也属于间壁式换热器，但换热过程是通过热管进行的。由于热管传热能力强，其加热段和冷却段可以自由布置，便于强化传热。因此，热管换热器传热强度大，适应性强，得到了越来越广泛的应用。

2. 换热器的基本功能要求

由于换热器种类繁多，用途各异在实际生产中的作用和地位各不相同，因此，应满足的要求也多种多样。通常情况下，对所有换热器而言，应满足的基本要求如下。

（1）能完成工艺过程所提出的换热要求，传热强度高，热损失少，在有利的平均传热温差下工作。

（2）工艺结构能满足相应的温度和压力要求，不易遭到破坏，同时制造简单、安装方便、安全可靠。

（3）设备紧凑，占用的布置空间小。

（4）流动阻力小，运行维护费用低。

二、压缩空气储能系统常用换热器

换热器是先进 CAES 系统区别于传统 CAES 系统的关键设备。压缩空气储能系统中，热能的传输过程包括储热过程和回热过程。储能过程中，利用换热器将压缩热提取并存储起来，而不是采用中冷器将其耗散。回热过程中，储热换热介质将存储的压缩热通过换热器重新传递给压缩空气，其目的是替代燃料加热膨胀机进气。目前压缩空气储能系统中常用的换热器类型主要有管壳式换热器、板式换热器等。这里对两种常用的换热器的基本结构和特点进行简单介绍。

1. 管壳式换热器

管壳式换热器又称列管式换热器，是在一个圆筒形壳体内设置许多平行的换热管，让两种流体分别从管内空间和管外空间流过进行热量交换的换热器。通常将平行的换热管称为换热管束，把管内流体的流动空间称为管程，管外流体流动空间称为壳程。管壳式换热器的基本结构如图 2-18 所示。

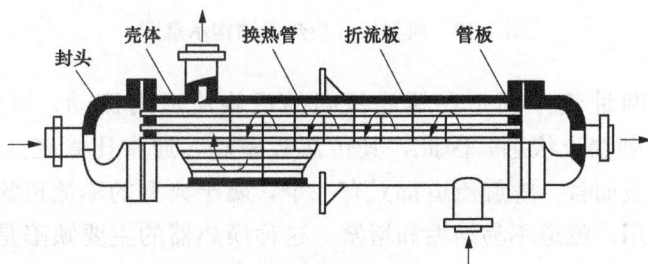

图 2-18　管壳式换热器结构示意图

当管壳式换热器换热面积较大时，管子数量增多，从而使得壳体直径增大，壳程流体流通截面增加。这时如果流体的体积流量比较小，则流速很低，从而使得壳程流体表面传热系数降低。为了提高流体流速，可在管外空间装设与管束平行的纵向隔板或与管束垂直的折流板，从而使得壳程流体在壳体内曲折流动多次。加装纵向隔板后，壳程流体沿壳体轴向往返流动的次数称为壳程数。当加装折流板时，流体与换热管束多次往复交错流动，但其沿壳体轴向仅从一端流向另一端，因此，仍属于单壳程。另外，若要提高管内流体的流速，也可在管箱内加装分程隔板，使进入的流体每次只流过部分管子，在另一端折返后再流过另一部分管子，这样也就把管内流体的流动分为了多程。

管壳式换热器的主要优点是结构简单、造价较低、选材范围广、处理能力强，能满足高温高压的要求，缺点是换热系数低、体积大、换热器端差大。虽然管壳式换热器传热性能较其他换热器差，但由于它的高度可靠性和广泛的适应性，至今仍然是使用最广泛的一种换热器。

2. 板式换热器

板式换热器是由一系列具有一定波纹形状的金属片叠装而成的一种新型高效换热器，典型的板式换热器结构如图 2-19 所示，其由许多冲压有波纹的薄板按一定间隔、四周通过垫片密封，并用框架和压紧螺栓重叠压紧而成，板片和垫片的四个角孔形成了流体的分配管和汇集管，同时又合理地将冷热流体分开，使其分别在每块板片两侧的流道中流动，通过板片进行热交换。

板式换热器属于间壁式换热器，其传热间壁为采用了各种强化传热技术的板式表面。根据传热表面形式的不同，板式换热器可分为螺旋板式、板式和板翅式换热器等形式。

（1）螺旋板式换热器主要由螺旋传热板、接管、密封结构等组成，其结构简单，材

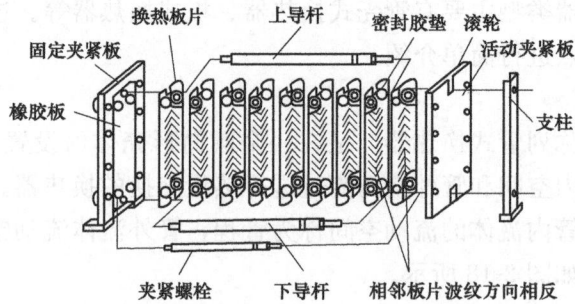

图 2-19 典型板式换热器结构示意图

料利用率高。由于两种流体都是在螺旋板间的螺旋流道内流动，可在较低的雷诺数（$R_e > 500$）下就达到湍流状态，因此，其传热效率高，通常比管壳式换热器高 1 倍以上。对两种换热介质而言，螺旋流道都只有一个，属于典型的单流道流动，因此，流体对流道具有自洁作用，流道不易结垢和堵塞。这种换热器的主要缺陷是焊缝较长，易泄漏、易产生应力腐蚀，同时，温度和压力都不能太高，最高工作温度为 300℃，最高工作压力为 2.5MPa。

（2）板式换热器主要由板片、压紧板、密封材料、支架等组成，其传热表面是各种强化传热平板，因此，其传热效率高，结构紧凑，占地面积小，可适应于多种介质间的传热。另外，由于板片是通过压紧装置固定，无任何焊接件，因此，拆卸方便，可根据换热工况的变化调整换热面积。由于板式换热器中密封周边很长，因此，易泄漏，介质工作压力和温度都不能太高，最高工作压力为 2.0MPa，最高工作温度为 200℃。板式换热器特别适用于油冷器、水冷器、蒸发器和冷凝器等。

（3）板翅式换热器主要由隔板、翅片、侧封条及进出口接管等构成，从总体结构上看与板式换热器类似，但其间壁为平隔板，两侧通过各种翅片对冷、热流体的传热过程进行强化。在这种形式的换热器中，所有的部件都通过钎焊固定在一起，因此，结构紧凑、强度高。由于翅片能有效地强化冷、热流体的对流传热过程，因此，传热效率高。这种换热器的主要缺点是结构复杂、造价高，由于流道小，因此易堵塞，且清洗困难。

综上，板式换热器具有换热效率高、结构紧凑轻巧、占地面积小、安装清洗方便、应用广泛等特点。但板式换热器无法承受高温高压，密封难度高，使用过程中容易出现泄漏问题。尽管在换热能力和体积上板式换热器有一定的优势，但是对于高温过程和带压的换热过程，实施过程中还是应该主要考虑采用管壳式换热结构。

三、工作原理

在换热器内，热量从一种介质通过间壁传给另一种介质的过程称为传热过程。在传热过程中，传热量 Φ 与热流体温度 t_1 和冷流体温度 t_2 之差成正比，与换热面积 A 成正比，即

$$\Phi = KA(t_1 - t_2) = KA\Delta t \tag{2-72}$$

式（2-72）称为传热方程。其中，比例系数 K 称为传热系数，其单位为 W/(m² · ℃) 或

W/(m² · K)。下标"1"和"2"分别代表热流体和冷流体。

在实际换热过程中，热流体和冷流体的温度是不断变化的，热流体不断放出热量，温度逐渐降低；冷流体不断吸收热量，温度逐渐升高。因此，在换热器中沿传热面两种流体温差并不是一个常数，所以传热方程应表示为

$$\Phi = \int_0^A K\Delta t \, \mathrm{d}A_x \tag{2-73}$$

式中　A_x——从换热器进口至 X 处的面积；

　　　X——换热器中任意位置。

在工程计算中，式（2-73）也可简化为

$$\Phi = KA\Delta t_m \tag{2-74}$$

式中　Δt_m——两种流体之间的平均传热温差，℃或 K。

1. 传热量

在管壳式换热器中，如果冷、热流体都无相变，则热流体在放出热量的同时，温度降低，即放出的是显热，冷流体吸收热量的同时温度升高，其吸收的也是显热。流体放出或吸收的显热量为

热流体放热量 Φ_1

$$\Phi_1 = q_{m1} c_{p1} (t'_1 - t''_1) \tag{2-75}$$

冷流体吸热量 Φ_2

$$\Phi_2 = q_{m2} c_{p2} (t'_2 - t''_2) \tag{2-76}$$

式中　q_m——流体质量流量，kg/s；

　　　c_p——流体比定压热容，J/(kg · K)。

右上角符号"'"代表流体在换热器进口处值，"″"代表出口处的值。

如果在换热过程中流体发生了相变，则必然存在伴随着相变的潜热传递，可按计算为

$$\Phi = q_m h \tag{2-77}$$

式中　h——流体的汽化潜热，J/kg。

如果不考虑散至周围环境的热损失，则冷流体所吸收的热量就应该等于热流体所放出的热量，如果没有相变发生，则有

$$\Phi = \Phi_1 = \Phi_2 \tag{2-78}$$

也可写为

$$\Phi = q_{m1} c_{p1} (t'_1 - t''_1) = q_{m2} c_{p2} (t'_2 - t''_2) \tag{2-79}$$

式（2-78）和式（2-79）称为换热器的热平衡方程。当流体发生相变时，热平衡方程也可表示为

$$\Phi = q_{m1} (h'_1 - h''_1) = q_{m2} (h'_2 - h''_2) \tag{2-80}$$

式中　h'、h''——流体进、出口焓，J/kg。

在换热器的实际运行过程中，不可能做到完全隔热，热流体放出的热量除传给冷流体而外，总有一部分会散失到周围环境中去。若无介质泄漏，换热器散向周围环境的热损失为，则热平衡方程变为

$$\Phi_1 = \Phi_2 + \Phi_L \tag{2-81}$$

或

$$\Phi_1(1-\zeta) = \Phi_2 \tag{2-82}$$

式中　ζ——热损失系数。

ζ 越小，即热损失越小，也就意味着对换热器保温材料的要求增加，或保温材质提高投资增加；ζ 越大，即热损失越大，经济性下降。因此，通过综合技术经济比较，建议取 $\zeta = 2\% \sim 3\%$。

式 (2-82) 也可写为

$$\Phi_1 \eta = \Phi_2 \tag{2-83}$$

式中　η——保温系数。

与热损失系数类似，保温系数也反映了换热器热损失的大小，一般取 $\eta = 0.97 \sim 0.98$。在后面的分析计算中，若不特别指明，均按理想情况处理，即 $\zeta = 0$ 或 $\eta = 1$。

2. 传热系数

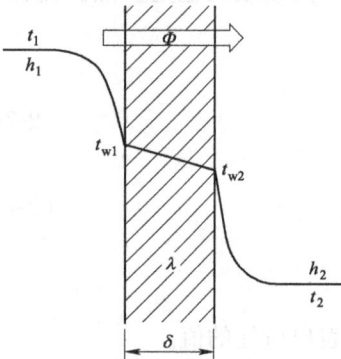

图 2-20　通过间壁的传热过程

换热器内的传热过程至少包含三个传热环节：①从热流体到高温壁面侧的对流传热；②从高温壁面侧到低温壁面侧的导热；③从低温壁面侧到冷流体的对流传热。通过间壁的传热过程如图 2-20 所示。

在稳态条件下，影响上述三个环节传热过程的所有因素都会影响总的换热量中的大小，即

$$\Phi = f(t_1, t_2, A, h_1, h_2, \delta, \lambda, 介质物质) \tag{2-84}$$

式中　h——流体表面传热系数；
　　　δ——间壁厚度；
　　　λ——间壁导热系数。

大量的实验结果表明，传热量更与流体温差和换热面积成正比，除去这两个参数后的所有影响传热量大小的因素都归结到表面传热系数中去。因此，传热系数是一个过程参数，在数值上等于单位时间内、当热冷流体传热温差为 1℃时、通过单位间壁面积用传递的热量，值的大小表征了传热过程的强弱程度，因此，该系数是评价换热器性能的一个要指标。

3. 传热温差

由于换热器内两种流体不断交换热量，温度不断发生变化，故换热温差也是随换热器面积变化的，因此，传热方程式 (2-74) 中的传热温差 Δt_m 为沿换热面的平均传热温差。

如果换热器内流体温度变化规律已知，则可以确定出在换热器内流体温度变化的平均值 t_{1m} 和 t_{2m}，此时，传热方程也可表示为

$$\Phi = KA\Delta t_m = KA(t_{1m} - t_{2m}) \tag{2-85}$$

四、模块特性

本模块用来模拟膨胀机的级间换热器，在完成上一级的膨胀后，压缩空气通入换热

器，被热水加热，压缩空气温度升高，然后进入下一级膨胀机继续做功。

换热器的壳侧模拟为无压损的储能型，只设置一个接口来与空气侧相连，多个空气源可以借助适当的阻力型模块和汇流模块将多个气流汇集起来进入换热器。进出入换热器的冷水（热水）也可作类似处理，如果模拟多股冷水（热水），一股正常流入下一级换热器，另一股当水位高时流入另一换热器，则需要采用分流模块和几个阀门或管道。

换热器模块可以应用于从换热器壳侧开始有流量的一切工况，包括冷态以上的所有正常运行。

换热器模块可用来模拟管壳式封闭换热器。在封闭式换热器中，空气和水不混合。压缩空气在壳侧被管侧的热水加热，总的传热量取决于通入热水的流量和换热效率。换热器的整体效果可以通过增加空气的流程、提高换热系数、提高热水温度或流量等方法改善。

换热器由竖直分布在圆柱状的壳体内空气空间中的大量封闭式管束组成。管侧的传热主要通过对流。在壳侧的压缩空气认为保持气态。

五、数学方程

假设：换热器模型基于以下假设。
(1) 换热器保持气态。
(2) 换热器壳侧横截面积恒定。
(3) 忽略壳侧压损。
(4) 忽略冷水（热水）的可压缩性。

基本的计算是利用守恒定律推导壳侧压力和比焓的常微分方程，能量守恒提供了壳侧压缩空气焓的常微分方程，它也用来产生管侧各区域水的出口焓。

1. 质量守恒

所有型式的换热器利用同一质量守恒关系式，可得

$$\frac{\mathrm{d}\rho_h}{\mathrm{d}t} = \frac{W_{de} + W_{se} - W_{dl}}{V} \tag{2-86}$$

式中　V——所有管道的体积，m^3；

　　W_{de}——管侧进口水流量，kg/s；

　　W_{se}——管侧进口蒸汽流量，kg/s；

　　W_{dl}——管侧出口水流量，kg/s；

　　ρ_h——换热器中管侧流体平均密度，kg/m^3。

2. 能量守恒

根据强度量形式的能量守恒关系，壳侧的能量守恒方程决定于换热器的结构型式。忽略动能和高度项，可得

$$\frac{\mathrm{d}}{\mathrm{d}t}(\rho_h V U_h) = W_{se} h_{se} + W_{de} h_{de} - W_{dl} h_{dl} - q_d \tag{2-87}$$

式中　U_h——换热器管侧流体平均内能，kJ；

h_{se}——管侧进口蒸汽焓，kJ/kg；

h_{de}——管侧进口水焓，kJ/kg；

h_{dl}——管侧出口水焓，kJ/kg；

q_d——流体到管壁的热量，kJ。

经推可知

$$\frac{\partial \rho_h}{\partial h} \cdot \frac{dh_h}{dt} + \frac{\partial \rho_h}{\partial p} \cdot \frac{dp_{de}}{dt} = \frac{W_{se} + W_{de} - W_{dl}}{V} \tag{2-88}$$

$$\frac{d}{dt}(\rho_h V U_h) = W_{se}h_{se} + W_{de}h_{de} - W_{dl}h_{dl} - q_d \tag{2-89}$$

式中　h_h——换热器管侧流体平均焓，kJ/kg；

P_{de}——换热器管侧流体进口压力，Pa。

将储能项展开，可得

$$\frac{d}{dt}(\rho_h V U_h) = V\left[\left(\rho + h\frac{\partial \rho}{\partial h}\right)\frac{dh_h}{dt} + \left(h\frac{\partial \rho}{\partial p} - 1\right)\frac{dp_{de}}{dt}\right] \tag{2-90}$$

解出 dh_h/dt 和 dp_{de}/dt

$$dh_h/dt = [W_{se} + W_{de} - W_{dl} - V_h\partial\rho/\partial p(dp_{de}/dt)]/V(\partial\rho/\partial h) \tag{2-91}$$

$$dp_{de}/dt = [(\rho_h + h_h\partial\rho/\partial h)(W_{se} + W_{de} - W_{dl}) - \partial\rho/\partial h(W_{se}h_{se} + W_{de}h_{de} - W_{dl}h_{dl} - q_d)][V(\partial\rho/\partial h + \partial\rho/\rho_h)] \tag{2-92}$$

从而可得

$$\frac{dh_{dl}}{dt} = \frac{W_{dl}(h_h - h_{dl}) - q_d}{\rho_h V_1} \tag{2-93}$$

对管侧，则有

$$\frac{dh_i}{dt} = \frac{W_{we}(h_{we} - h_i) + q_d}{\rho_{we}v_i} \tag{2-94}$$

式中　h_i——换热器壳侧气体平均比焓，kJ/kg；

v_i——换热器壳侧气体平均比体积，m³/kg。

因为在和管束之间传热是很完全的，所以储存于金属中的热能与焓一致

$$\frac{dh_h}{dt} = [(W_{se} + W_{de} - W_{dl}) - V\partial\rho/\partial p(dp_{de}/dt)]/v(\partial\rho/\partial h) \tag{2-95}$$

能量守恒方程为

$$W_{we}(h_h - h_i) - q_d + \left[\frac{d}{dt}(\rho_i v_i h_i) + \frac{d}{dt}(M_m C_{pm} T_m)\right] = 0 \tag{2-96}$$

式中　ρ_i——换热器壳侧气体平均密度，kg/m³；

C_{pm}——金属的比容，kJ/(kg·K)；

T_m——金属管壁温度，K。

由于传热完全，则有

$$T_i = T_m \tag{2-97}$$

式中　T_i——换热器壳侧气体的平均温度，K。

$$d(T_m) = d(T_i) = d(h_i)/c_{pi} \tag{2-98}$$

式中　C_{pi}——换热器壳侧气体的平均比容，kJ/(kg·K)。

联立求解得

$$W_{we}(h_c - h_i) - q_d + (\rho_i v_i + M_m C_{pm}/C_{pi})\frac{dh_i}{dt} = 0 \tag{2-99}$$

对钢管 $C_{pm}/C_{pi} = 0.11$，可得

$$\frac{dh_i}{dt} = \frac{W_{we}(h_h - h_i) + q_d}{\rho_i v_i + 0.11M_m} \tag{2-100}$$

对于管材不是钢的，质量 M_m 可以认为是钢的折合质量。也即是说，M_m 是和实际材料的管束储存相同能量的钢的质量。

3. 传热方程

传热率的计算利用平均对数温差对逆流换热的公式，此公式也适用于正方向流动和动态横掠流动时的传热。

$$q_c = (UA)_c \cdot \Delta T_{LMC} \tag{2-101}$$

式中　ΔT_{LMC}——平均对数温差，K；

$(UA)_c$——管侧与壳侧之间的总传热系数，kJ/(m²·K)；

q_c——管侧和壳侧的总传热量，kJ。

$$\Delta T_{Lmc} = \frac{(T_{sat} - T_{entering}) - (T_{sat} - T_{leawing})}{h\left(\frac{T_{sat} - T_{entering}}{T_{sat} - T_{leaving}}\right)} \tag{2-102}$$

总体传热系数 $(UA)_c$ 取决于三种热阻：R_t 为相对于 0 直径的管侧热阻，单位为 (m²·K)/W；R_s 为换热器壳侧热阻，单位为 (m²·K)/W；R_f 为取决于管壁热传导和污垢的固定热阻，单位为 (m²·K)/W。$(UA)_c$ 可表示为

$$(UA)_c = 1/\left(\frac{1}{R_s} + \frac{1}{R_1} + \frac{1}{R_f}\right) \tag{2-103}$$

管侧和壳侧热阻不是固定的常数而是随流量和流体性质变化。只考虑主要因素，管侧变化的主要因素是流量，Dittus-Boelter 关系式为

$$k_{ct} = 1/R_t \partial W_{we}^{0.8} \tag{2-104}$$

换热器凝结系数关系式为

$$k_{cs} = 1/R_s \partial T_{sat}^{0.9} \tag{2-105}$$

将上述关系式代入到总体传热系数公式，用 k_{ct} 和 k_{cs} 参数对应于运行数据为

$$(UA)_c = \frac{1}{k_{cs}/T_{sat}^{0.9} + k_{ct}/W_{we}^{0.8} + k_{cf}} \tag{2-106}$$

在模型中上述关系改为

$$(UA)_c = \frac{W_{we}}{k_{cs}W_{we}/T_{sat}^{0.9} + k_{ct}W_{we}^{0.2} + W_{we}k_{cf}} \tag{2-107}$$

4. 流动方程

用 Bernoulli 方程计算流经换热器的流量为

$$W_{we} = Y_{bv} C_p \sqrt{\rho_{we}(P_{we} - P_{wl})} \tag{2-108}$$

式中　Y_{bv}——管道阀门开度，由用户决定是否切断换热器；

　　　C_p——管道通流系数。

由于忽略可压缩性，得到

$$W_{wl} = W_{we} \tag{2-109}$$

5. 流体性质

换热器中压力 P_{de} 和焓 H_h 由上述守恒方程计算，并且可得

$$P_{se} = P_{de}, P_{dl} = P_{de} \tag{2-110}$$

饱和温度 T_s，密度和焓作为压力的函数为

$$T_s = f(P_{se}), h_i = f(P_{se}), \rho_f = f(P_{se}), \rho_i = f(P_{se}) \tag{2-111}$$

六、换热器模型

换热管外侧管壁与蒸汽换热量为

$$Q_h = \frac{A_h(T_h - T_w)}{\delta/2K_w + 1/\alpha_h} \tag{2-112}$$

$$\alpha_h = f(R_e, P_r) \tag{2-113}$$

换热介质与外管壁换热量为

$$Q_c = \frac{A_c(T_c - T_w)}{\delta/2K_w + 1/\alpha_c} \tag{2-114}$$

$$\alpha_c = f(R_e, P_r) \tag{2-115}$$

式中　A_c、A_h——内外管壁面积；

　　　W_h、W_c——空气与换热介质流量；

　　　　K_w——管壁导热系数；

　　　　δ——管壁厚度；

　　　　T_c——换热介质平均温度；

　　　　T_w——管壁平均温度；

　　　　T_h——管壁内空气温度；

　　　α_c、α_h——内外管壁换热系数。

第六节　储气装置

一、储气装置类型及特点

1. 等容储气装置

普通钢制压力容器在压缩气体领域的应用非常广泛，设计和制造技术成熟，且能够承受较高压力。然而，当应用于中等容量以上的储能场景时，普通钢制压力容器储气库的成本将成为限制其应用的主要因素。此外，普通钢制压力容器还有重量大、体积大、占地大等弊端。

管线钢钢管最初的用途是输送石油或天然气。21 世纪初，随着西气东输、川气东送等国家能源输送工程的重点建设，我国管线钢钢管市场逐渐由依赖进口发展至基本国产化。国产化管线钢钢管质量得到提升的同时，批量化生产的成本也快速下降。管线钢钢管一般单根长度 100m 左右，根据管径不同，其壁厚在 1～3cm 时，即可承受 10MPa 以上的压力。采用管线钢钢管进行储气时，可以将其阵列化布置于地上，或浅埋于地下以节省地面空间。同时，也可通过增减阵列中的管线钢钢管数量对压缩空气储能系统的容量进行调节。此外，由于国产化管线钢钢管的批量化生产，将其用于压缩空气储能系统的成本处于较合理的水平。因此，在中小容量等级的压缩空气储能系统中，采用管线钢钢管阵列进行储气成为最佳选择之一。

以地下盐穴、煤矿巷道等地下洞穴为代表的地下储气库容量大、占地少，是目前建造大容量压缩空气储能系统的有力支撑条件，地下盐穴储气示意图如图 2-21 所示。此类地下储气库一般是天然矿藏开采后的遗存，大部分仅需简单改造后即可用于压缩空气存储，因而成本显著低于各类人造压力容器。以地下盐穴储气库为例，其采用人工方式在盐层或盐丘中制造洞穴形成存储空间来存

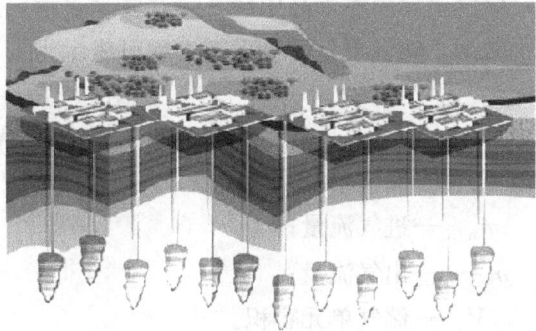

图 2-21　地下盐穴储气示意图

储空气，一般选择在盐层厚度大、分布稳定的盐丘或盐层上。开采盐岩溶腔的成本较低，大约为硬岩洞室的 30%～60%，且盐岩具有非常低的渗透率与良好的裂隙自愈能力，能够保证存储溶腔的密闭性。同时，其力学性能较为稳定，能够适应因充放气和壁面换热导致的存储压力变化。目前，国内盐穴天然气储气库的设计、建造和运行技术已经趋于成熟，可为开展大容量压缩空气储气库相关研究和应用提供成套的经验和数据。

地下石油、天然气采空区或地下含水层等也可用于大容量压缩空气的存储，目前国内已利用此类地下空间建设了天然气储气库。相较于地下盐穴等大容量地下洞穴，地下石油、天然气采空区和含水层一般为多孔隙地质结构，气体流动时的压力损失较大，也可能存在压缩空气向四周弥散渗漏的现象。然而，综合考虑存储容量和成本，此类地质条件依然是开展大容量压缩空气储能系统建设的选项之一。

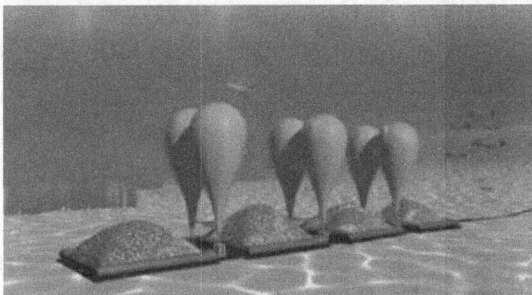

图 2-22　离岸压缩空气储能系统的储气装置

2. 等压储气装置

近年来，随着离岸压缩空气储能概念的兴起和深入研究，采用承压气囊在水下存储高压压缩空气的可行性已经得到初步的实践验证。承压气囊壁面具有一定的柔性或伸缩性，可使外部水压与内部气压平衡，从而利用水压实现气囊内部压缩空气压力的基本稳定。图 2-22

为 Hydrostor 公司提出的一种离岸压缩空气储能系统的储气装置图，将气囊固定在水底后，通过管路与水面上的空气压缩机和膨胀机分别连通，此时气囊中的压缩空气压力与所处深度位置的水压相等，从而实现恒压充气和恒压放气。

除了采用水力调压实现恒压储气的技术手段外，还可以直接采用重物放置在可变容积的储气装置上，利用重物的重力和储气装置内压缩空气压力之间的平衡关系实现压力的调节和控制。恒压储气装置受限于材料技术、加工工艺和成本等条件，目前只适用于小容量压缩空气储能系统或实验系统。

二、储气单元

储气单元由多个高压储气罐并联来表示，用于储存压缩空气，相当于整个系统的能量中转站。储气单元质量平衡方程可表示为

$$\frac{d\rho}{dt} = \frac{m_{in} - m_{out}}{V} \tag{2-116}$$

式中　ρ——储气单元空气密度；

$\quad m_{in}$——进气流量；

$\quad m_{out}$——出气流量；

$\quad V$——储气单元容积。

基于定容条件，储气单元的能量方程为

$$\frac{d(mu)}{dt} = m_{in}h_{in} - m_{out}h_{out} - h_{ac}A_c(T - T_{ac}) \tag{2-117}$$

式中　m——储气单元内气体的质量；

$\quad h_{in}$——流入储气单元气体的焓值；

$\quad h_{out}$——流出储气单元气体的焓值；

$\quad h_{ac}$——气体与储气单元墙壁之间的传热效率；

$\quad A_c$——储气单元墙壁面积；

$\quad T$——储气单元内空气温度；

$\quad T_{ac}$——储气单元墙壁温度。

在储能阶段，储气室内温度压力可表示为

$$\begin{cases} \dfrac{dP}{dt} = \dfrac{c_pT_{in}m_{in} + h_{ac}A_c(T_{ac} - T)}{Vc_v}R_g \\ \dfrac{dT}{dt} = \dfrac{c_pT_{in}m_{in} + h_{ac}A_c(T_{ac} - T)}{mc_v} - \dfrac{T}{m}m_{in} \end{cases} \tag{2-118}$$

在释能阶段，储气室内温度压力可表示为

$$\begin{cases} \dfrac{dP}{dt} = \dfrac{-c_pT_{out}m_{out} + h_{ac}A_c(T_{ac} - T)}{Vc_v}R_g \\ \dfrac{dT}{dt} = \dfrac{-c_pT_{out}m_{out} + h_{ac}A_c(T_{ac} - T)}{mc_v} + \dfrac{T}{m}m_{out} \end{cases} \tag{2-119}$$

第七节　泵　原　理

泵是把原动机的机械能转换为所抽送液体能量的机器，用来输送并提高液体的压力。泵在工业上用途十分广泛。AA-CAES 系统中，在蓄热罐出口是热水泵，在蓄冷罐出口是冷水泵。热水泵和冷水泵均采用叶片式泵，热水泵和冷水泵的工作温度略有区别，不同叶片式泵的特性比较见表 2-2。

表 2-2　　　　　　　　　　　　各类叶片式泵的特性比较

指标		离心泵	轴流泵	漩涡泵
流量	均匀性	均匀		
	稳定性	不恒定，随管路情况变化而变化		
	范围/(m³/h)	1.6～30 000	150～245 000	0.4～10
扬程	特点	对应一定流量，只能达到一定的扬程		
	范围/m	10～2600	2～20	8～150
效率	特点	在设计点最高，偏离越远，效率越低		
	范围（最高点）	0.5～0.8	0.7～0.9	0.25～0.5
结构特点		结构简单，造价低，体积小，重量轻，安装检修方便		
操作与维修	流量调节方法	出口节流或改变转速	出口节流或改变叶片安装角度	不能用出口阀调节，只能用旁路调节
	自吸作用	一般没有	没有	部分型号有
	启动	出口阀关闭	出口阀全开	
	维修	简便		
适用范围		黏度较低的各种介质	特别适用于大流量、低扬程、黏度较低的介质	特别适用于小流量、较高压力的低黏度清洁介质
性能曲线形状				

热水泵和冷水泵主要采用离心泵。离心泵具有性能范围广泛、流量均均匀、结构简单、运转可靠和维修方便等诸多优点。离心泵的流量和扬程范围较宽，一般离心泵的流量为 1.6～30 000m³/h，扬程为 10～2600m。

一、离心泵的工作原理与特点

1. 工作原理

离心泵品种很多，结构各有差异，但其基本结构相似，主要由叶轮、泵体（泵壳）、泵盖、转轴、密封部件和轴承部件等构成。典型的单级单吸离心泵结构如图 2-23 所示。

泵体泵盖组件内装有叶轮。由电机带动轴上的叶轮旋转对液体做功，从而提高液体的压力能和动能。液体由泵体的吸入室流入，由泵体的排出室流出。叶轮前盖板的密封环和叶轮后盖板后端的填料与填料环防止从叶轮流出的液体泄漏。轴承和轴承悬架（托架）支持转轴。整个泵和电机安装在一个底座之上。一般离心泵的液体过流部件是吸入室、叶轮和排出室。对过流部件的要求主要是达到规定的流量和扬程，液体流动连续、稳定、流动损失小、效率高，以节省能耗。对其他零部件的综合要求主要是结构紧凑、工作可靠、拆装方便、经久耐用。

为了使离心泵正常工作，离心泵必须配备一定的管路和管件，这种配备有一定管路系统的离心泵称为离心泵装置。离心泵的一般装置示意图如图 2-24 所示，主要包括吸入管路、底阀、排出管路、排出阀等。离心泵在启动前，泵体和吸入管路内应灌满液体，此过程称为灌泵。启动电动机后，泵的主轴带动叶轮高速旋转，叶轮中的叶片驱使液体一起旋转，在离心力的作用下，叶轮中的液体沿叶片流道被甩向叶轮出口，并提高了压力。液体经压液室流至泵出口，再沿排出管路送到需要的地方。泵体内的液体排出后，叶轮入口处形成局部真空，此时吸液池内的液体在大气压力作用下，经底阀沿吸入管路进入泵内。这样，叶轮在旋转过程中，一面不断地吸入液体，一面又不断地给予吸入的液体一定的能头，将液体排出。由此可见，离心泵能输送液体是依靠高速旋转的叶轮使液体受到离心力作用，故名离心泵。

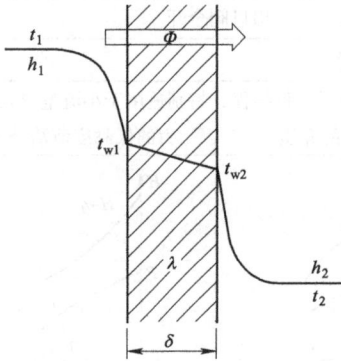

图 2-23　典型的单级单吸
离心泵的结构

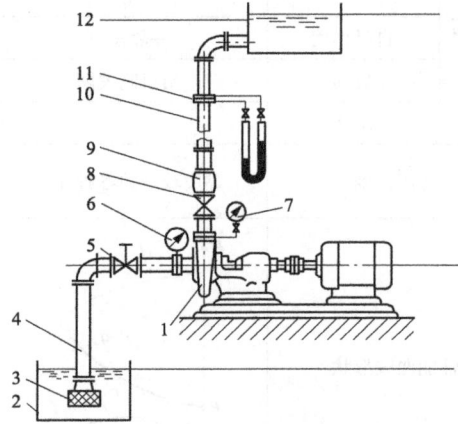

图 2-24　离心泵的一般装置示意图

1—泵；2—吸液池；3—底阀；4—吸入管路；
5—吸入调节阀；6—真空表；7—压力表；8—排出调节阀；
9—单向阀；10—排出管路；11—流量计；12—排液罐

离心泵吸入管路上的底阀是单向阀，泵在启动前此阀关闭，保证泵体及吸入管路内能灌满液体；泵在启动后此阀开启，液体便可以连续流入泵内。底阀下部装有滤网，防止杂物进入泵内堵塞流道。

2. 特点

（1）当离心泵的工况点确定后，离心泵的流量和扬程（当吸入压力一定时，即为离心泵的排出压力）是稳定的，无流量和压力脉动。

（2）离心泵的流量和扬程之间存在着函数关系。当离心泵的流量（或扬程）一定时，只能有一个相对应的扬程（或流量）值。

（3）离心泵的流量不是恒定的，而是随其排出管路系统的特性不同而不同。

（4）离心泵的效率因其流量和扬程而异。大流量、低扬程时，效率较高，可达80％；小流量、高扬程时效率较低，甚至只有百分之几。

（5）一般离心泵无自吸能力，启动前需灌泵。

（6）离心泵可用旁路回流、出口节流或改变转速调节流量。

（7）离心泵结构简单、体积小、质量轻、易损件少，安装、维修方便。

二、离心泵的选用

1. 离心泵的选型原则

离心泵的选择是指按所需输送的液体流量、扬程及液体性质等，从现有的各种泵中选择经济适用的泵。选择泵时应遵循如下原则。

（1）所选泵的型式、性能应满足装置流量、扬程、压力、温度、汽蚀余量等工艺参数及输送介质性质的要求。

（2）机械方面可靠性高、噪声低、尺寸小、质量轻、结构简单、振动小，以便于操作与维修。

（3）设备成本费用、运转费用、维修费用、管理费用等要低，尽可能降低成本。

（4）满足其他特殊要求，如防爆、耐腐蚀等。

2. 离心泵的选型依据

离心泵选型应根据工艺流程和使用要求，从流量、扬程、液体性质、装置系统的管路布置条件、泵的操作条件等几个方面加以考虑。

（1）流量。流量是选泵的重要参数之一，它直接关系到整个装置的生产能力和输送能力。在工艺设计中，如果已经计算出了泵的正常、最小、最大三种流量，选择泵时，以最大流量为依据，兼顾正常流量。若只知道装置的正常流量，则应采用适当的安全系数估算泵的流量。

（2）扬程。装置系统所需的扬程是选泵的另一重要参数，当工艺设计中已给出所需扬程值时，可直接采用；若没有给出扬程值而需要估算时，先要绘出泵装置的立面流程图，标明离心泵在流程中的位置、标高、距离、管线长度及管件数等，计算流动损失，必要时再留出余量，最后确定泵需提供的扬程。一般要按放大5％～20％余量的扬程进行选型。

（3）液体性质。液体性质包括液体介质的名称、物理性质、化学性质和其他性质（温度、介质中固体颗粒直径和气体含量等），这是系统扬程、有效汽蚀余量的计算依据，也是选用泵的材料和轴封形式的重要依据。

（4）装置系统的管路布置条件。指的是输送液体的距离、高度以及输送方向等，包括吸液侧的最低液面、排出侧的最高液面、管路的规格以及长度、数量等，以便进行系统扬程和汽蚀余量等参数的计算。

（5）泵的操作条件。操作条件很多，如液体的输送压力、饱和蒸气压力、吸入压力、泵安装位置的海拔、环境温度、泵是间歇运行还是连续运行、泵的位置是固定的还是可移动的等。这是泵选型的依据，也是选择离心泵台数的依据。

3. 选型步骤与方法

（1）根据工艺条件，所输送液体介质的物理性质（密度、黏度、饱和蒸气压、腐蚀性等）、装置系统管路布置条件、操作条件（操作温度、泵进出口两侧设备内的压力、处理量等），以及泵预安装位置等情况，计算出泵的流量、扬程、有效汽蚀余量等参数。

（2）根据装置的布置、地形条件、水位条件、运转条件，确定选择卧式、立式或是其他型式的泵。

（3）根据被输送液体介质的性质，确定选用泵的类型，是清水泵、热水泵还是油泵、耐腐蚀泵或其他泵。

（4）根据流量大小，确定选单吸泵还是双吸泵；根据扬程大小，确定选单级泵还是多级泵。因为多级泵比单级泵的效率低，如果单级泵和多级泵都能满足工艺要求，尽量选择单级泵。

三、离心泵的基本方程

（1）液体在叶轮内的流动状态及速度三角形：离心泵工作时，液体一方面随着叶轮一起旋转；另一方面又沿着叶片由内向外流动，因此，液体在叶轮内的运动是复杂运动。为了便于从理论上进行分析，作以下两点假设。

1）叶轮中的叶片数目为无限多，每个叶片的厚度为无限薄，这样就可以认为液体在叶轮中完全沿着叶片的曲线轨迹运动。

2）通过叶轮的液体是理想液体，因此在叶轮内流动时无任何能量损失。

根据理论力学，研究液体在叶轮中运动时，可取动坐标系和叶轮为一体，则叶轮的旋转运动便是牵连运动；当观察者与叶轮一起旋转时所看到的液体运动就是相对运动。这样，液体在叶轮中的复杂运动，便可以由液体的旋转运动和相对运动的合成。

液体在叶轮内的运动如图 2-25 所示，液体随着叶轮的旋转运动称为圆周运动［见图 2-25（a）］，其速度称为圆周速度，用符号 u 表示，方向与叶轮的切线方向一致。液体的

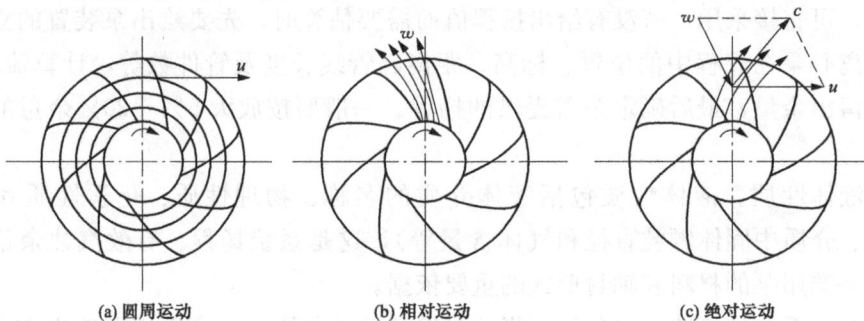

(a) 圆周运动　　　　(b) 相对运动　　　　(c) 绝对运动

图 2-25　液体在叶轮内的运动

相对运动的速度称为相对速度 [见图 2-25 (b)]，用符号 ω 表示。在无限多叶片的假设下，各点相对速度的方向与叶片的切线方向一致。离心泵叶轮中任意一点 i 的液流绝对速度 C_i 等于圆周速度 u_i 和相对速度 ω_i 的矢量和，则有

$$C_i = u_i + \omega_i \tag{2-120}$$

式中　C_i——i 点液流的绝对速度，m/s；

　　　　u_i——i 点处液流随叶轮旋转的速度，即圆周速度，m/s；

　　　　ω_i——i 点液流相对于旋转叶轮的速度，m/s。

绝对速度方向为圆周速度和相对速度方向的合成速度的方向，如图 2-25 (c) 所示。

对于叶轮内任一液体质点，都可以由这三个速度矢量组成一个封闭的三角形，称为速度三角形。速度三角形直接反映了液体在叶轮流道中的运动规律，是研究叶片式机器能量传递的工具。尤其是叶轮叶片进口和出口的速度三角形，将是要研究的重点。它的形状和大小，直接与离心泵与液体间能量传递的大小有关，即与泵的能量头及功率有直接关系。为液体质点在叶轮进、出口处及任意半径处的速度三角形如图 2-26 所示，下标 1 为进口处参数，2 为出口处参数；α 表示液体质点绝对速度与圆周速度间的夹角，称为绝对速度方向角；β 表示液体质点相对速度与圆周速度反方向间的夹角，称相对液流角；C_u 表示绝对速度在圆周方向的分速度；C_r 表示绝对速度在与圆周速度垂直方向的分速度。

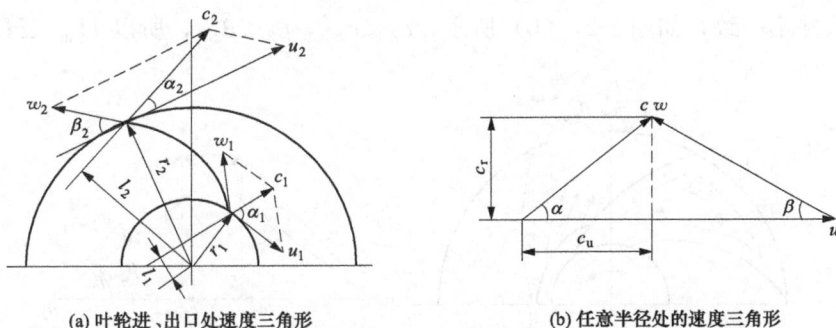

图 2-26　液体质点在叶轮进、出口处及任意半径处的速度三角形

（2）液体进入叶轮受到叶片推动而增加能量，建立叶轮对液体做功与液体运动状态之间关系的能量方程，即离心泵的基本方程式——欧拉方程式。它可以由动量矩定理导出

$$H_{th} = \frac{1}{g}(c_{2u}u_2 - c_{1u}u_1) \tag{2-121}$$

式中　H_{th}——离心泵的理论扬程，m；

　　　　c_{2u}——叶轮出口处液流绝对速度在圆周方向的分速度，m/s；

　　　　c_{1u}——叶轮进口处液流绝对速度在圆周方向的分速度，m/s；

　　　　u_2——叶轮出口处的圆周速度，m/s；

　　　　u_1——叶轮进口处的圆周速度，m/s。

当液流无预旋进入叶轮时，$c_{1u}=0$。欧拉方程也可简写成

$$H_{th}=\frac{1}{g}c_{2u}u_2 \tag{2-122}$$

从欧拉方程可以看出，离心泵的理论扬程 H_{th} 取决于泵的叶轮的几何尺寸、工作转速，而与输送介质的特性与密度无关。这便是离心泵可以以常温清水进行性能试验，并考核其扬程的理论依据。

利用余弦定理也可将欧拉方程表示为

$$H_{th}=\frac{u_2^2-u_1^2}{2g}+\frac{w_2^2-w_1^2}{2g}+\frac{c_2^2-c_1^2}{2g} \tag{2-123}$$

式中　$(u_2^2-u_1^2)/2g$——叶轮中离心力对单位质量流体所做的功；

$(w_2^2-w_1^2)/2g$——单位质量流体流经叶轮时相对速度降低而获得的功；

$(c_2^2-c_1^2)/2g$——单位质量流体流经叶轮前后动能的增量。

（3）有限叶片数和无限叶片数理论扬程的差别离心泵叶轮的叶片数一般为 5～8 片，理论研究时引入了无限叶片数的假定。

有限叶片对扬程的影响如图 2-27 所示。在无限叶片数的情况下，流体受到叶片的约束，流体相对运动的流线和叶片形状完全一致。在有限叶片数的情况下，液流的惯性存在轴向旋涡运动，如图 2-27（a）所示，下标∞为叶轮叶片为无限多时的参数。叶轮叶片间流道越宽，轴向旋涡运行越严重。由于轴向旋涡运动的影响，液体相对运动的流线与叶片形状并不一致，如图 2-27（b）所示，$c_2<c_{2\infty}$，$\beta_2<\beta_{2\infty}$，所以 $H_{th}<H_{th\infty}$。

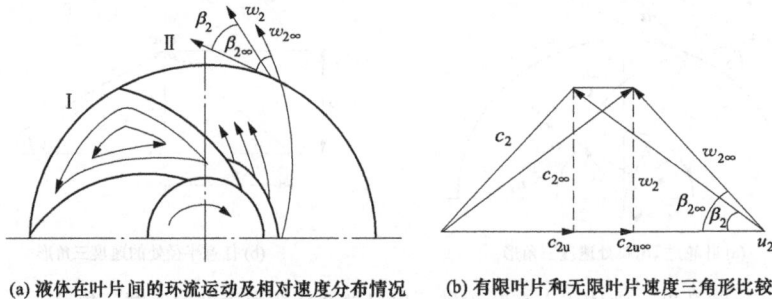

(a) 液体在叶片间的环流运动及相对速度分布情况　　(b) 有限叶片和无限叶片速度三角形比较

图 2-27　有限叶片对扬程的影响

有限叶片数和无限叶片数叶轮产生的理论扬程的差别称为叶轮中的流动滑移。滑移并不意味着能量损失，而只说明同一工况下实际叶轮由于叶片数有限，而不能像无限叶片一样控制液体的流动，也就是液流的惯性影响了速度的变化。

第八节　发电机模型

发电机数学模型包括转子运动方程和同步发动机的基本方程式。其中转子运动方程描述了转子运动的机械暂态过程，发电机的基本方程体现同步发电机电势与机端电压、电流之间的关系，以及各电势在不同情况下的变化规律，即反映发电机电磁暂态过程。

一、同步发电机转子运动方程式

同步发电机转子的机械角加速度与作用在转子上的不平衡转矩之间的关系为

$$J\alpha = K_\omega J \frac{\mathrm{d}\omega}{\mathrm{d}t} = K_\omega J \frac{\mathrm{d}\theta^2}{\mathrm{d}t^2} = \Delta M \qquad (2\text{-}124)$$

式中　K_ω——发电机极对数的倒数；

　　　J——机组转子的转动惯量；

　　　ΔM——作用在转子轴上的不平衡转矩；

　　　α——转子的机械角加速度；

　　　θ——电气角位移。

同步电机转子的相对角度，即转子相对于同步旋转参考轴的角位移（见图 2-28）与其绝对角度之间的关系为

$$\delta = \theta - \omega_0 t \qquad (2\text{-}125)$$

式中　ω_0——同步电角速度。

将上式对时间积分，可得到转子的角速度与同步旋转参考轴的角速度之差为

$$\frac{\mathrm{d}\delta}{\mathrm{d}t} = \frac{\mathrm{d}\theta}{\mathrm{d}t} - \omega_0 = \omega - \omega_0 \qquad (2\text{-}126)$$

图 2-28　同步电机转子
的相对角度

根据转速转矩特性，转子的不平衡转矩 ΔM 与相应的不平衡功率 ΔN_g 之间有如下关系

$$\Delta M = \frac{\Delta N_g}{K_\omega \omega} \qquad (2\text{-}127)$$

将式（2-127）代入式（2-124），同时将式（2-125）改变后得

$$K_\omega^2 \omega_n^2 J \frac{\mathrm{d}\dfrac{\omega}{\omega_0}}{\mathrm{d}t} = \frac{\Delta N_g}{\dfrac{\omega}{\omega_0}} \qquad (2\text{-}128)$$

$$\frac{\mathrm{d}\delta}{\mathrm{d}t} = \left(\frac{\omega}{\omega_0} - \frac{\omega_n}{\omega_0} \right) \omega_n \qquad (2\text{-}129)$$

用有名值计算时，式（2-128）中不平衡功率的为 MW，时间为 s，$K_\omega^2 \omega_n^2 J$ 等于转子以同步转速旋转时所储藏动能的两倍，单位为 MW·s；当角度取弧度时，角速度的单位为 °/s。

为化简符号，式（2-128）中转子的转速与同步转速之比用 ω 代替，引入上述变换，可得到用标幺值表示的转子运动方程

$$\begin{cases} T_J \dfrac{\mathrm{d}\omega}{\mathrm{d}t} = \dfrac{N_g}{\omega} = \Delta M \\[2mm] \dfrac{\mathrm{d}\delta}{\mathrm{d}t} = (\omega - 1) 2\pi f_0 \end{cases} \qquad (2\text{-}130)$$

式中　T_J——机组的惯性时间常数，s，$T_J = \dfrac{K_\omega^2 \omega_n^2 J}{S_J}$。

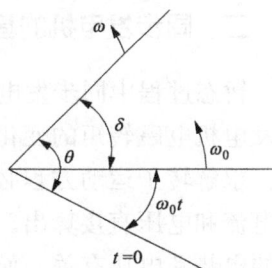

稳态计算中 T_J 值通常以机组额定容量 S_e 为基准值，若要换算成以 S_J 为基准容量时其数值乘以 S_e/S_J，相对角度 δ 单位为弧度。式（2-130）本身是精确的，实际精度的差别主要决定于不平衡转矩 M 的取值。在模型中考虑了阻尼绕组产生的电磁阻尼转矩以及转运损耗造成的机械阻尼转矩的影响，用阻尼系数 D 来实现。这样可大大改善模型正常运行后 ω 的稳定性。因此在仿真模型中所用的转子运动数学模型为

$$\begin{cases} \dfrac{\mathrm{d}\omega}{\mathrm{d}t} = \dfrac{1}{T_J\omega}(N_G - N_D) - D(\omega - 1) \\ \dfrac{\mathrm{d}\delta}{\mathrm{d}t} = 2\pi f_0(\omega - 1) \end{cases} \tag{2-131}$$

式中　N_G，N_D——汽机输出功率和发电机的电磁功率。

二、同步发电机的基本方程式

暂态过程中同步发电机的转速变化主要取决于转子轴上不平衡转矩的大小，而同步发电机电磁转矩的变化又是产生不平衡转矩的主要因素。因此在电力系统稳定计算中，求解转子运动方程必须先求出同步电机的电磁转矩。通常，电磁转矩可根据定子的电流和电压直接算出。由于同步电机接入网络后，其定子电流、电压不仅与电机本身的电势和电压有关，而且还与外部网络的结构和参数有关。因此，要得到定子的电流和电压，必须把描述同步电机电势和定子电流、电压之间关系的方程式与网络方程式联立求解。

从电磁关系方面看，凸极同步电机是由一些相互耦合的线圈组成的，即三个定子绕组 a、b、c，一个励磁绕组 f 和两个等效的阻尼绕组 d、q。因此，不论电机的结构如何，气隙情况如何，总可以按照一般的电路法则，列出各个绕组的电压方程和磁链方程，并按一定边界条件，对这些绕组所组成的回路进行分析，从而得到暂态过程中这些回路的电流和电压的变化规律。

根据同步发电机内部组成示意图（见图 2-29）和同步发电机各回路的电路图（见图 2-30）可列出下面具有六个磁耦回路的同步发电机的电压方程式（2-132）。

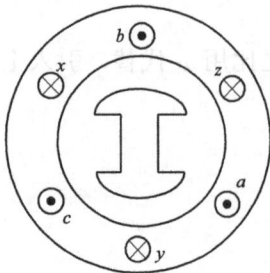

图 2-29　同步发电机内部组成示意图　　　　图 2-30　同步发电机各回路图

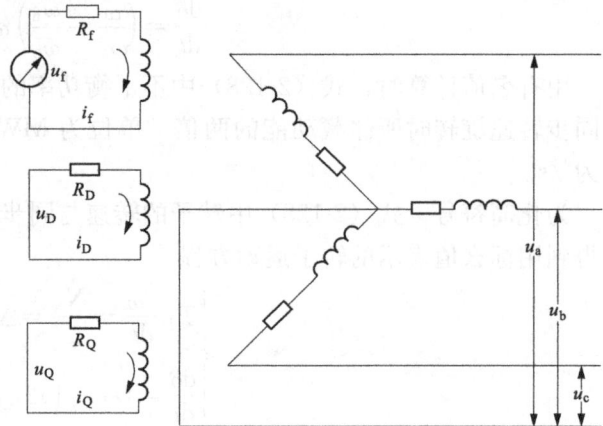

$$
\begin{bmatrix} u_a \\ u_b \\ u_c \\ u_f \\ 0 \\ 0 \end{bmatrix} = \begin{bmatrix} R & 0 & 0 & 0 & 0 & 0 \\ 0 & R & 0 & 0 & 0 & 0 \\ 0 & 0 & R & 0 & 0 & 0 \\ 0 & 0 & 0 & R_f & 0 & 0 \\ 0 & 0 & 0 & 0 & R_D & 0 \\ 0 & 0 & 0 & 0 & 0 & R_Q \end{bmatrix} \begin{bmatrix} -i_a \\ -i_b \\ -i_c \\ i_f \\ i_D \\ i_Q \end{bmatrix} + \begin{bmatrix} P\psi_a \\ P\psi_b \\ P\psi_c \\ P\psi_f \\ P\psi_D \\ P\psi_Q \end{bmatrix} \tag{2-132}
$$

式中　　　　　u，i，Ψ，R——各绕组的电压、电流、合成磁链和电阻；

角标 a、b、c、d、f、D、Q——a、b、c 绕组，励磁绕组和两个等效的纵轴和横轴的阻尼绕组；

$P = \mathrm{d}/\mathrm{d}t$——微分算子。

同步发电机各绕组的合成磁链是由本绕组的自感磁链和本绕组与其他绕组的互感磁链所组成，其磁链方程式为

$$
\begin{bmatrix} \psi_a \\ \psi_b \\ \psi_c \\ \psi_f \\ \psi_D \\ \psi_Q \end{bmatrix} = \begin{bmatrix} L_{aa} & M_{ab} & M_{ac} & M_{af} & M_{aD} & M_{aQ} \\ M_{ba} & L_{bb} & M_{bc} & M_{bf} & M_{bD} & M_{bQ} \\ M_{ca} & M_{cb} & L_{cc} & M_{cf} & M_{cD} & M_{cQ} \\ M_{fa} & M_{fb} & M_{fc} & L_{ff} & M_{fD} & 0 \\ M_{Da} & M_{Db} & M_{Dc} & M_{Df} & L_{DD} & 0 \\ M_{Qa} & M_{Qb} & M_{Qc} & 0 & 0 & L_{QQ} \end{bmatrix} \cdot \begin{bmatrix} -i_a \\ -i_b \\ -i_c \\ i_f \\ i_D \\ i_Q \end{bmatrix} \tag{2-133}
$$

式中　L——自感系数；

M——互感系数。

各角标分别代表所属绕组。

式（2-133）中相应的互感系数认为是可逆的，即有

$$
\left. \begin{array}{l} M_{ab} = M_{ba}, M_{ac} = M_{ca}, M_{af} = M_{fa}, M_{aD} = M_{Da} \\ M_{aQ} = M_{Qa}, M_{bc} = M_{cb}, M_{bf} = M_{fb}, M_{bD} = M_{Db} \\ M_{bQ} = M_{Qb}, M_{cf} = M_{fc}, M_{cD} = M_{Dc}, M_{cQ} = M_{Qc} \\ M_{Df} = M_{fD} \end{array} \right\} \tag{2-134}
$$

另外，由于绕组 Q 与绕组 D 及绕组 f 在空间互差 $\pi/2$ 电弧度，因此，横轴阻尼绕组与纵轴阻尼绕组 D 及励磁绕组 f 间的互感为零。

同一种在空间旋转的两相坐标 d、q 系统和零序系统对式（2-132）和式（2-133）进行派克变换，并以标幺值形式得到的磁链方程式为

$$
\begin{bmatrix} \psi_d \\ \psi_q \\ \psi_0 \\ \psi_f \\ \psi_D \\ \psi_Q \end{bmatrix} = \begin{bmatrix} X_d & 0 & 0 & X_{ad} & X_{aD} & 0 \\ 0 & X_q & 0 & 0 & 0 & X_{aQ} \\ 0 & 0 & X_0 & 0 & 0 & 0 \\ X_{ad} & 0 & 0 & X_f & X_{fD} & 0 \\ X_{aD} & 0 & 0 & X_{fD} & X_D & 0 \\ 0 & X_{aQ} & 0 & 0 & 0 & X_Q \end{bmatrix} \cdot \begin{bmatrix} -i_d \\ -i_q \\ -i_0 \\ i_f \\ i_D \\ i_Q \end{bmatrix} \tag{2-135}
$$

$$\begin{bmatrix} u_d \\ u_q \\ u_0 \\ u_f \\ 0 \\ 0 \end{bmatrix} = \begin{bmatrix} r & 0 & 0 & 0 & 0 & 0 \\ 0 & r & 0 & 0 & 0 & 0 \\ 0 & 0 & r & 0 & 0 & 0 \\ 0 & 0 & 0 & r_f & 0 & 0 \\ 0 & 0 & 0 & 0 & r_D & 0 \\ 0 & 0 & 0 & 0 & 0 & r_Q \end{bmatrix} \cdot \begin{bmatrix} P\psi_d \\ P\psi_q \\ P\psi_0 \\ P\psi_f \\ P\psi_D \\ P\psi_Q \end{bmatrix} + \begin{bmatrix} (1+s)\psi_q \\ -(1-s)\psi_d \\ 0 \\ 0 \\ 0 \\ 0 \end{bmatrix} \qquad (2\text{-}136)$$

式中　X_d、X_q、X_0——同步发电机的 d 轴、q 轴和零序电抗；

　　　X_f、X_D、X_Q——励磁绕组和阻尼绕组的纵轴、横轴的自感电抗；

　　　X_{ad}、X_{aD}、X_{fD}——轴定子等效绕组、励磁绕组、纵轴阻尼绕组间的互感电抗；

　　　X_{aQ}——轴定子等效绕组和横轴阻尼绕组间的互感电抗；

　　　r——表示回路电阻标准值形式；

　　　s——转差率，其定义为 $s = \omega - 1$。

式（2-136）右端第二项可以写作

$$\begin{bmatrix} -P\psi_d \\ P\psi_q \\ P\psi_0 \\ P\psi_f \\ P\psi_D \\ P\psi_Q \end{bmatrix} = \begin{bmatrix} X_d & 0 & 0 & X_{ad} & X_{aD} & 0 \\ 0 & X_q & 0 & 0 & 0 & X_{aQ} \\ 0 & 0 & X_0 & 0 & 0 & 0 \\ X_{ad} & 0 & 0 & X_f & X_{fD} & 0 \\ X_{aD} & 0 & 0 & X_{fD} & X_D & 0 \\ 0 & X_{aQ} & 0 & 0 & 0 & X_Q \end{bmatrix} \cdot \begin{bmatrix} -Pi_d \\ -Pi_Q \\ -Pi_0 \\ Pi_f \\ Pi_D \\ Pi_Q \end{bmatrix} \qquad (2\text{-}137)$$

式（2-135）、式（2-136）和式（2-137）为同步发电机的基本方程式，它们在任何条件下都是适用的。

对于本仿真模型，上述方程式还需进一步简代处理。下面分别以正常运行及异步运行两种情况简述模型。

三、正常运行情况

正常运行时的模型作了以下假设。

（1）忽略阻尼绕组的作用，即由五绕组简化为三绕组；

（2）不考虑转速变化对旋转电势的影响，即认为 $s = 0$；

（3）忽略定子电阻，即 $r = 0$；

（4）认为三相对称运行，即 $u_0 = 0$，$P\Psi_0 = 0$。

根据上述简化假设，则式（2-135）、式（2-136）和式（2-137）变为

$$\begin{bmatrix} \psi_d \\ \psi_q \\ \psi_f \end{bmatrix} = \begin{bmatrix} X_d & 0 & 0 \\ 0 & X_q & 0 \\ X_{ad} & 0 & X_f \end{bmatrix} \cdot \begin{bmatrix} -i_d \\ -i_q \\ i_f \end{bmatrix} \qquad (2\text{-}138)$$

$$\begin{bmatrix} -u_d \\ u_q \\ u_f \end{bmatrix} = \begin{bmatrix} 0 & 0 & 0 \\ 0 & 0 & 0 \\ 0 & 0 & r_f \end{bmatrix} \cdot \begin{bmatrix} -i_d \\ -i_q \\ i_f \end{bmatrix} + \begin{bmatrix} P\psi_d \\ P\psi_q \\ P\psi_f \end{bmatrix} - \begin{bmatrix} \psi_q \\ \psi_d \\ 0 \end{bmatrix} \qquad (2\text{-}139)$$

$$\begin{bmatrix} P\psi_d \\ P\psi_q \\ P\psi_f \end{bmatrix} = \begin{bmatrix} X_d & 0 & X_{ad} \\ 0 & X_q & 0 \\ X_{ad} & 0 & X_f \end{bmatrix} \cdot \begin{bmatrix} -Pi_d \\ -Pi_q \\ Pi_f \end{bmatrix} \tag{2-140}$$

从式（2-138）中的 $\psi_d = -X_d i_d + X_{ad} i_f$ 和 $\psi_f = -X_{ad} i_d + X_f i_f$ 可得

$$\psi_d = \frac{X_{ad}}{X_f}\psi_f - \left(X_d - \frac{X_{ad}^2}{X_f}\right)i_d \tag{2-141}$$

令：$E'_Q = \frac{X_{ad}}{X_f}\psi_f$，$X_d = X_d - \frac{X_{ad}}{X_f}$，则有

$$\psi_d = E'_q - X'_d \cdot i_d \tag{2-142}$$

从式（2-138）可直接得到 $\psi_q = -i_q X_q$。

为简化计算，取 $P\psi_d = P\psi_q = P\psi_f = 0$，则从式（2-139）可得

$$u_d = -\psi_q = i_q X_q \tag{2-143}$$

$$u_q = \psi_d = E_q - X_d i_d \tag{2-144}$$

$$u_f = i_f r_f \tag{2-145}$$

从式（2-143）和式（2-145）可得

$$i'_d = \frac{E'_q - u_q}{X'_d} \tag{2-146}$$

$$i_q = \frac{u_d}{X_q} \tag{2-147}$$

从式（2-139）得

$$\frac{d\psi_f}{dt} = u_f - r_f i_f \tag{2-148}$$

等式两边同乘 $\frac{X_{ad}}{x_f}$ 则得

$$\frac{d\left(\frac{X_{ad}}{X_f}\psi_f\right)}{dt} = \frac{X_{ad}}{X_f} \cdot u_f - \frac{X_{ad}}{X_f} \cdot r_f \cdot i_f \tag{2-149}$$

$$\frac{dE'_q}{dt} = \frac{X_{ad}}{X_f} \cdot u_f - \frac{X_{ad}}{X_f} r_f i_f \tag{2-150}$$

等式两边同乘 $\frac{X_f}{r_f}$，式（2-150）可变为

$$\frac{X_f}{r_f}\frac{dE'_q}{dt} = \frac{X_{ad}}{r_f}u_f - X_{ad} i_f \tag{2-151}$$

令 $T'_{do} = \frac{X_f}{r_f}$，$E_{fq} = \frac{X_{ad}}{r_f}u_f$ 则得

$$T'_{do}\frac{dE'_q}{dt} = E_{fq} - X_{ad} i_f \tag{2-152}$$

根据式（2-138）、式（2-113）和式（2-147）可得

$$T'_{do}\frac{dE'_q}{dt} = E_{fq} - E'_q - (X'_d - X_d)i_d \tag{2-153}$$

在零轴分量为零情况下，由电功率定义可推导得发电机有功为

$$N_D = u_d i_d + u_q i_q \tag{2-154}$$

发电机的无功为

$$N_Q = u_q i_d - u_d i_q \tag{2-155}$$

定子电压的幅值为

$$u = \sqrt{u_d^2 + u_q^2} \tag{2-156}$$

定子电流的幅值为

$$i = \sqrt{i_d^2 + i_q^2} \tag{2-157}$$

当同步发电机接在无穷大电网上时，则式（2-147）和式（2-152）应为

$$i_d = \frac{E_q' - V_s \cos\delta}{X_d' + X_L} \tag{2-158}$$

$$i_q = \frac{V_s \sin\delta}{X_q + X_L} \tag{2-159}$$

式中　X_L——发电机与电网的电抗；

　　　V_s——电网电压。

四、异步运行

发电机在异步运行情况下，模型所作如下假设。

（1）认为三相对称运行，即 $u_0 = 0$，$P\Psi_0 = 0$；

（2）忽略定子电阻，即 $r = 0$。

根据上述假定，式（2-135）、式（2-136）和式（2-137）分别为

$$
\begin{bmatrix} \psi_d \\ \psi_q \\ \psi_f \\ \psi_D \\ \psi_Q \end{bmatrix} =
\begin{bmatrix}
X_d & 0 & X_{ad} & X_{aD} & 0 \\
0 & X_q & 0 & 0 & X_{aQ} \\
X_{ad} & 0 & X_f & X_{fD} & 0 \\
X_{aD} & 0 & X_{fD} & X_D & 0 \\
0 & X_{aQ} & 0 & 0 & X_Q
\end{bmatrix} \cdot
\begin{bmatrix} -i_d \\ -i_q \\ i_f \\ i_D \\ i_Q \end{bmatrix}
\tag{2-160}
$$

$$
\begin{bmatrix} u_d \\ u_q \\ u_f \\ 0 \\ 0 \end{bmatrix} =
\begin{bmatrix}
0 & 0 & 0 & 0 & 0 \\
0 & 0 & 0 & 0 & 0 \\
0 & 0 & r_f & 0 & 0 \\
0 & 0 & 0 & r_D & 0 \\
0 & 0 & 0 & 0 & r_Q
\end{bmatrix} \cdot
\begin{bmatrix} P\psi_d \\ P\psi_q \\ P\psi_f \\ P\psi_D \\ P\psi_Q \end{bmatrix} -
\begin{bmatrix} (1+s)\psi_q \\ -(1+s)\psi_d \\ 0 \\ 0 \\ 0 \end{bmatrix}
\tag{2-161}
$$

$$
\begin{bmatrix} P\psi_d \\ P\psi_q \\ P\psi_f \\ P\psi_D \\ P\psi_Q \end{bmatrix} =
\begin{bmatrix}
X_d & 0 & X_{ad} & X_{aD} & 0 \\
0 & X_q & 0 & 0 & X_{aQ} \\
X_{ad} & 0 & X_f & X_{fD} & 0 \\
X_{aD} & 0 & X_{fD} & X_D & 0 \\
0 & X_{aQ} & 0 & 0 & X_Q
\end{bmatrix} \cdot
\begin{bmatrix} -Pi_d \\ -Pi_q \\ Pi_f \\ Pi_D \\ Pi_Q \end{bmatrix}
\tag{2-162}
$$

在 X_{ad} 基准标幺值系统中，$X_{ad} = X_{aD} = X_{fD} = X_{af}$，$X_{aQ} = X_{aq}$，因此有

$$\begin{cases} X_d = X_L + X_s + X_{ad} \\ X_q = X_L + X_s + X_{aq} \\ X_f = X_{fL} + X_{ad} \\ X_D = X_{DL} + X_{ad} \\ X_Q = X_{QL} + X_{aq} \end{cases} \tag{2-163}$$

将式（2-163）代入式（2-162），并令

$$M_{md} = \cfrac{1}{\cfrac{1}{X_{ad}} + \cfrac{1}{X_L + X_s} + \cfrac{1}{X_{fL}} + \cfrac{1}{X_{DL}}} \tag{2-164}$$

$$X_{mq} = \cfrac{1}{\cfrac{1}{X_{aq}} + \cfrac{1}{X_L + X_s} + \cfrac{1}{X_{QL}}} \tag{2-165}$$

$$\psi_{md} = X_{md}\left(\frac{\psi_d}{X_L + X_s} + \frac{\psi_f}{X_{fL}} + \frac{\psi_D}{X_{DL}} \right) \tag{2-166}$$

$$\psi_{mq} = X_{mq}\left(\frac{\psi_q}{X_L + X_s} + \frac{\psi_Q}{X_{QL}} \right) \tag{2-167}$$

则得电流方程

$$i_d = \frac{-(\psi_d - \psi_{md})}{X_L + X_s} \tag{2-168}$$

$$i_q = \frac{-(\psi_q - \psi_{mq})}{X_L + X_s} \tag{2-169}$$

$$i_f = \frac{\psi_f - \psi_{md}}{X_{fL}} \tag{2-170}$$

$$i_D = \frac{\psi_D - \psi_{md}}{X_{DL}} \tag{2-171}$$

$$i_Q = \frac{\psi_Q - \psi_{md}}{X_{QL}} \tag{2-172}$$

对于无穷大电网有

$$\begin{cases} u_d = V_s \cdot \sin\delta \\ u_q = V_s \cdot \cos\delta \end{cases} \tag{2-173}$$

为简化计算，令 $P\psi_d = P\psi_q = 0$，由式（2-161）可得

$$\begin{cases} \psi_d = V_s\cos\delta/(1+s) \\ \psi_q = -V_s\sin\delta/(1+s) \end{cases} \tag{2-174}$$

再由式（2-161）得

$$\frac{\mathrm{d}\psi_f}{\mathrm{d}t} = u_f - r_f i_f \tag{2-175}$$

$$\frac{\mathrm{d}\psi_D}{\mathrm{d}t} = -r_D i_D \tag{2-176}$$

$$\frac{\mathrm{d}\psi_Q}{\mathrm{d}t} = -r_Q i_Q \tag{2-177}$$

将式（2-168）～式（2-172）代入得

$$\begin{cases} \dfrac{\mathrm{d}\psi_f}{\mathrm{d}t} = u_f \dfrac{r_f \psi_f}{X_{fL}} + \dfrac{r_f \psi_{md}}{X_{fL}} \\[2mm] \dfrac{\mathrm{d}\psi_D}{\mathrm{d}t} = \dfrac{-r_D(\psi_D - \psi_{md})}{X_{DL}} \\[2mm] \dfrac{\mathrm{d}\psi_Q}{\mathrm{d}t} = \dfrac{-r_Q(\psi_Q - \psi_{mq})}{X_{QL}} \end{cases} \qquad (2\text{-}178)$$

五、专用仿真软件的转子模块

1. 基本原理

转子作为压缩空气储能发电机组中最主要的惯性环节，是贯穿整台机组的关键组成部分。当机组处于平衡状态时，透平输出功与压气机以及负载的耗功相等。在动态仿真中，应考虑转子的转动惯性

$$J\frac{\mathrm{d}w}{\mathrm{d}t} = (t_t - t_c - t_1) \qquad (2\text{-}179)$$

式中　　J——转动惯量；

　　　　ω——转轴转速；

t_t，t_c，t_1——透平输出扭矩、压气机输入扭矩以及负载吸收扭矩。

2. 本机组转动惯量的计算

转动部分的转动惯量见表 2-3，压缩空气储能发电系统的转动部分包括四级膨胀机转子、膨胀机转子的减速齿轮、减速箱与发电机之间的低速输出轴、发电机转子，发电系统的总转动惯量由以上几部分叠加。通过计算，得到发电系统的总转动惯量为 2507.6kg・m²。

表 2-3　　　　　　　　　　　　转动部分的转动惯量

级　　数	1	2	3	4
膨胀机转子转动惯量（kg・m²）（折算到 1500r/min）	56.5	21.3	34.4	193.3
减速齿轮转动惯量（kg・m²）（折算到 1500r/min）	26.7	33.4	119.1	92.9
低速输出轴转动惯量（kg・m²）	1195			
发电机转子转动惯量（kg・m²）	735			

第九节　　10MW 压缩空气储能系统

储能系统的主要工作过程包括储能过程和释能过程，根据压缩空气储能系统的运行特点，耗电压缩过程和膨胀发电过程是分开进行。电网电量富余时（储能阶段），电动机带动压缩机，将空气进行压缩，送到高压储气罐进行储存；当电力紧缺时（释能阶段），高压储气罐中的高压空气释出，经过膨胀机进行膨胀释能，带动发电机进行发电。膨胀机的调节系统含一个电动主气阀和两个气动控制调节气阀（并联），主气阀起到紧

急情况下快速切断进气的作用，气动调节阀分别为并网前冲转阀和并网后功率调节阀。本系统采取级间换热，储能阶段，储冷罐中的介质通过换热器，收集五级压缩机的级间压缩热，再储存到储热罐中；释能阶段，储热罐中的介质经过四级膨胀机的级间换热器，将储存的热量传递给进行膨胀的空气，系统热效率大大提高。10MW 压缩空气储能系统采用 APROS 仿真软件，建立压缩空气储能阶段及释能阶段模型，分别如图 2-31、图 2-32 所示。该系统主要包括空气压缩子系统、透平发电子系统、高压储气子系统、级间换热系统、储热系统、储冷系统。根据功率、流量等级，选用离心式压缩机和向心涡轮，采用耐高压储罐储存高压空气。

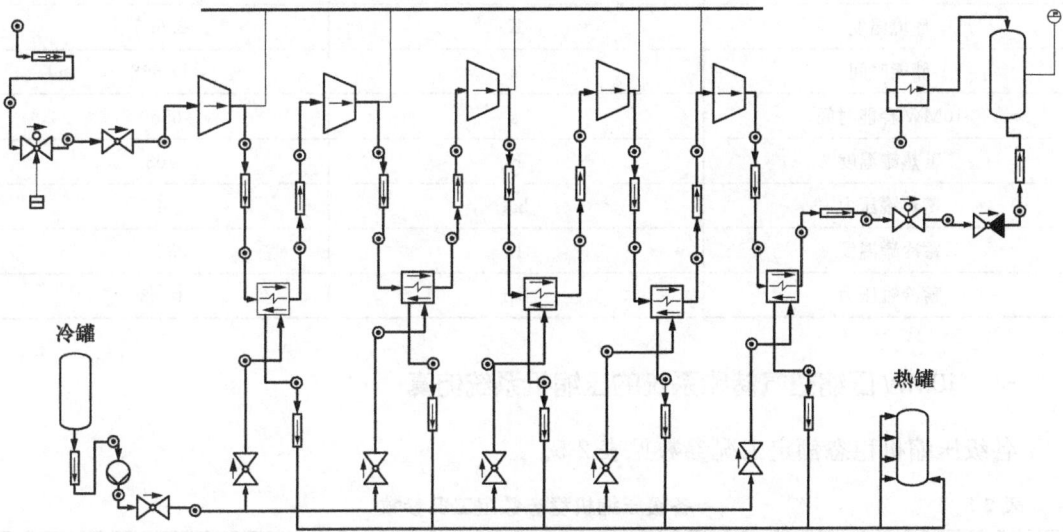

图 2-31　压缩空气储能系统储能阶段

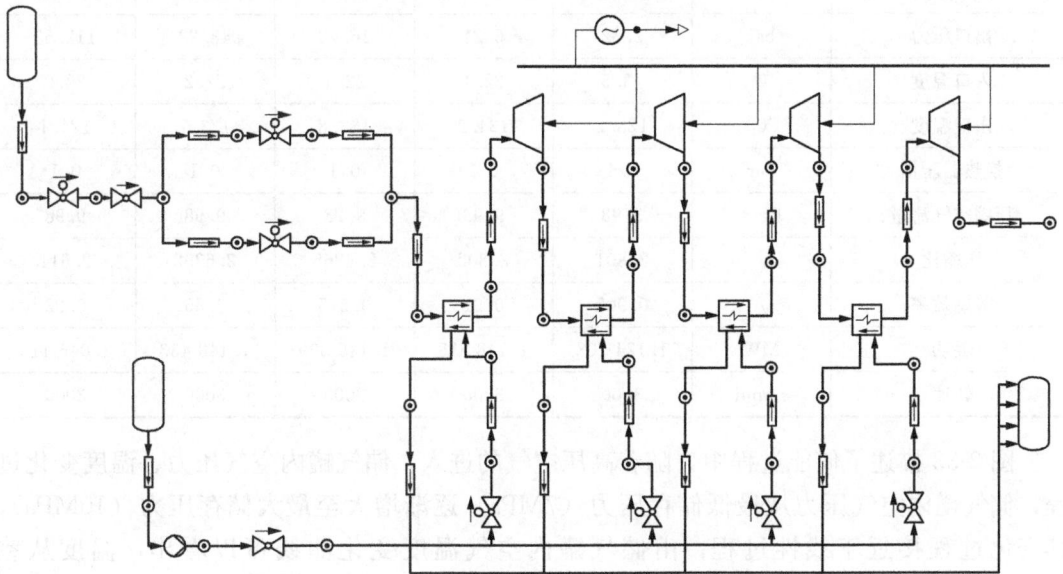

图 2-32　压缩空气储能系统释能阶段

10MW 压缩空气储能系统设计点基本参数见表 2-4。

表 2-4　　　　　　10MW 压缩空气储能系统设计点基本参数

参数	单位	数值
释能功率	MW	10
释能压力	bar	70
储能最高压力	bar	100
储罐体积	m³	6000
环境压力	bar	0.83
环境温度	K	286.5
储能时间	s	17 658
10MW 释能时间	s	6550
蓄热罐温度	K	403
蓄热罐压力	bar	4
蓄冷罐温度	K	286.5
蓄冷罐压力	bar	0.83

一、10MW 压缩空气储能系统的压缩机系统仿真

各级压缩机稳态额定工况参数见表 2-5。

表 2-5　　　　　　各级压缩机稳态额定工况参数

压缩机级数	单位	1	2	3	4	5
入口压力	bar	0.83	2.23	6.14	16.39	43.12
出口压力	bar	2.32	6.24	16.49	43.22	112.63
入口温度	℃	13.5	22.1	22.1	22.2	22.0
出口温度	℃	123.2	134.2	133.8	133.7	124.1
换热器压损	bar	0.1	0.1	0.1	0.1	0.1
压缩空气流量	kg/s	9.98	9.98	9.98	9.98	9.98
压缩比	/	2.801	2.802	2.6865	2.6392	2.611
等熵效率	/	0.905	0.91	0.875	0.86	0.92
耗功	MW	1.124 208	1.148 815	1.145 399	1.143 433	1.045 119
转速	r/min	3000	3000	3000	3000	3000

图 2-33 描述了储能过程中，随着高压空气的进入，储气罐内空气压力、温度变化过程，储气罐内空气压力从最低储存压力（7MPa）逐渐增大至最大储存压力（10MPa），其变化过程接近于线性过程；由储气罐内空气温度变化曲线可以看出，温度从室温（13.5℃）逐渐上升至 30.8℃，即最终储气温度为 30.8℃。

在本系统中，各级压缩机后都设置了换热器，保证了压缩机进口空气温度接近室

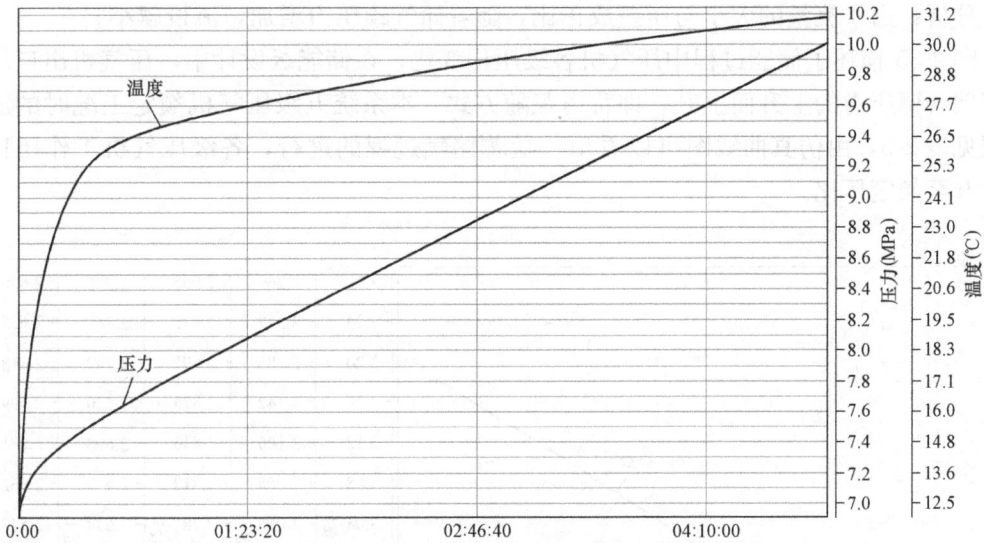

图 2-33 储气罐压力温度变化曲线

温，储气罐内也能维持较低的储气温度。在本次仿真实验中，经过第四级换热器后，储气罐入口空气温度冷却至31℃。

分析：随着储气过程的进行，往储气室内充气过程也相当于是压缩过程，这个过程中会产生压缩热，随着储气压力越来越大，罐内空气密度越来越大，必然伴随着温度的逐渐升高；且由于储气罐体积恒定（6000m³)，该压缩过程接近等温等体积，因此，温度变化速率会越来越慢，最后阶段变化很小。该变化趋势与文献中的变化趋势基本吻合。

图 2-34 描述了系统储能过程中空气流量的变化过程，在储能的过程中，储气罐内空气压力从最小存储压力（7MPa）逐渐增大至最大储存压力（10MPa）的过程中，储能阶段空气流量由 10.4kg/s 降低到 9.9kg/s。

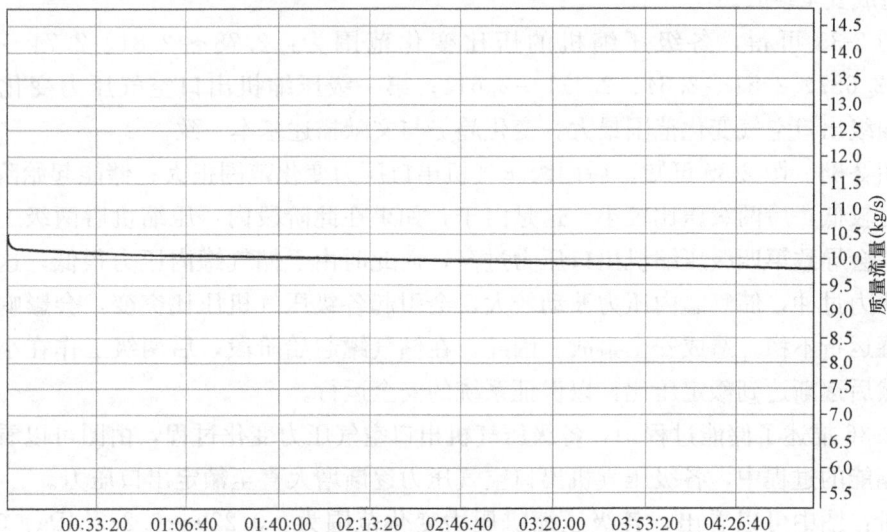

图 2-34 储能过程中质量流量的变化曲线

分析：由于流量的大小与压差成正比，随着储气罐压力增加，流量越小。

图 2-35 描述了储能过程中压气机各级压比变化，在储能级设计中，压气机出口压力随着储气罐压力的上升而上升，即背压跟随方式。本系统五级压气机额定工况时的压比分配见表 2-5，由仿真曲线图可以看出，随着储气过程的进行，各级压气机工作压比逐渐上升至额定压比。

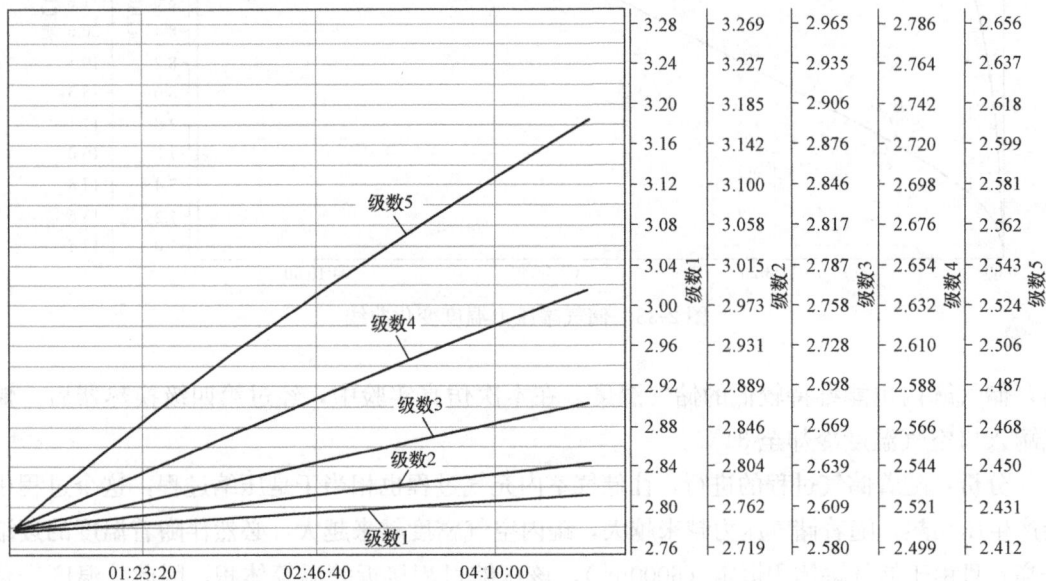

级数1	级数2	级数3	级数4	级数5
3.28	3.269	2.965	2.786	2.656
3.24	3.227	2.935	2.764	2.637
3.20	3.185	2.906	2.742	2.618
3.16	3.142	2.876	2.720	2.599
3.12	3.100	2.846	2.698	2.581
3.08	3.058	2.817	2.676	2.562
3.04	3.015	2.787	2.654	2.543
3.00	2.973	2.758	2.632	2.524
2.96	2.931	2.728	2.610	2.506
2.92	2.889	2.698	2.588	2.487
2.88	2.846	2.669	2.566	2.468
2.84	2.804	2.639	2.544	2.450
2.80	2.762	2.609	2.521	2.431
2.76	2.719	2.580	2.499	2.412

（横轴：01:23:20　02:46:40　04:10:00；曲线标注：级数5、级数4、级数3、级数2、级数1）

图 2-35　各级压气机压比变化曲线

分析：在本仿真系统中，各级压气机压比设置为：2.801、2.802、2.6865、2.6392、2.611，在实际的运行过程中，压缩过程需要维持储气罐内空气压力变化较稳定，出现太大波动会造成安全事故。

由图 2-35 可得，各级压缩机的压比变化范围为：2.78～2.81、2.74～2.805、2.595～2.687、2.51～2.64、2.421～2.611；第一级压缩机出口空气压力变化范围最小，第四级出口空气变化范围最大。变化趋势与文献描述基本一致。

由图 2-34、图 2-35 可知，后两级压气机出口压力变化范围很大；储能起始阶段，储气罐压力较低，后两级压比较小。这是由于，如果在此阶段内，压缩机后两级工作压比过高，这会导致第四级压缩机出口压力过高，而此时由于储气罐内压力很低，这会造成储气罐压力过冲，储气罐内压力波动较大，会引起各级压气机压比突变，会影响压缩机和储气罐运行不稳，造成安全事故。因此，在储气罐起始阶段，后两级工作在小压比工况下，然后逐渐达到额定压比，以保证系统的安全运行。

图 2-36 描述了储能过程中，各级压气机出口空气压力变化过程，由图可以看出，在压缩机储能的过程中，各级压气机出口空气压力逐渐增大直至额定出口压力。

分析：图中可以看出，各级压缩机压力变化范围为：0.229～0.232MPa、0.594～0.623MPa、1.503～1.648MPa、3.71～4.32MPa、8.87～11.26MPa，储气罐压力从

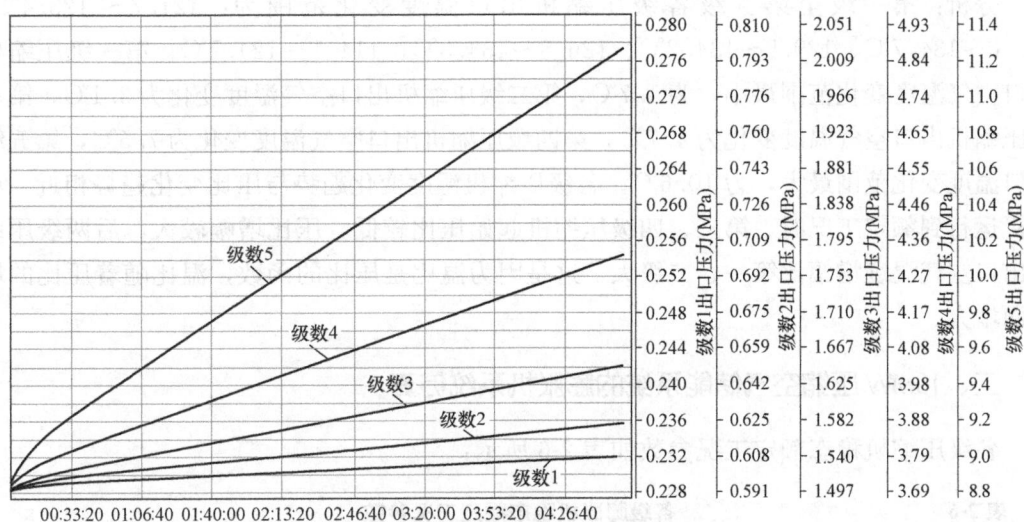

图 2-36 各级压缩机出口空气压力曲线

7MPa 逐渐增大到 10MPa。第一级压气机出口空气压力变化范围最小，约为 0.003MPa，第二级压气机出口空气压力变化范围为 0.029MPa，第三级压气机出口空气压力变化范围为 0.145MPa，第四级出口空气压力变化范围为 0.61MPa，第五级出口空气压力变化最大，为 2.39MPa。变化趋势与上图中的压比变化基本相同，与文献描述基本一致。

图 2-37 描述了是储能过程中各级压气机出口空气温度变化，随着储气过程的进行，各级压气机出口温度随着压比的上升而逐渐增加，直至各级压气机达到额定工况，空气出口温度也逐渐上升至额定工况下的温度。本仿真实验额定工况下各级压气机的出口温度为：123.2℃、134.2℃、133.8℃、133.7℃和124.1℃。

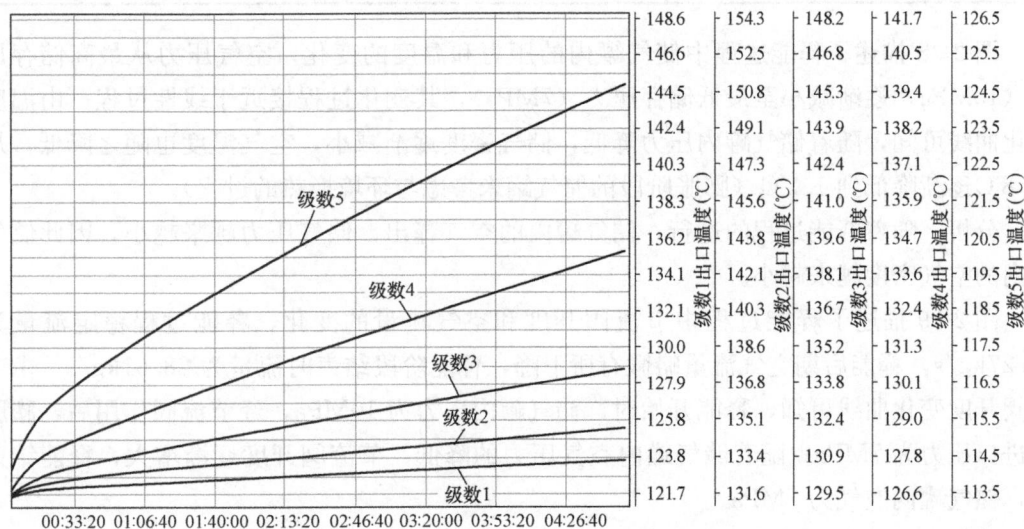

图 2-37 各级压气机出口空气温度变化曲线

分析：第一级至第五级各级压缩机出口温度变化范围为：121.7～123.4℃、131.6～134.7℃、129.5～134.2℃、126.8～134.3℃、114.1～124.7℃；第一级压缩机出口空气温度变化范围最小，为1.7℃，第二级压缩机出口空气温度变化为3.1℃，第三级压缩机出口空气温度变化为4.7℃，第四级压缩机出口空气温度变化为7.5℃，第五级出口温度变化范围最大，为10.6℃。各级压缩机温度变化趋势与压比变化趋势相近，压缩机运行到额定工况时，第三、四级压缩机起始压比较低，压比增幅较大，后两级压缩机出口空气温度增幅比第一、二级大，这是因为温比是压比的函数，温比随着压比的增大而增大。

二、10MW压缩空气储能系统的膨胀机系统仿真

各级压缩机稳态额定工况参数如表2-6所示：

表 2-6 各级膨胀机稳态额定工况参数

膨胀机级数	单位	1	2	3	4
入口压力	bar	70.00	26.52	9.94	3.36
出口压力	bar	26.73	10.14	3.56	0.86
入口温度	℃	85.6	83.4	84.7	118.6
出口温度	℃	7.4	7.0	6.4	11.4
换热器压损	bar	0.20	0.20	0.20	0.20
压缩空气流量	kg/s	29.27	29.27	29.27	29.27
膨胀比	/	2.6188	2.6154	2.7921	3.9070
等熵效率	/	0.8830	0.8645	0.8265	0.80
输出功率	MW	2.3071	2.2493	2.3024	3.1236
转速	r/min	3000	3000	3000	3000

图2-38描述了释能过程中储气罐内的压力和温度的变化，空气压力从最高储存压力（10MPa）逐渐减小至最低储存压力（7MPa），其变化过程接近于线性过程；由温度变化曲线可知，随着储气罐内压力降低，储气密度逐渐减小，空气温度也随之降低，从30.8℃逐渐降低到1.2℃（膨胀阶段的储气罐未考虑与环境换热的过程）。

分析：随着释能过程的进行，储气罐内的空气释出，储气压力越来越小，因此储气罐内的空气密度越来越小。

图2-39描述了释能过程中节流阀开度和空气流量的变化，释能过程稳定流量为29.27kg/s，释能后期空气流量略微有所下降，释能阶段结束时流量为28.61kg/s。由节流阀开度变化曲线可知，释能开始时，储气罐内压力为10MPa，经节流阀作用后，膨胀机进口压力为7MPa；随着储气罐内空气压力的降低，节流阀开度逐渐增大，释能结束时，储气罐内空气为7MPa。

分析：随着空气释出，储气罐压力逐渐降低，当节流阀阀前压力逐渐接近7MPa时，由于节流阀本身的造成的压力损失，使得节流阀后压力略低于7MPa。压差减小，

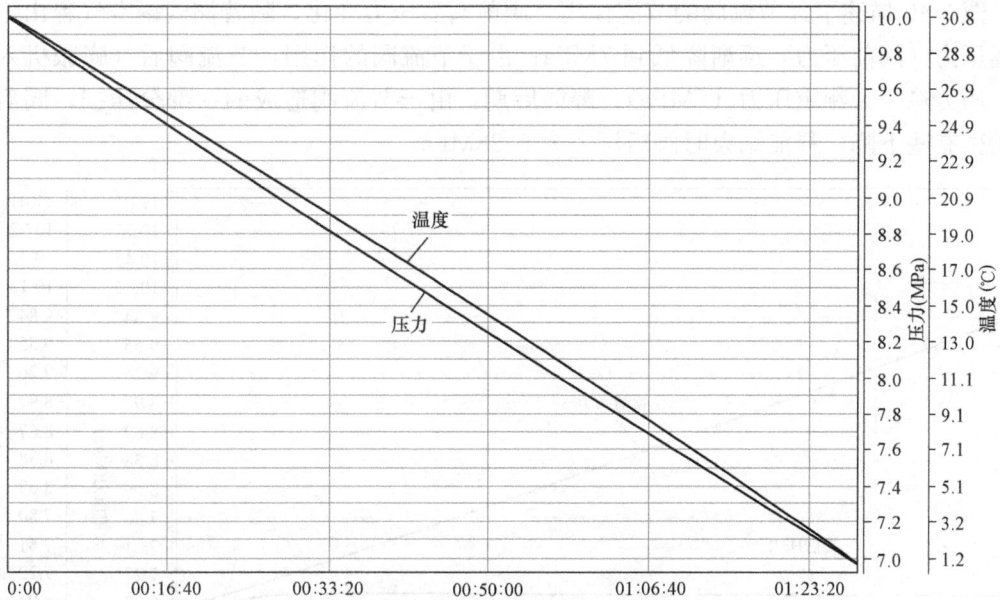

图 2-38　储气罐压力温度变化曲线

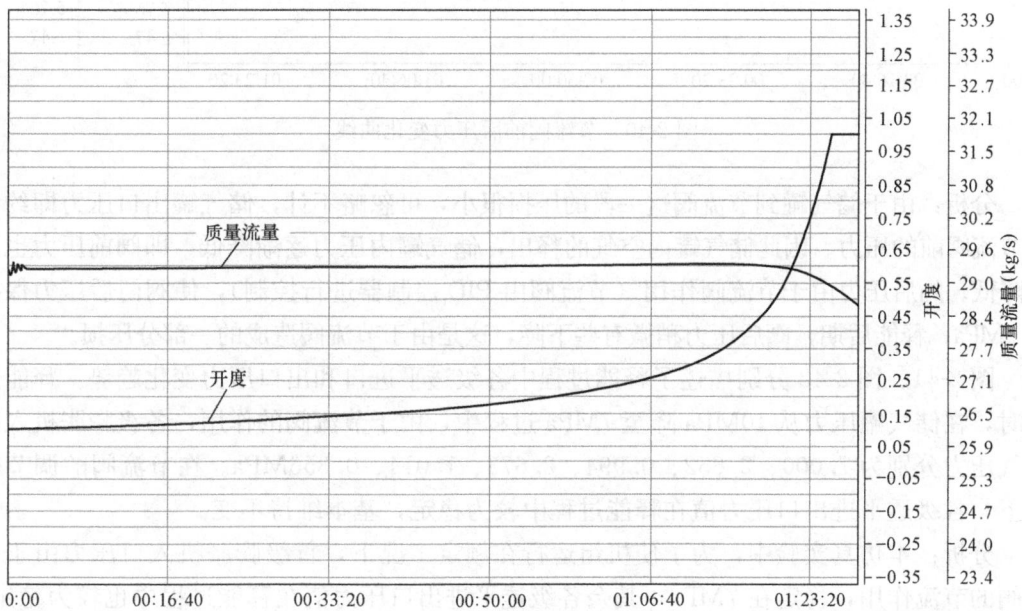

图 2-39　节流阀开度与流量变化曲线

而流量随之减小，所以释能后期空气流量略微有所下降。

　　由于节流阀的作用气体压力减小，转化为气体的动能和热力学能；本仿真实验中，通过节流阀作用（节流阀由 PID 控制器进行控制），使膨胀机入口前（阀门后的压力）保持为 7MPa；当阀门前后的空气压力相等时，节流阀全开（开度为 100%），此时节流阀无节流作用，节流阀出口压力等于储气罐内空气压力（7MPa），此时释能过程结束。

图 2-40 描述了经节流阀的节流作用，阀前阀后压力变化。随着储气罐空气释出，储气罐压力（阀前压力）逐渐降低到 7MPa；由于节流阀的作用，节流阀后（膨胀机入口前）压力稳定为额定压力（7MPa）；释能后期，由于节流阀造成的一部分压损，阀后压力稍微有些下降，释能结束时阀后压力为 6.83MPa。

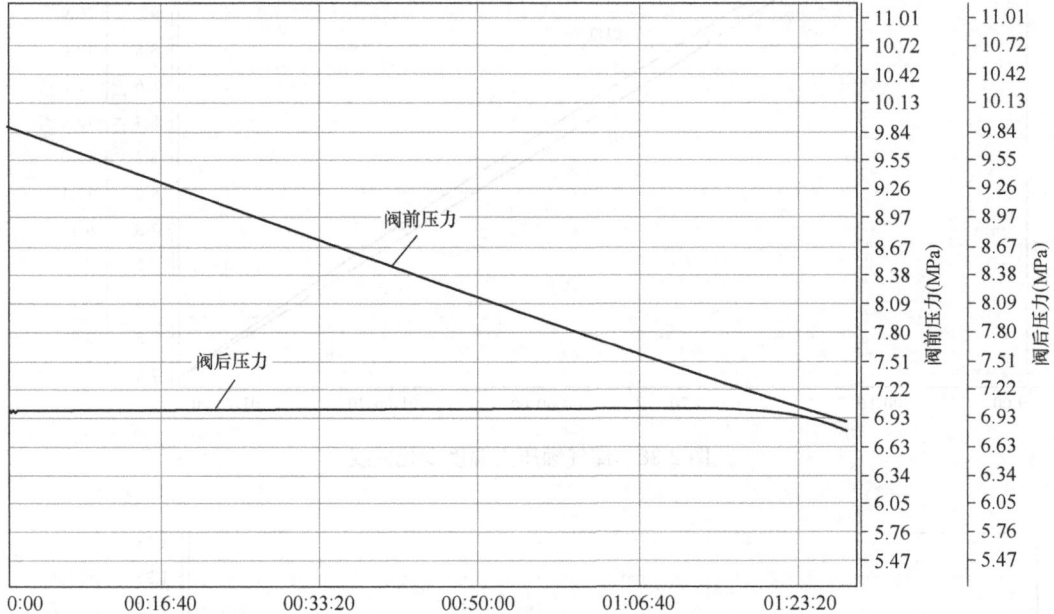

图 2-40　节流阀前后压力变化曲线

分析：由于储气罐到节流阀这一段的压损很小，可忽略不计，储气罐出口压力即约等于节流阀前的压力。因此储气罐内空气的释出，储气罐内压力逐渐降低，即阀前压力也逐渐降低。阀后压力由于节流阀作用（节流阀由 PID 控制器进行控制），使阀门后压力保持为 7MPa；释能后期，阀后压力稍微有些下降，这是由于节流阀造成的一部分压损。

图 2-41、图 2-42 分别描述了释能过程中各级透平进口和出口压力变化趋势。释能进行时，在储气罐压力从 10MPa 降至 7MPa 过程中，由于节流阀的作用，各级膨胀机入口空气压力分别为 7.000、2.652、0.994、2.673、1.014、0.356MPa。在节流阀的调节作用下，各级透平进出口压力值在释能过程中较为稳定，基本维持不变。

分析：本仿真实验中，为了使机组运行在额定工况下，首级膨胀机入口压力由于节流阀的节流作用，稳定在 7MPa，其余各级透平进出口压力值在释能过程中也较为稳定。图中，释能后期各级进出口压力略微降低，这是由于节流阀造成的压损，使阀后压力稍微有些下降。

图 2-43、图 2-44 分别描述了各级透平进口和出口空气温度；由图可知，在节流阀的作用下，各级透平进出口压力值在释能过程中基本稳定不变，因此各级透平进出口温度变化很小。

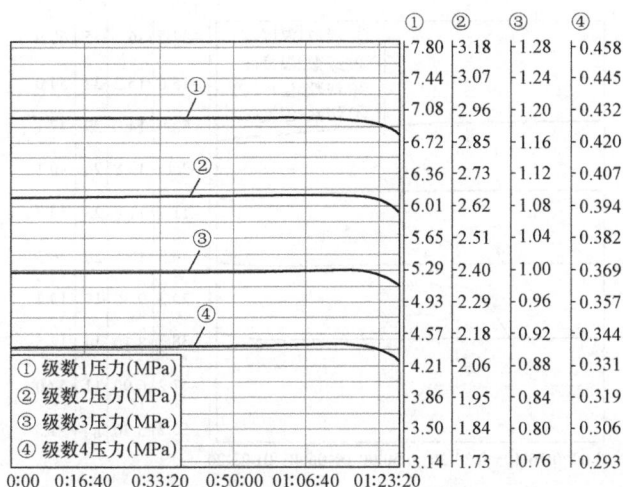

图 2-41 各级膨胀机进口空气压力变化曲线

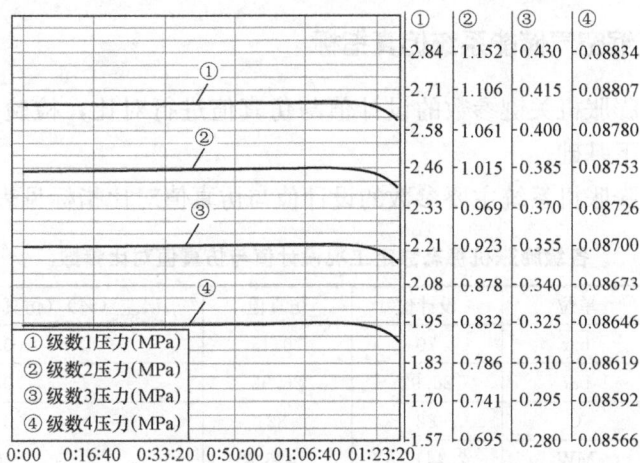

图 2-42 各级膨胀机出口空气压力变化曲线

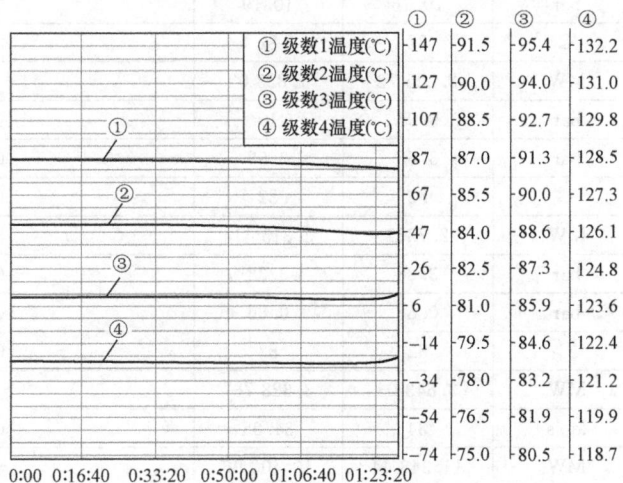

图 2-43 各级膨胀机进口温度变化曲线

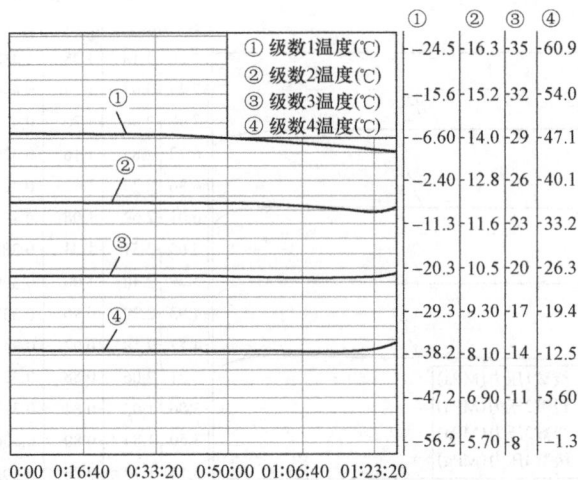

图 2-44　各级膨胀机出口温度变化曲线

三、10MW 压缩空气储能系统仿真指标

将额定工况下膨胀机关键参数的设计值与仿真值进行对比，检验了模型的精确度，为后续仿真工作打下基础。

额定工况下，膨胀机系统主要参数的设计值与仿真值对比指标见表 2-7。

表 2-7　　　　　　　各级膨胀机稳态额定工况设计值与仿真值对比参数

参数名称	单位	设计值	仿真值	误差（％）（仿真值-设计值）/设计值
第一级进口压力	bar	70	70.43	0.61
第一级出口压力	bar	26.92	26.92	0.00
第一级进口温度	℃	82	82	0.00
第一级输出功率	MW	2.441 58	2.433 73	−0.32
第二级进口压力	bar	26.72	26.69	−0.11
第二级出口压力	bar	10.16	10.19	0.30
第二级进口温度	℃	82	82	0.00
第二级输出功率	MW	2.525 73	1.823 03	−27.82
第三级进口压力	bar	9.96	10	0.40
第三级出口压力	bar	3.58	3.58	0.00
第三级进口温度	℃	82	82	0.00
第三级输出功率	MW	2.7331	2.815 414	3.01
第四级进口压力	bar	3.38	3.38	0.00
第四级出口压力	bar	0.86	0.86	0.00
第四级进口温度	℃	82	82	0.00
第四级输出功率	MW	3.643 03	3.328 787	−8.63
空气流量	kg/s	34	34.05	0.15
机械功总和	MW	11.343 44	10.400 96	−8.31
发电机功率	MW	10	10.01	0.1

从表 2-7 中可以看出，发电机总功率的偏差为 0.1%，各级膨胀机进出口压力的偏差最大为 0.61%，均小于 3%。仿真模型准确有效。

额定工况下系统仿真界面如图 2-45 所示。

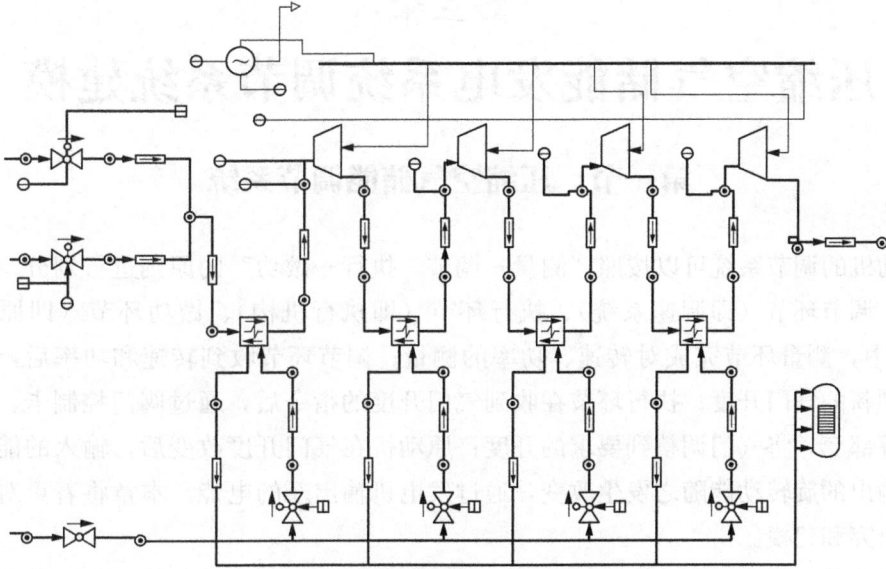

图 2-45　额定工况下系统仿真界面

第三章
压缩空气储能发电系统调节系统建模

第一节　压缩空气储能调节系统

原动机的调节系统可以按照"测量—调节—执行—做功"的原则进行划分，包括测量环节、调节环节（即调速系统）、执行环节（即执行机构）、做功环节（即原动机本体）。其中，测量环节完成对转速、功率的测量；调节环节收到转速和功率后，通过运算，得到新的气门开度；执行环节在收到气门开度的指令后，通过阀门控制卡、气门驱动机构等部套，将气门调整到要求的开度；原动机在气门开度改变后，输入的能量发生变化，输出的旋转动能随之发生改变，通过发电机输出新的电能。本章将着重对调节环节进行研究和建模。

调节环节（调速系统）在通过测量环节得到机组的转速、功率、阀门开度等信号后，需要通过控制回路的运算，得到新的气门开度，实现对转速或者功率的调节，这个过程由调节环节来完成。在本书中，研究对象采用了 DCS 控制系统，因此，调节环节主要围绕 DCS 控制系统展开。

本机组 DCS 控制系统从硬件上主要包括采样、通信、数据交换、逻辑运算、D/A 转换几个部分。采样环节由 I/O 卡完成，通过采样，将连续的模拟量信号离散化，成为数字量信号，进入 DCS 的逻辑运算。根据输入量类型的不同，采样周期也不尽相同。DCS 的控制器要完成调节控制，除了采样环节提供的现场信号，还可能需要其他控制器的运算结果。控制器之间的数据传递依靠 DCS 的网络通信完成，通信的速率取决于网络的速度。数据交换环节主要包括 DCS 与其他系统之间的数据交换，一般通过硬接线传输 $4 \sim 20mA$ 信号完成。逻辑运算环节主要包括用于内部数据处理、控制算法运算。主要包括模拟函数、时间过程函数、控制用算法块、逻辑电路模块、手操器等等。转换环节将系统处理的数字量转换为电压或电流信号，最后输出到现场设备。

调节系统的软件部分包括控制策略、控制逻辑、软件设计等，是调节系统的核心。电力生产的工艺流程、面对电网的要求和运行方式基本相同，因此调节系统的软件总体设计基本相同，功能回路基本都能覆盖。

1. 调节环节的软件系统包含的控制回路

（1）转速控制回路。

（2）功率控制回路。

（3）监视段压力（机械功率）控制回路。

（4）机前压力调节回路。

（5）目标值设定及变化回路。

（6）一次调频控制回路。

（7）阀门管理、阀门切换（对于有多个阀门的系统）及阀门活动等相关回路。

（8）超速试验（含 OPC 试验）回路。

（9）超速限制和超速保护（含 OPC 保护及遮断）回路。

（10）快速返回（RB）控制回路。

（11）寿命管理及计算。

2. 调节系统主要功能

转速反馈调节、功率反馈调节、高/低负荷限制、发电机主开关闭合时带初负荷及机前压力补偿、监视段压力反馈调节、滑压/定压运行、阀门管理、单阀/多阀控制及无扰动切换、阀门活动试验、阀门快关、阀位限制与遥控阀位限制、超速试验、超速保护、负荷升降预测、转子热应力计算及监视、发电机及励磁工况监视等。

3. 调节系统应具备的运行方式

（1）操作员自动（OA）运行方式。

（2）机组自动控制运行（ATC）方式。

（3）手动运行方式。

（4）遥控运行方式。

在本书中，主要关注机组在运行期间的调节特性，因此，为了实现在并网前安全冲转以及并网后拥有协调外部负荷的能力，重点关注调节系统的转速控制回路、负荷调节回路、一次调频控制回路以及甩负荷等控制回路。

一、转速调节

在冲转阶段，需要使发电机转速由 0r/min 安全地升至额定转速。其中，发电—透平膨胀机的工作原理是根据能量转换和守恒定律，利用压缩空气膨胀降压时向外输出机械能使气体温度降低获得能量；同时机械能推动发电机运转，发电机将机械能转化为电能，并产生阻力矩平衡膨胀机转速。所以调节冲转阶段发电机转速的关键是压缩空气流量。

通过控制压缩空气流量实现转速调节的逻辑是：由测试模块得到的发电机实际转速信号与转速指令作差，同时转速指令以一定速率增加达到设定值，差值乘以比例系数后进入 PID 调节得到冲转阀阀门开度信号。其中，"是否变速率"信号为实际转速信号是否大于指定转速，变速率信号为实际发电机转速和转速指令差值。转速调节逻辑图如图 3-1 所示。

转速调节系统方框图如图 3-2 所示。

具体转速系统方框图含义见表 3-1。

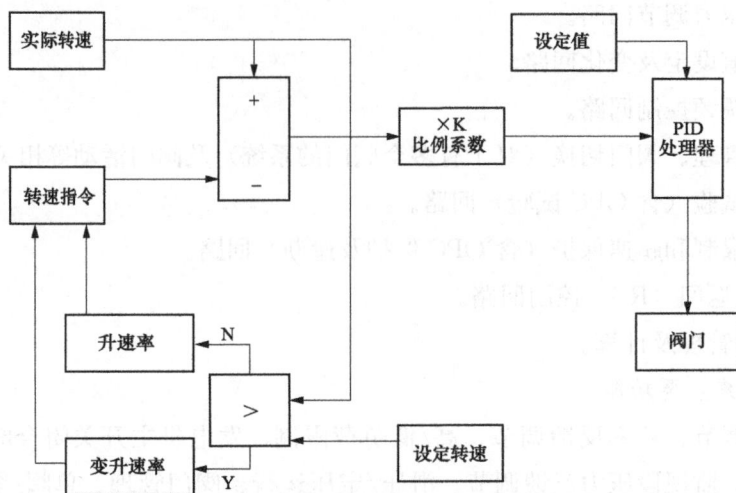

图 3-1　转速调节逻辑图

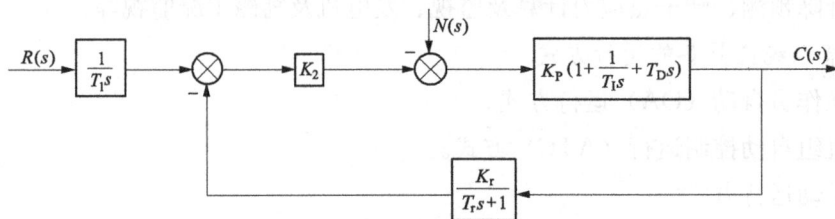

图 3-2　转速调节系统方框图

表 3-1　　　　　　　　　　　　转速系统图讲解

转速指令以一定比例增加	$1/T_{I}s$
比例系数	K_2
PID 调节	$K_P(1+1/T_Is+T_Ds)$，K_P、T_I、T_D 分别是比例系数、积分时间、微分时间
阀门信号至发电机转速过程	$K_r/(T_rs+1)$

在本系统中，$N(s)=0$，因此转速调节的传递函数为

$$G(s)=\frac{C(s)}{R(s)}=\frac{\dfrac{K_2K_P}{T_Is}}{\dfrac{1}{1+\dfrac{1}{T_Is}+\dfrac{1}{T_Ds}}+\dfrac{K_2K_PK_rT_1s}{T_rs+1}} \tag{3-1}$$

二、负荷调节

并网之后，用户负载发生变化时，发电机负荷需要做出相应变化。设定要求负荷指令，通过负荷调节系统改变阀门开度达到控制发电机实际负荷的目的，以配合用户需

求。此时，进气量的变化将会影响膨胀机的扭矩，发电机负荷也发生改变。

负荷调节的逻辑是：由测量模块得到的发电机实际负荷信号与负荷指令信号作差，差值乘以比例系数后进入与设定值比较的 PID 调节器，由 PID 调节器输出的阀门开度指令输送至调节阀。其中，功率指令需要增加一次调频功率输入信号。10MW 压缩空气储能功率调节逻辑如图 3-3 所示。同时，负荷调节的系统方框图与转速调节相似。

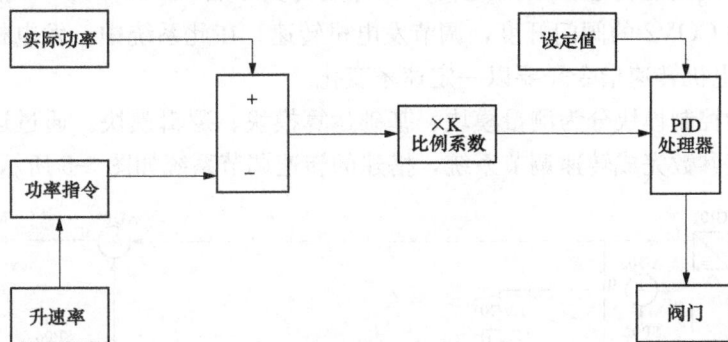

图 3-3　10MW 压缩空气储能功率调节逻辑

三、一次调频

10MW 压缩空气储能系统并网后，用户负荷突然增加或降低，发电机转速频率将受到波动。一次调频系统将转速信号转换为功率指令信号，以快速协调用户负荷变化。

一次调频的逻辑是：由测量模块得到的发电机转速信号与额定转速信号作差，之后进入死区调整，通过转速不等率将转速信号转换为功率指令信号。最后，通过功率调节系统调节阀门开度大小改变发电机输出功率。一次调频逻辑如图 3-4 所示。

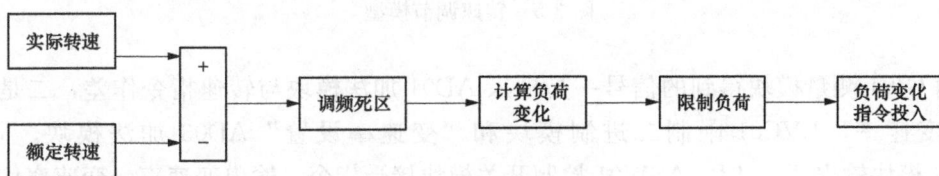

图 3-4　一次调频逻辑图

同时，计算负荷变化时运用到的转速不等率 δ 为

$$\delta = \frac{\dfrac{\Delta n}{n_0}}{\dfrac{\Delta N_{pu}}{N_{pu}}} \tag{3-2}$$

式中　Δn——剔除死区后的转速偏差，r/min；

　　ΔN_{pu}——功率变化，W；

　　n_0——额定转速，r/min；

　　N_{pu}——额定功率，W。

第二节 调节系统模型

一、转速调节模型

根据压缩空气储能转速调节的逻辑，在专用仿真平台（APROS）中搭建模型。其中，控制冲转阀 COV2 的阀门开度，调节发电机转速。在此系统中，发电机额定转速为3000r/min。发电机转速指令需要以一定速率变化。

该软件自动控制模块分为测量模块、基础运算模块、逻辑模块。通过运用这些模块搭建并设定关键参数完成转速调节系统，搭建的转速调节系统如图 3-5 所示。

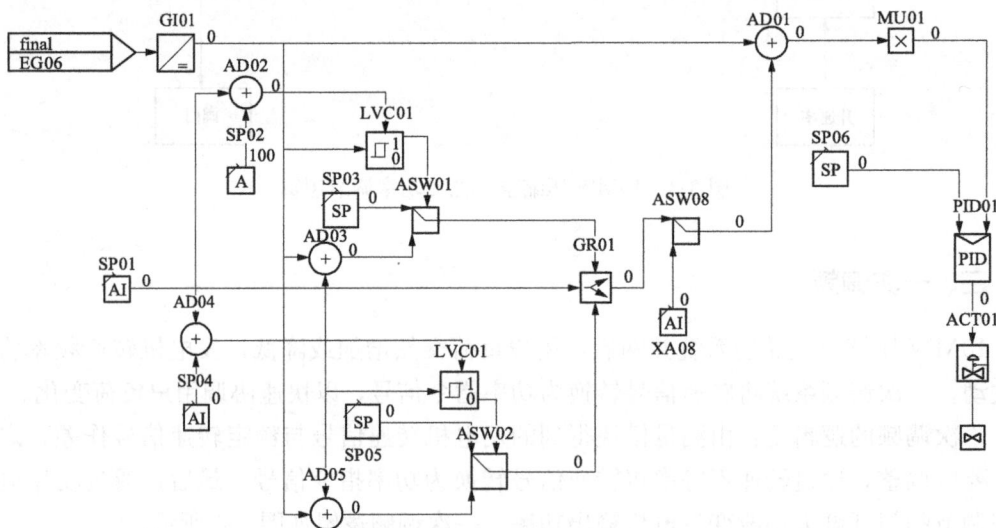

图 3-5 转速调节模型

由 GI01 测量模块得到的信号一是进入 AD01 加法模块与转速指令作差，二是进入"是否变速率" LVC01 限制二进制模块和"变速率设置" AD03 加法模块。同时，LVC01 模块输出"1"时，ASW01 控制开关模块接受指令，输出变速率，变速率信号为实际转速与转速指令之差。AD03 加法模块输出信号依次进入 MU01 乘法模块和 PID01 控制模块计算得到 COV02 冲转阀阀门开度信号。为了进行转速仿真，在转速指令后加入 ASW08 控制开关模块，当其为"0"时，转速指令可直接设定。其中，转速指令可通过 ASW08 逻辑开关模块进行切换，这是为了进行转速扰动测试时，通过切换开关，XA08 模块的设定值直接作为转速指令输出。

为了观察发电机转速调节情况，监控的参数有 COV2 阀门开度、通过 COV2 阀门流量、转速指令以及发电机实际转速。

二、负荷调节模型

根据压缩空气储能负荷调节的逻辑搭建模型。其中，控制阀 COV3 的阀门开度，调节发电机负荷。在此系统中，发电机功率要得到调节，要接入一次调频负荷变化信号。其中，设定发电机负荷变化的范围是 0~10MW。

负荷调节模型如图 3-6 所示。

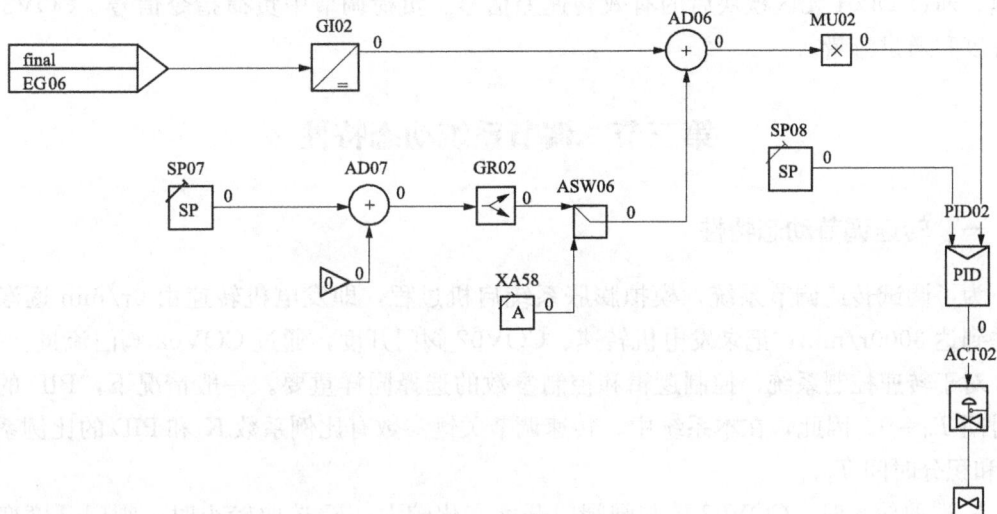

图 3-6　负荷调节模型

由 GI02 测量模块得到的信号进入 AD06 加法模块与转速指令作差，AD06 加法模块输出信号依次进入 MU02 乘法模块和 PID02 控制模块计算得到 COV03 控制阀阀门开度信号。其中，要求负荷在 SP07 模块设定，信号输入 AD07 加法模块与一次调频信号相加后进入 GR02 斜率模块输出负荷指令。同时，为了进行负荷仿真，在负荷信号后加入 ASW06 控制开关模块，当其为"0"时，负荷指令可直接设定。在转速扰动测试时，负荷指令通过 ASW06 逻辑开关模块，将 XA58 模块的设定值直接作为负荷指令输出。

为了观察发电机负荷调节情况，监控的参数有阀门 COV3 的开度、通过阀门 COV3 的流量、负荷指令以及发电机实际负荷。

三、一次调频模型

根据一次调频逻辑，一次调节模型如图 3-7 所示。

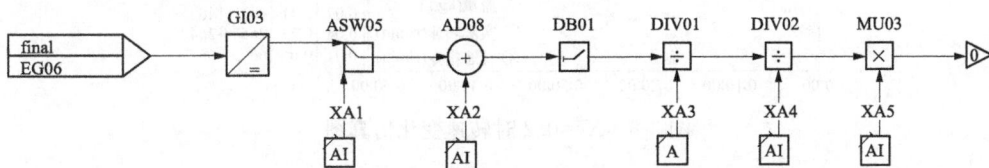

图 3-7　一次调节模型

由测量模块得到发电机转速信号与额定转速信号 XA02 进入加法模块 AD08 得到差值信号，然后差值信号通过死区模块 DB01 更新信号。更新了的信号通过 DIV01 和 DIV02 除法模块分别进行标幺处理和频差计算，最后通过 MU03 乘法模块与设定值额定功率值相乘得到实际需要调整的功率指令信号。一次调频的输出信号进入负荷调节中的设定负荷指令中,以达到实时调节负荷的作用。

为了观察一次调频功能情况,需要监控的参数有 XA02 测量模块测得的发电机实际转速、通过 DB01 死区模块后的有效转速差信号、负荷调节中负荷指令信号、COV3 阀门开度和通过流量。

第三节　调节系统动态特性

一、转速调节动态特性

为了调试转速调节系统,模拟膨胀系统启机过程,即发电机转速由 0r/min 逐渐提升并到达 3000r/min。记录发电机转速、COV02 阀门开度,通过 COV02 阀门流量。

对于转速控制系统,控制逻辑和控制参数的选择同样重要。一般情况下,PID 的微分时间 $T_d = 0$。因此,在本系统中,转速调节关键参数有比例系数 K 和 PID 的比例系数 K_p 和积分时间 T_i。

K 选取较大时,COV02 控制阀阀门开度变化较大;K 选取较小时,阀门开度变化较小。在调试过程中,为了增加阀门开度的变化率,对分别设定 $K=0.2$,$K=0.001$,其余控制参数相等时的转速调节下,仿真发电机转速由 $0 \sim 3000$r/min 的过程。$K=0.2$ 时转速变化仿真图如图 3-8 所示,$K=0.2$ 时,虽然发电机转速按一定规律升至 3000r/min,但阀门开度变化较大,阀门的安全性降低;$K=0.001$ 时转速变化仿真图如图 3-9 所示,$K=0.001$ 时,转速指令与发电机实际转速实时差距较大,冲转时间和发电机实际转速超调量都有相应的增加。

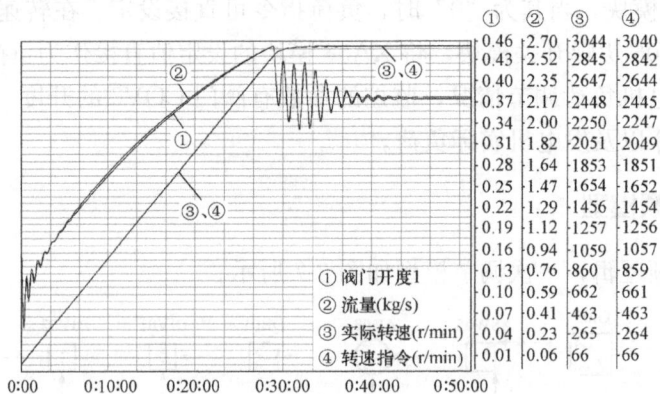

①	②	③	④
0.46	2.70	3044	3040
0.43	2.52	2845	2842
0.40	2.35	2647	2644
0.37	2.17	2448	2445
0.34	2.00	2250	2247
0.31	1.82	2051	2049
0.28	1.64	1853	1851
0.25	1.47	1654	1652
0.22	1.29	1456	1454
0.19	1.12	1257	1256
0.16	0.94	1059	1057
0.13	0.76	860	859
0.10	0.59	662	661
0.07	0.41	463	463
0.04	0.23	265	264
0.01	0.06	66	66

① 阀门开度1
② 流量(kg/s)
③ 实际转速(r/min)
④ 转速指令(r/min)

图 3-8　$K=0.2$ 时转速变化仿真图

同时,PID 模块比例系数 K_p 调试情况与 K 相似。当分别设定 $K_p=0.5$、$K_p=0.05$,其余控制参数相同时,$K_p=0.5$ 时转速变化仿真图如图 3-10 所示,$K_p=0.5$ 时,在发电机转速将接近目标转速时,阀门开度变化较大,这是由于进入 PID 模块的测量信号与设定信号差值较大,得到的阀门开度会迅速变大变小做出调整;$K_p=0.05$ 时转速变化仿真图如图 3-11 所示,$K_p=0.05$ 时,首先同一时刻转速指令与发电机实际转速信

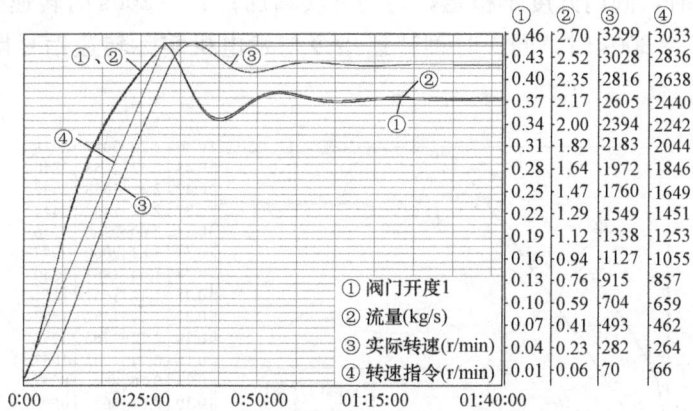

图 3-9　$K=0.001$ 时转速变化仿真图

号距离较大，超调量以及冲转时间增加。

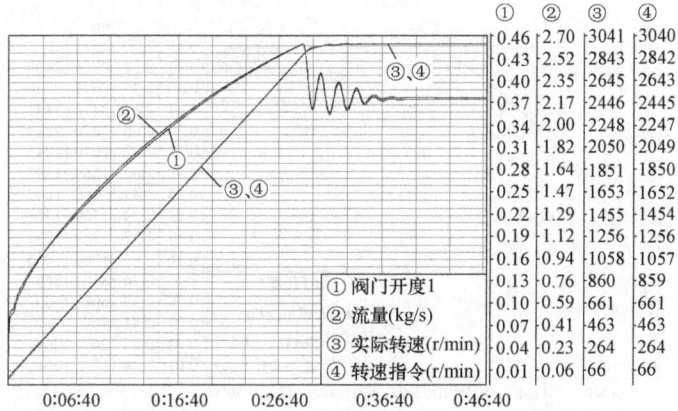

图 3-10　$K_p=0.5$ 时转速变化仿真图

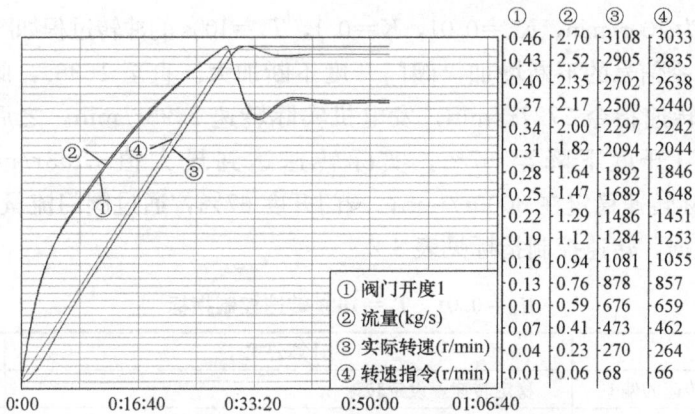

图 3-11　$K_p=0.05$ 时转速变化仿真图

同时，PID 模块的积分时间参数也有一个最佳值。分别对 $T_i=50s$、$T_i=200s$，其他控制参数相等的两种转速调节下进行仿真，$T_i=50s$ 时转速变化仿真图如图 3-12 所示，当 $T_i = 50s$ 时，阀门开度不稳定，时间冲转增加；$T_i = 200s$ 时转速变化仿真图如图 3-13 所示，当 $T_i = 200s$ 时，同一时刻转速指令与发电机实际转速信号距离较大，超调量较大。

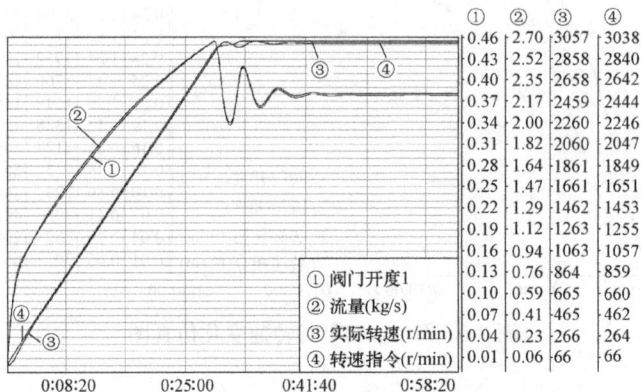

图 3-12　$T_i = 50s$ 时转速变化仿真图

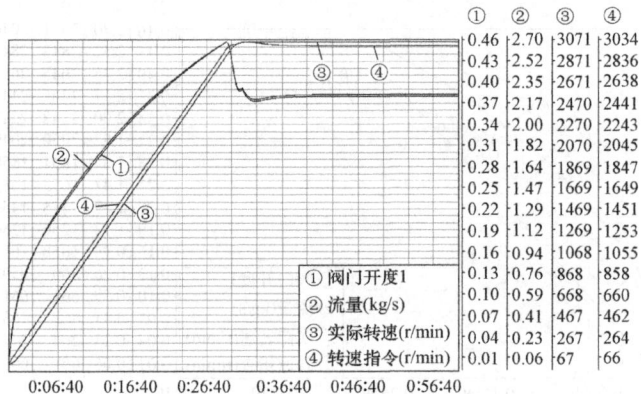

图 3-13　$T_i = 200s$ 时转速变化仿真图

设置升速率为 100r/min，$K_p = 0.01$，$K = 0.1$，$T_i = 100s$ 的冲转过程如图 3-14 所示。

随着转速指令信号的不断增加，阀门开度不断加大。直至 1636s，阀门开度达到最大 100%，此时转速指令 2727r/min，发电机实际转速 2696r/min。之后，阀门开度减小。1985s，阀门开度下降至 67%，实际转速达到最大值 3153r/min。2835s（即 47.25min），实际转速稳定在 3000r/min，阀门开度 67%，通过阀门流量是 3.95kg/s。

根据仿真数据，转速控制指标见表 3-2。

表 3-2　　　　　　　　　　　　$K_p = 0.01$，$T_i = 100s$ 转速控制指标

物理量	计算公式	单位	指标
稳定转速与设定转速的偏差	稳定转速－设定转速	%	0
转速扰动试验下的过渡过程衰减率	（首次过调量 M_1－第二次过调量 M_2）/首次过调量 M_1	%	4.73
转速扰动试验下的稳定时间	从扰动到转速稳态偏差<±0.1%即 1.5r/min 的时间	min	47
转速超调量		r/min	153

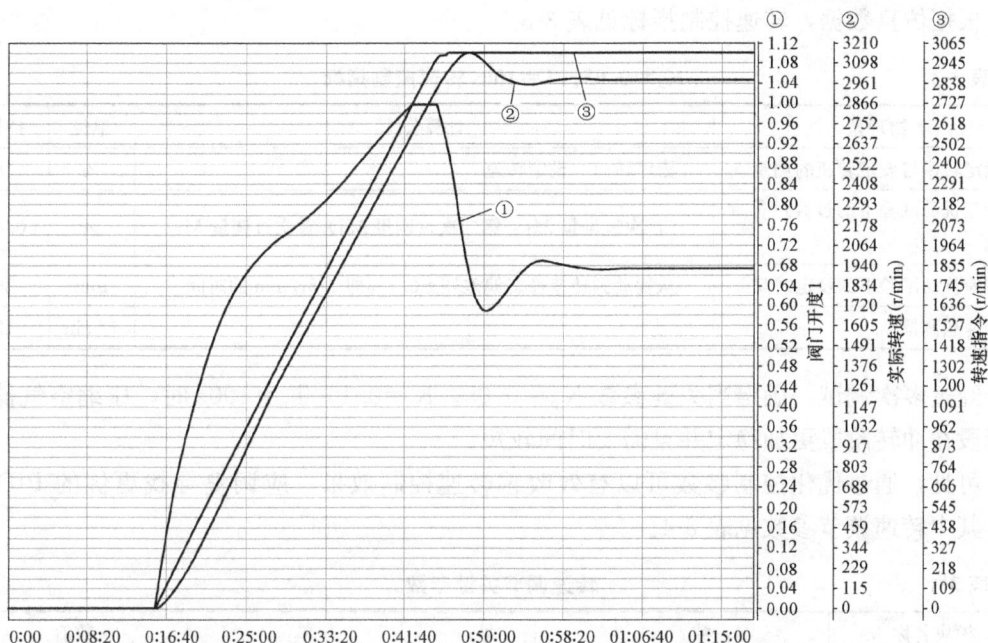

图 3-14　发电机转速 0～3000r/min 启机过程（升速率 100r/min，$K_p=0.01$，$T_i=100s$）

$K_p=0.05$，$K=0.1$，$T_i=100s$ 的冲转过程如图 3-15 所示。

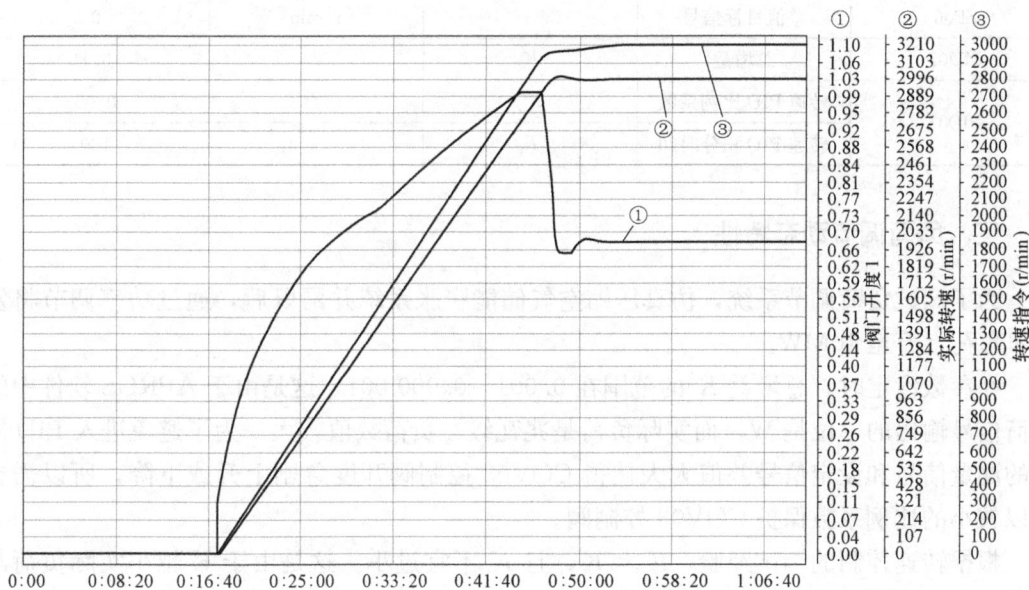

图 3-15　发电机转速 0～3000r/min 启机过程（升速率 100r/min，$K_p=0.05$，$T_i=100s$）

随着转速指令信号的不断增加，阀门开度不断加大。1633s 阀门开度达到最大 100%，转速指令和发电机实际转速分别为 2733r/min 和 2739r/min，随后阀门开度减小。1832s 阀门开度下降至 66%，此时实际转速达到最大值 3012r/min。2176s（即 36.25min）实际转速稳定在 3000r/min，阀门开度为 67%，通过阀门流量是 3.95kg/s。

91

根据仿真数据，转速控制指标见表 3-3。

表 3-3 $K_p=0.05$，$T=100s$ 转速控制指标

物理量	计算公式	单位	指标
稳定转速与设定转速的偏差	稳定转速－设定转速	%	0
转速扰动试验下的过渡过程衰减率	（首次过调量 M_1－第二次过调量 M_2）/首次过调量 M_1	%	0.40
转速扰动试验下的稳定时间	从扰动到转速稳态偏差＜±0.1％即 1.5r/min 的时间	min	36
转速超调量		r/min	12

经过多次调试，确定当关键参数 $K_p=0.05$，$K=0.1$，$T_i=100s$ 时，压缩空气储能势能段在冲转阶段更加稳定并且需要时间较短。

可见，通过优化控制参数可以有效改善转速控制效果，应调整寻找更优的 PID 参数，其中转速调节参数见表 3-4。

表 3-4 转速调节关键参数

模块名称	参数	符号	单位	数值
SP01	转速指令			模型输入
SP03	升速率		r/min	100
SP05	降速率		r/min	100
SP06	差值目标信号		r/min	0
MU01	总增益	K	/	0.1
PID01	转速 PID 比例系数	K_p	/	0.05
	转速 PID 积分时间	T_i	s	100

二、负荷调节动态特性

为了调试负荷调节系统，仿真压缩空气储能膨胀系统并网以后，通过功率调节将发电机负荷上升至 10MW。

在参数设定时，总增益 K 的范围在 0.001～0.000 001，这是由于 APROS 软件中的负荷信号输出的单位是 W，而实际负荷是兆瓦级，负荷数值较大，为了避免进入 PID 模块的测量信号和设定信号差值太大使得 COV03 控制阀开度急剧上升或下降，所以需要乘以较小的比例系数保护 COV03 控制阀。

根据转速控制的调试经验，$K_p<K$，且 K 不宜过小。这是由于 K 越小实际负荷与负荷指令相差值越大，阀门开度调节较小，使得实际转速与负荷指令的差距很难减小。

在调试过程中发现，若 K_p 过大，在将接近设定负荷信号时，会出现超调的情况较严重。若 K_p 过小，负荷调节的时间相应地增加。

当 $K_p=0.0001$，$K=0.01$，$T_i=25$ 时，压缩空气储能释能段在并网后负荷调节更加稳定并且需要时间较短，发电机负荷 0～10MW 调节曲线图如图 3-16 所示。

可见，根据 0.1MW/min 的升速率，负荷指令在 600s 到达 10MW，此时的发电机实

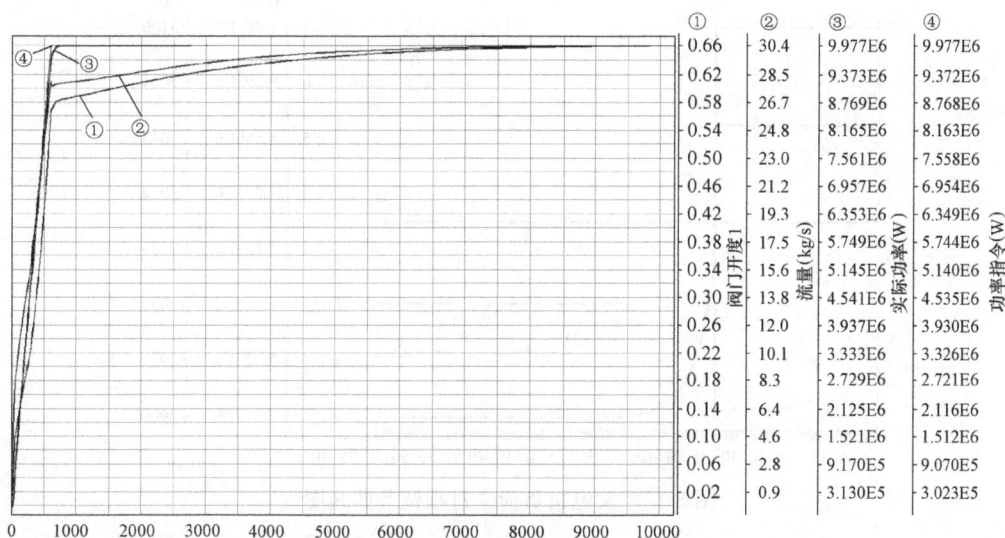

①	②	③	④
0.66	30.4	9.977E6	9.977E6
0.62	28.5	9.373E6	9.372E6
0.58	26.7	8.769E6	8.768E6
0.54	24.8	8.165E6	8.163E6
0.50	23.0	7.561E6	7.558E6
0.46	21.2	6.957E6	6.954E6
0.42	19.3	6.353E6	6.349E6
0.38	17.5	5.749E6	5.744E6
0.34	15.6	5.145E6	5.140E6
0.30	13.8	4.541E6	4.535E6
0.26	12.0	3.937E6	3.930E6
0.22	10.1	3.333E6	3.326E6
0.18	8.3	2.729E6	2.721E6
0.14	6.4	2.125E6	2.116E6
0.10	4.6	1.521E6	1.512E6
0.06	2.8	9.170E5	9.070E5
0.02	0.9	3.130E5	3.023E5

图 3-16　发电机负荷 0～10MW 调节曲线图

际负荷是 9.653MW，阀门开度为 57.07%，通过流量为 27.9737kg/s。在 600s 之后，阀门开度增长速率变慢。在 801.6s 发电负荷达到 9.994MW。此时阀门开度也仅增加到 58.51%。在 9013.5s，发电机实际负荷达到 10MW，此时阀门开度为 66.15%，通过流量为 30.426kg/s。在负荷指令到达 10MW 后，功率调节缓慢是因为整个功率调节的比例系数为 0.0001×0.01＝0.000 001。所以当实际负荷和负荷指令差值相差较小时，阀门开度变化较小。运用此 PID 参数时发电机负荷从空负荷至满负荷过程用时 150min15s，在 13min21s 时，发电机负荷已达到满负荷的 99.94%。控制结果接近实际情况，所以从原理上证明是可行的。负荷调节设定参数见表 3-5。

表 3-5　　　　　　　　　10MW 压缩空气储能负荷调节设定参数

模块名称	参数	符号	单位	数值
SP07	设定功率			模型输入
GR02	升速率		MW/s	0.1
SP08	差值目标信号		MW	0
MU02	总增益	K	/	0.0001
PID02	功率 PID 比例系数	K_p	/	0.01
	功率 PID 积分时间	T_i	s	25

当 $K_p=0.0001$，$K=0.01$，$T_i=100$ 时，进行了功率控制阶跃扰动试验。将功率目标值从 10MW 改为 5MW，考察控制系统的功率调节性能。发电机负荷全过程调节曲线图如图 3-17 所示，发电机负荷局部调节曲线图如图 3-18 所示。

在变化过程中，初始功率为 10MW，主阀开度为 52%。指令发出为零时刻，1s 后主阀关闭到零开度，此时功率 9.9MW，7s 后，主阀开度为 30%，功率达到第一个峰值 6.9MW，14min 后功率稳定在 5MW。

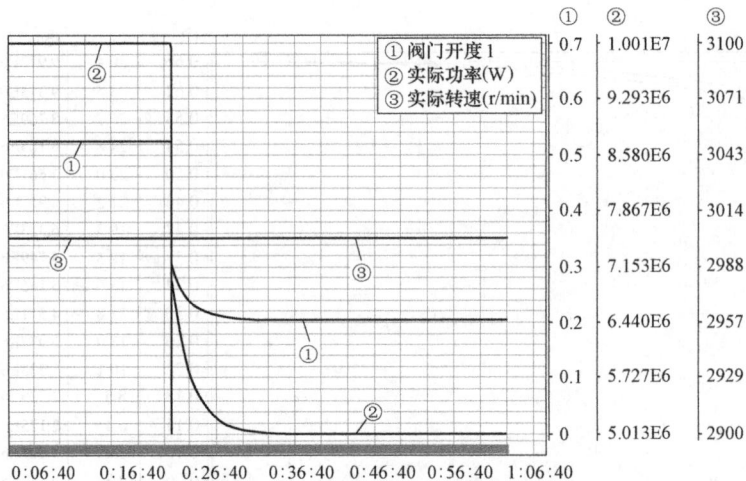

图 3-17　发电机负荷全过程调节曲线图

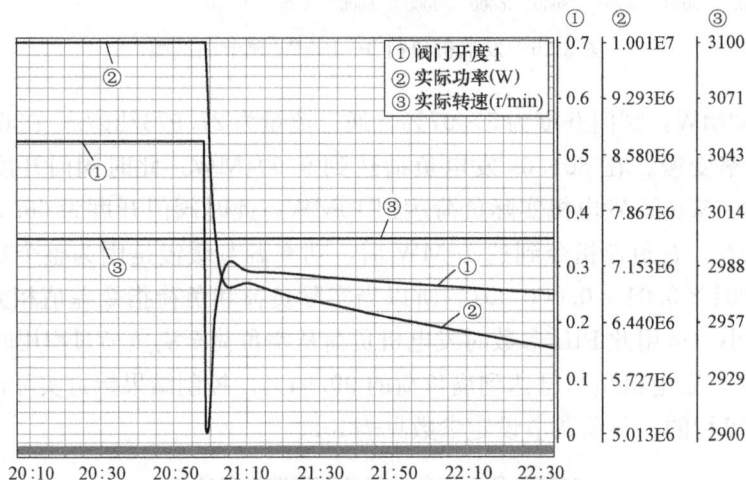

图 3-18　发电机负荷局部调节曲线图

三、一次调频动态特性

由于一次调频的标幺参数，发电机额定转速和额定输出功率是确定的。需要调试的参数为运用于频差计算的转速不等率。在工程中，转速不等率的设计一般为 0.045。本系统中一次调频的参数设置见表 3-6。

表 3-6　　　　　　　　　　　　　　一次调频关键参数

模块名称	参数	符号	单位	数值
XA1	测试实验信号			模型输入值
XA2	额定转速		r/min	3000
XA3	标幺信号		r/min	3000
XA4	转速不等率		/	0.045
XA5	额定输出功率信号		MW	10

为了检测一次调频的功能，模型中输入发电机转速信号，对频差响应结果进行仿真。并网后转速 3000~3012r/min 一次调频曲线图如图 3-19 所示，在并网后，发电机负荷为 9MW 的情况下，模拟发电机转速由于用户负荷的影响突然增加至 3012r/min。在 APROS 一次调频模型中，切换 ASW05 开关模块，将 XA1 设定点模块的设定值输入为 3012r/min。负荷指令信号、COV03 阀门开度、通过 COV03 阀门流量以及发电机负荷变化分别由黑色、蓝色、绿色以及粉色曲线。

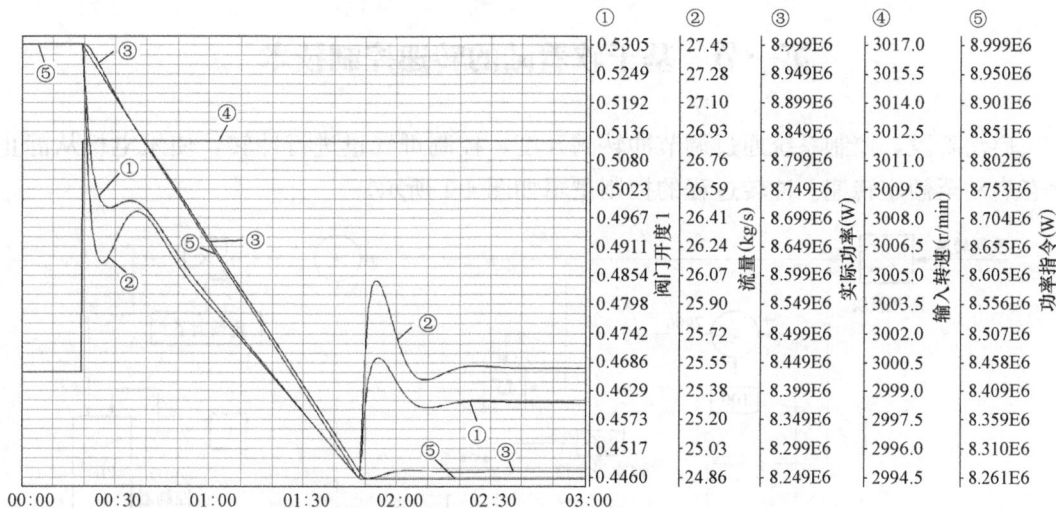

	①	②	③	④	⑤
	0.5305	27.45	8.999E6	3017.0	8.999E6
	0.5249	27.28	8.949E6	3015.5	8.950E6
	0.5192	27.10	8.899E6	3014.0	8.901E6
	0.5136	26.93	8.849E6	3012.5	8.851E6
	0.5080	26.76	8.799E6	3011.0	8.802E6
	0.5023	26.59	8.749E6	3009.5	8.753E6
	0.4967	26.41	8.699E6	3008.0	8.704E6
	0.4911	26.24	8.649E6	3006.5	8.655E6
	0.4854	26.07	8.599E6	3005.0	8.605E6
	0.4798	25.90	8.549E6	3003.5	8.556E6
	0.4742	25.72	8.499E6	3002.0	8.507E6
	0.4686	25.55	8.449E6	3000.5	8.458E6
	0.4629	25.38	8.399E6	2999.0	8.409E6
	0.4573	25.20	8.349E6	2997.5	8.359E6
	0.4517	25.03	8.299E6	2996.0	8.310E6
	0.4460	24.86	8.249E6	2994.5	8.261E6

图 3-19　并网后转速 3000~3012r/min 一次调频曲线图

通过上图可看出当发电机转速由用户负荷影响增加至 3012r/min 时，经过死区，实际作用的转速信号为 3000r/min，通过计算，需要将发电机负荷减少 740 741W。通过负荷调节，发电机实际负荷在 180s 后稳定在负荷指令 8.259MW。

计算验证，发电机实际转速 3012r/min，由于设置了 2r/min 的死区，所以进行频差计算的转速为 3010r/min。将参数代入式（3-2）得

$$0.045 = \frac{\frac{3010 - 3000}{3000}}{\frac{\Delta P}{10\,000\,000}} \tag{3-3}$$

计算得 $\Delta P = 740\,740.740$W，与模型计算结果相符。

第四章
压缩空气储能发电系统转速调节性能优化技术

第一节　基于软着陆的转速控制技术

启动阶段，控制系统通过调节冲转阀开度，控制进气量进行冲转，使发电机从静止状态启动至额定转速。冲转过程的控制逻辑如图 4-1 所示。

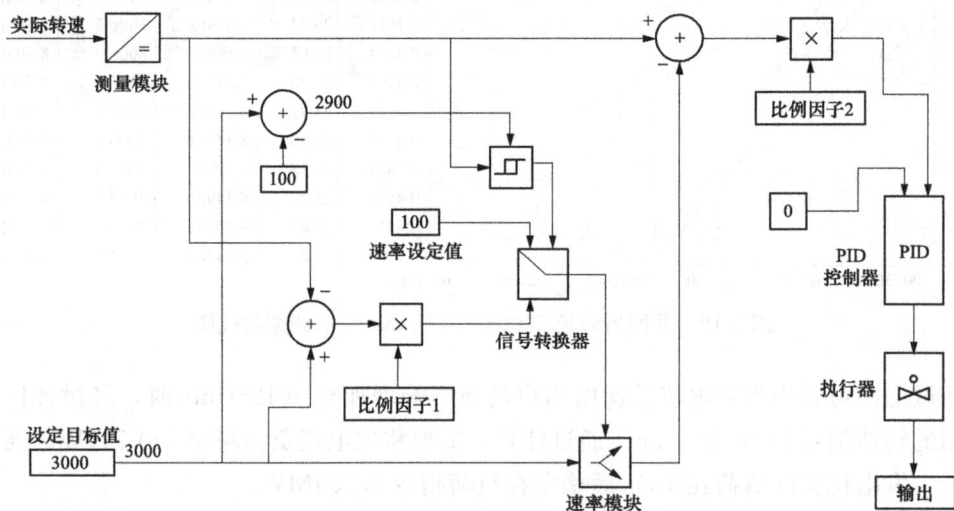

图 4-1　冲转过程的控制逻辑

测试模块测得实时转速作为反馈值，设定目标转速为 3000r/min，由速率模块设定上升速率，则有

$$w = \Delta h \times q_{\mathrm{m}} \tag{4-1}$$

式中　w——膨胀机输出功率；

　　　Δh——膨胀机焓降；

　　　q_{m}——质量流量。

机组启动时压力最高，单位焓降较大，因此调节阀不易控制，功率、转速起伏大，运行效率较低，严重时甚至有超速事故发生的危险。为了使转速调节较稳定，本文采取"软着陆"方式：当转速低于 2900r/min 时，上升速率为 100r/min，当转速高于 2900r/min 时，上升速率为

$$v = (n_{\mathrm{set}} - n_{实际}) \times 比例因子 1 \tag{4-2}$$

式中　v——上升速率；

n_{set}——设定值 3000r/min；

$n_{实际}$——转速测量值。

比例因子 1 自行选取。

冲转过程中转速变化如图 4-2 所示，冲转阀门开度和流量如图 4-3 所示，设置转速上升速率为 100r/min，转速指令在 1928.6s（约 32min）时到达 3000r/min，通过调节冲转阀开度，控制进气量，实际转速在 1803.4s（约 30min）时到达 3000r/min 后继续上升，最大转速值为 3022r/min，最大超调量为 0.7%，在工程允许的转速超调范围内，冲转过程中实际转速迅速、准确地跟踪转速指令值，为实际控制系统参数设置提供了参考。

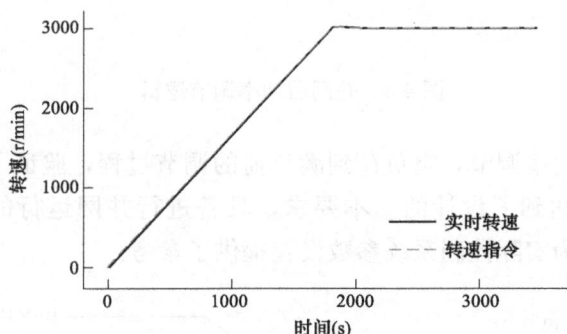

图 4-2 冲转过程中转速变化

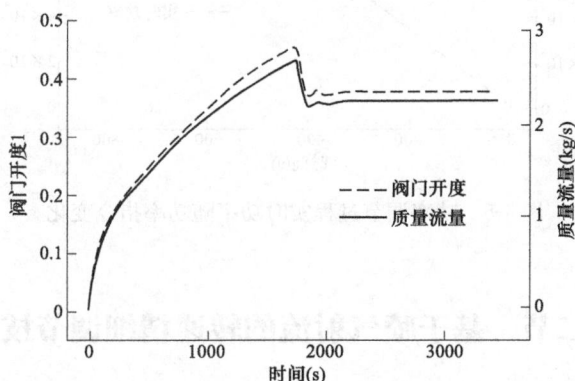

图 4-3 冲转阀门开度和流量

软着陆的思想在功率调节中也得到应用。功率调节系统通过控制阀门开度自动调节进气量，从而调节机组输出功。图 4-4 为并网后功率调节逻辑，将实际功率跟功率指令值相减，并设定上升、下降速率为 $1e^6$ W/min，为避免阀门剧烈动荡，对比值将乘以相应的比例因子，通过 PID 控制器调节阀门开度，控制进气量。

功率调节过程实时功率随功率指令变化如图 4-5 所示，得益于调速系统的快速控制，功率指令在 600s(10min) 时到达 10MW，通过控制阀门开度，调节进气量，实际功率在 601s 时到达 10.003MW，最大功率值为 10.027MW，最大超调量为 0.2%。因此该调速

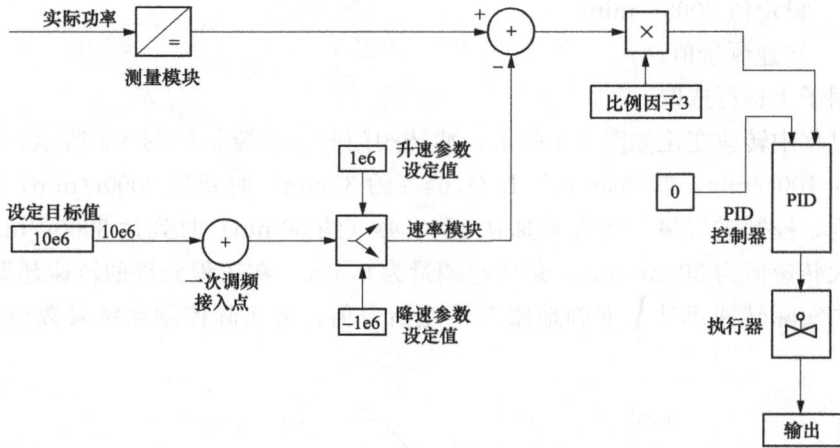

图 4-4　并网后功率调节逻辑

系统能够较精确实现功率调节，空负荷到满负荷的调节过程，验证了该系统大负荷调节及承受冲击的能力，达到了设计的基本要求，具备进行并网运行的条件。功率变化平稳，控制效果较好，为实际控制系统参数设置提供了参考。

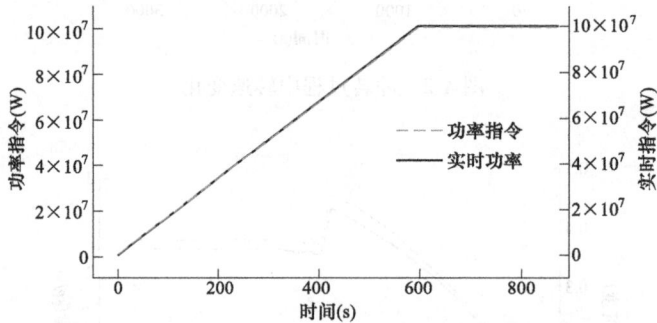

图 4-5　功率调节过程实时功率随功率指令变化

第二节　基于喷气射流的转速精细调节技术

一、问题的提出

随着我国能源消费结构调整不断深化，太阳能发电与风能发电等可再生能源发电总量迅速增加。然而，可再生能源发电具有波动性，接入常规电网后会影响电网电能质量、危及电网安全。一种被动的应对措施即所谓"三弃"（弃水、弃风、弃光）会造成巨大的能源浪费，如我国 2017 年的三弃总量已超过 1000 亿 kWh。而作为一种主动的应对措施，储能技术则能实现可再生能源大规模接入电网，根除三弃问题。

电力储能技术主要包括抽水蓄能、压缩空气储能、飞轮储能、锂电池储能等。其中，适用于大规模运行的主要有抽水蓄能和压缩空气储能。而相比于抽水蓄能，压缩空气储能受地理环境限制较小，具有效率高、寿命长、安全可靠等优点，是近几十年来极具发展潜力的储能技术之一。目前，已出现多种压缩空气储能系统，包括绝热压缩空气储能、蓄热式压缩空气储能、液态空气储能系统、超临界压缩空气储能系统等。其中，蓄热式压缩空气储能系统无需额外燃料消耗，能量转换效率达52%～62%，理想配置（蓄热温度＞600℃）时效率达70%。

近年来，为深挖蓄热式压缩空气储能系统效率提升潜力，研究者通过增加射气抽气器至释能段配气机构，利用高压流体（储气罐空气经由节流阀后气体）对低压流体（第一台膨胀机排气）的卷吸作用，获得中压做功流体。当释能功率一定时，该方法可减少储气罐气体流量，同时减少节流降压阀引起的压力能损失，进而提高能量转换效率；当储气罐流量一定时，该方法可增加做功气体量，进而增大发电功率及效率。基于固定工况的分析发现，系统能量转换效率从61.95%提升至65.36%。

然而，在全工况范围内，射气抽气器对压缩空气储能系统释能功率的影响规律尚未揭示，低压气源的最优选取方案、低压气源参数对释能功率的影响还亟待研究。

另外，在研究过程中，项目团队发现目前系统存在如下问题。

（1）目前的压缩空气储能发电系统，储气罐出来后经过截止阀，通过气动调节阀调节进气，完成膨胀发电机组的冲转、带负荷等全过程。含射气抽气器配气机构的压缩空气储能系统释能段结构简图如图4-6所示黑色部分。

（2）由于冲转和带初负荷（"初负荷"指刚并网瞬间接带的负荷，一般为2%～3%额定负荷）期间所需气量都非常小，正常带负荷所需气量相对较大，而气动调节阀能够保证调节精度的工作范围在气量较大的区域，导致在冲转和带初负荷过程中，气动调节阀对转速和功率的调节精度和调节效果非常不好。

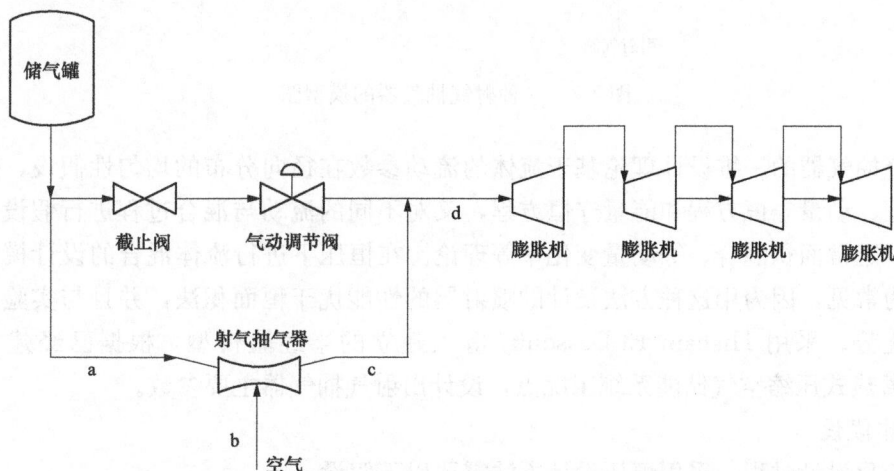

图4-6 含射气抽气器配气机构的压缩空气储能系统释能段结构简图

（3）项目团队在原有研究内容的基础上，创造性地提出了增加射气抽气器，即：在调节阀增加旁路，旁路上设计射气抽气器（图4-6的红色部分），以提高压缩空气储能发电系统调节性能和经济性能。为了深入切实分析该创新点的可行性，对"含射气抽气器的压缩空气储能系统"开展模拟计算和仿真分析，探究射气抽气器对系统释能功率、释能过程及释能总功的影响，为低压气源的合理选取提供科学依据。

二、射气抽气器设计的数学模型及求解算法

1. 射气抽气器基本模型

图 4-7 为一种射气抽气器的模型图，常规的射气抽气器具有三个主要部分：喷嘴、吸入室、扩散室。喷嘴和扩散室具有汇聚/扩散文丘里管的几何形状。形成喷嘴，扩散器和吸入室的各个部分的直径和长度，以及流体的流速和特性，共同决定了射气抽气器的能力和性能。射气抽气器的容量是根据工作气流和引射气流的流速定义的。工作气体和低压气源气体的质量流量之和是压缩混合气流的质量流量。至于射气抽气器的性能，它是根据引射条件，膨胀比和压缩比来定义的。引射系数（w）是低压气源气流的流量与工作气体气流的流量之比，膨胀比（E_r）被定义为工作气体压力与低压气源压力之比，压缩比（C_r）为压缩混合气流与低压气源气流的压力比。当工作气流进入喷嘴中后降压增速，在 2 点处达到压力最小值，同时由于压力小于引射气流的压力，把引射气流吸入抽气器中，两种气体会在 2 点处混合也可能扩散室中恒定部分混合（本文假设气流在 2 点处已完全混合），当进入 3 点后，由于背压阻力，混合流流速降低而压力升高，当从通过 3 点后，混合流在扩散室中会出现进一步的压力增加。

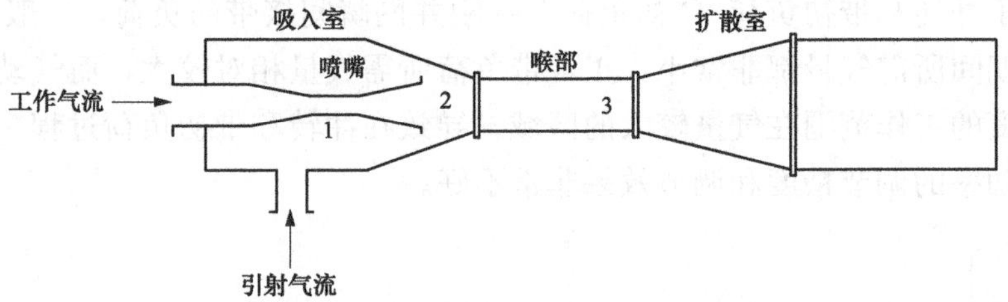

图 4-7　一种射气抽气器的模型图

射气抽气器的一维设计理论基于流体的流动参数在径向分布的均匀性假设，使用连续性方程、动量守恒方程和能量守恒方程，又对不同的流动与混合过程进行假设，有等压混合、定常面积混合、等动量变化率等理论。在恒压下进行流体混合的设计模型在文献中更为常见，因为用这种方法设计的喷射器的性能优于恒面积法，并且与实验数据相比具有优势。采用 Hisham El-Dessouky 等人建立的半经验模型，根据已经建立好的 10MW 蓄热式压缩空气储能系统工况点，设计出射气抽气器主要参数。

2. 作假设

为简化设计过程，采用恒压设计方法需要以下假设。

（1）高压工作气体在喷嘴中等熵膨胀。同样，工作气体和低压气源气体的混合物在扩散室中等熵地压缩。

（2）工作气体和低压气体是饱和的，它们的速度可以忽略不计。

（3）离开射气抽气器的压缩混合物的速度微不足道。

（4）等熵膨胀指数恒定和视其为理想的气体。

（5）工作气体和低压气源气体的混合在吸入室中进行。

（6）所有气体的流动都是绝热的。

（7）摩擦损失是根据喷嘴、扩散室的等熵效率共同决定。

（8）工作气体和低压气源气体具有相同的分子量和比热比。

（9）射气抽气器的流动是一维稳态流动。

3. 模型方程式

（1）整体物料平衡

$$m_p + m_e = m_c \tag{4-3}$$

式中　m_p、m_e、m_c——高压工作气体、低压气源气体和压缩混合气体的质量流量。

（2）夹带率（即引射系数）

$$w = m_e/m_p \tag{4-4}$$

（3）压缩比

$$C_r = P_c/P_e \tag{4-5}$$

（4）膨胀比

$$E_r = P_p/P_e \tag{4-6}$$

（5）喷嘴中主要流体的等熵膨胀用喷嘴出口平面处主要流体的马赫数表示。

$$M_{p2} = \sqrt{\frac{2\eta_n}{\gamma - 1}\left[\left(\frac{P_P}{P_2}\right)^{(\gamma-1/\gamma)} - 1\right]} \tag{4-7}$$

式中　M——马赫数；

　　　P——压力；

　　　γ——等熵膨胀系数；

　　　η_n——喷嘴效率，并定义为实际焓变与等熵过程中经历的焓变之比。

（6）吸入室中夹带流体的等熵膨胀用喷嘴出口平面处夹带流体的马赫数表示。

$$M_{e2} = \sqrt{\frac{2}{\gamma - 1}\left[\left(\frac{P_e}{P_2}\right)^{(\gamma-1/\gamma)} - 1\right]} \tag{4-8}$$

（7）混合过程通过一维连续性，动量和能量方程建模。结合这些方程式，根据点 2 处的主要和夹带流体的临界马赫数，定义点 5 处的混合物的临界马赫数。

$$M_4^* = \frac{M_{p2}^* + wM_{e2}^*\sqrt{T_e/T_p}}{\sqrt{(1+w)(1+wT_e/T_p)}} \tag{4-9}$$

式中　w——夹带率；

　　　M^*——临界条件下局部流体速度与声速之间的比率。

（8）下式给出了喷射器中任意点的 M 和 M^* 之间的关系，用于计算 M_{e2}^*、M_{p2}^*、M_4。

$$M^* = \sqrt{\frac{M^2(\gamma + 1)}{M^2(\gamma - 1) + 2}} \tag{4-10}$$

（9）冲击波后的混合流的马赫数。

$$M_5 = \frac{M_4^2 + \dfrac{2}{\gamma - 1}}{\dfrac{2\gamma}{\gamma - 1}M_4^2 - 1} \tag{4-11}$$

（10）冲击波在点4处的压力增加。式中恒定压力假设意味着点2和点4之间的压力保持恒定。因此，式（4-12）约束适用 $P_2 = P_3 = P_4$。

$$\frac{P_5}{P_4} = \frac{1 + \gamma M_4^2}{1 + \gamma M_5^2} \tag{4-12}$$

（11）扩散器中的压力提升。η_d 为扩压室效率。

$$\frac{P_c}{P_5} = \left[\frac{\eta_d (\gamma - 1)}{2} M_5^2 + 1 \right]^{(\gamma/\gamma - 1)} \tag{4-13}$$

（12）喷嘴喉部面积。

$$A_1 = \frac{m_p}{P_P} \sqrt{\frac{RT_p}{\gamma \eta_n} \left(\frac{\gamma + 1}{2} \right)^{(\gamma + 1)(\gamma - 1)}} \tag{4-14}$$

（13）喷嘴喉道面积与扩压室恒定面积比。

$$\frac{A_1}{A_3} = \frac{P_c}{P_P} \left\{ \frac{1}{(1 + w)[1 + w(T_e/T_p)]} \right\}^{\frac{1}{2}}$$

$$\frac{\left(\dfrac{P_2}{P_c} \right)^{\frac{1}{\gamma}} \left[1 - \left(\dfrac{P_2}{P_c} \right)^{(\gamma - 1)/\gamma} \right]^{\frac{1}{2}}}{\left(\dfrac{2}{\gamma + 1} \right)^{1/(\gamma - 1)} \left(1 - \dfrac{2}{\gamma + 1} \right)^{\frac{1}{2}}} \tag{4-15}$$

（14）喷嘴出口与喷嘴喉部面积的比值。

$$\frac{A_2}{A_1} = \sqrt{\frac{1}{M_{P_2}^2} \left[\frac{2}{\gamma + 1} \left(1 + \frac{\gamma - 1}{2} \right) M_{P_2}^2 \right]^{(\gamma + 1)/(\gamma - 1)}} \tag{4-16}$$

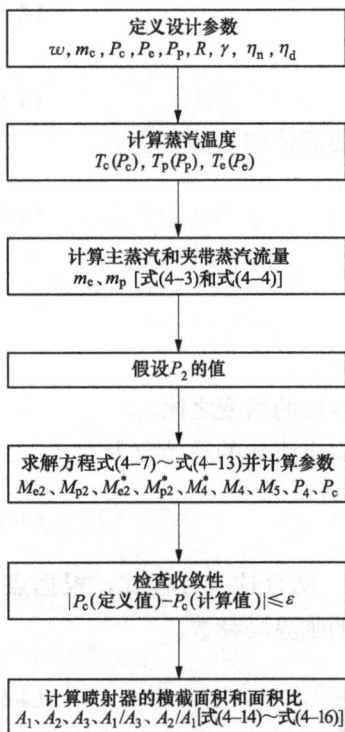

4. 模型的求解

对上述模型进行求解，每个过程都需要迭代计算，其中需要定义系统压力和引射系数，进行迭代以确定在喷嘴出口（P_2）上提供相同背压（P_c）的动力蒸汽压力。此过程的迭代序列如图4-8所示。

迭代包括以下步骤。

（1）定义设计参数，包括引射系数（w），压缩混合气流的流量（m_c）以及引射气流，压缩气流和工作气流的压力（P_e，P_P，P_c）。

图4-8框图：

定义设计参数
w, m_c, P_c, P_e, P_P, R, γ, η_n, η_d

↓

计算蒸汽温度
$T_c(P_c)$, $T_p(P_p)$, $T_e(P_e)$

↓

计算主蒸汽和夹带蒸汽流量
m_e、m_p [式（4-3）和式（4-4）]

↓

假设 P_2 的值

↓

求解方程式（4-7）～式（4-13）并计算参数
M_{e2}, M_{p2}, M_{e2}^*, M_{p2}^*, M_4^*, M_4, M_5, P_4, P_c

↓

检查收敛性
$|P_c(定义值) - P_c(计算值)| \leqslant \varepsilon$

↓

计算喷射器的横截面积和面积比
A_1、A_2、A_3、A_1/A_3、A_2/A_1[式（4-14）～式（4-16）]

图4-8 射气抽气器主要
参数设计计算迭代程序

（2）定义喷嘴和扩散室的效率（η_n，η_d）。

（3）根据空气特性，计算压缩混合气流，低压引射气流和工作气流的饱和温度，包括 T_c、T_p、T_e。

（4）通用气体常数取287，空气的比热比取1.4。

（5）引射气流（m_e）和工作气流（m_p）的流量由方程式（4-3）和式（4-4）计算。

（6）估计点 P_2 的压力值，并计算公式。依次求解（4-7）～式（4-13），以获得压缩气流的压力（P_c）。

（7）将计算出的压缩气流压力与设计值进行比较。

（8）估计新的 P_2 值，并重复之前的步骤，直到达到压缩气流压力的所需值为止。

（9）射气抽气器横截面积（A_1，A_2，A_3）和面积比（A_1/A_3 和 A_2/A_1）由式（4-14）～式（4-16）计算。

5. 编写计算程序

编写计算程序前，需要给出相关参数的取值，为选择合适参数，结合本系统的工况特性，可参照文献取喷嘴效率 $\eta_n=0.90$，扩压室效率 $\eta_d=0.90$，等熵膨胀指数 $\gamma=1.4$。根据图 4-9，先选定 T1 前压力 P_4，进而确定混合气压力 P_3，接着确定工作气体压力范围 $P_2>P_3$，分别考察不同低压气源条件下、不同工作气压下射气抽气器所能达到的最大引射能力。

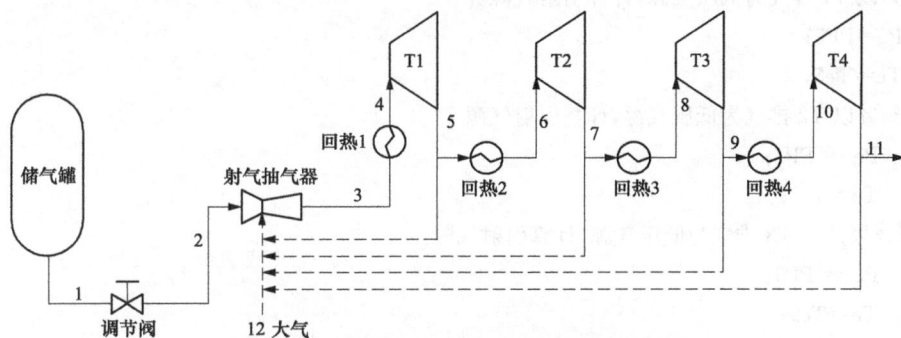

图 4-9　含射气抽气器蓄热式压缩空气储能系统释能过程结构简图

根据设计出的以射气抽气器作为配气机构的 10MW 蓄热式压缩空气储能系统释能段模型全工况点参数，在定义出各参数的情况下，采用两个 for 循环语句嵌套，根据本章的半经验模型得到程序如下（"％"后的内容为注释）。

```
R=287;                          %通用气体常数
v=1.4;                          %绝热膨胀指数
Ln=0.9;                         %喷嘴效率
Ld=0.9;                         %扩压室效率
w=0.24;                         %设定引射系数
Pp=7e6;                         
Tp=310;                         %工作气体温度
deltP=20 000;                   %再热压损
R1=[];R2=[];R3=[];S = [];j=[];q=[];x=[];   %存储的向量
for PP4=(4e6)                   %第一台膨胀机 T1 入口空气压力
    mc=3.6515 * PP4/(1e6)−0.2205;   %混合气体流量 kg/s
    Pc=PP4+0.02e6;              %混合气体压力
    PP5=PP4/2.8192;            %第一台膨胀机 T1 排气压力
```

```
        Te5=−5.867e−7 * PP5+337.5；                    %第一台膨胀机 T1 排气温度
        PP6=PP5−deltP；                                %第二台膨胀机 T2 入口压力
        PP7=PP6/2.8192；                               %第二台膨胀机 T2 排气压力
        Te7=−7.628e−7 * PP7+337.8；                    %第二台膨胀机 T2 排气温度
        PP8=PP7−deltP；                                %第三台膨胀机 T3 入口压力
        PP9=PP8./(2.733 * exp(0.006 157 * PP4/10^6)−2.759 * exp(−0.6267 * PP4/10^6))；
                                                       %第三台膨胀机 T3 排气压力
        Te9=1.853e+12 * PP9.^(−2.125)+333.3；          %第三台膨胀机 T3 排气温度
        PP10=PP9−deltP；                               %第四台膨胀机 T4 入口压力
        PP11=PP10./(0.3397 * PP4/10^6+0.4413)；        %第四台膨胀机 T4 排气压力
    Te11=−0.004 67 * PP11+805.2；                      %第四台膨胀机 T4 排气温度
        mp=mc/(1+w)；                                  %工作气体流量 kg/s
        me=w * mp；                                    %引射气体流量 kg/s
%%%%以 T1 排气为低压气源，计算引射气源
        Pe=PP5；
        Te=Te5；
%%%%%以 T2 排气为低压气源，计算引射气源
%       Pe = PP7；
%       Te=Te7；
% %%%%以 T3 排气为低压气源，计算引射气源
%       Pe = PP9；
%       Te=Te9；
%%%%%以 T4 排气为低压气源，计算引射气源
%       Pe=PP11；
%       Te=Te11；
    x=[x,Pe]；
for P2=(0.5 * Pe：0.0001e6：1.1 * Pe)                  %试选取的喷嘴出口工作气体压力
Mp2=sqrt(2 * Ln/(v−1) * ((Pp/P2)^((v−1)/v)−1))；
Me2=sqrt(2/(v−1) * ((Pe/P2)^((v−1)/v)−1))；
Me2x=sqrt((Me2)^2 * (v+1)/((Me2)^2 * (v−1)+2))；
Mp2x=sqrt((Mp2)^2 * (v+1)/((Mp2)^2 * (v−1)+2))；
M4x=(Mp2x+w * Me2x * sqrt(Te/Tp))/sqrt((1+w) * (1+w * Te/Tp))；
M4=sqrt(2 * (M4x)^2/(v+1−(M4x)^2 * (v−1)))；
M5=((M4)^2+2/(v−1))/(2 * v/(v−1) * (M4)^2−1)；
P4=P2；
P5=P4 * (1+v * (M4)^2)/(1+v * (M5)^2)；
Pc1=P5 * (Ld * (v−1)/2 * (M5)^2+1)^(v/(v−1))；
    s=abs(Pc−Pc1)；
    S=[S,s]；
end
min(S)
```

```
min(S)/Pc
plot(0.5 * Pe:0.0001e6:1.1 * Pe,S)
   [m,n]=min(S);
     j=[j,m];
   P21=0.5 * Pe+(n-1) * 100;                        %接近真解的喷嘴出口工作气体
                                                       压力

   q=[q,P21];
   Mp2=sqrt(2 * Ln/(v-1) * ((Pp/P21)^((v-1)/v)-1));
   Me2=sqrt(2/(v-1) * ((Pe/P21)^((v-1)/v)-1));
   Me2x=sqrt((Me2)^2 * (v+1)/((Me2)^2 * (v-1)+2));
   Mp2x=sqrt((Mp2)^2 * (v+1)/((Mp2)^2 * (v-1)+2));
   M4x=(Mp2x+w * Me2x * sqrt(Te/Tp))/sqrt((1+w) * (1+w * Te/Tp));
   M4=sqrt(2 * (M4x)^2/(v+1-(M4x)^2 * (v-1)));
   M5=((M4)^2+2/(v-1))/(2 * v/(v-1) * (M4)^2-1);
   P4=P2;
   P5=P4 * (1+v * (M4)^2)/(1+v * (M5)^2);
   Pc11=P5 * (Ld * (v-1)/2 * (M5)^2+1)^(v/(v-1));
   A1=(mp/Pp) * sqrt(R * Tp/(v * Ln) * ((v+1)/2)^((v+1)/(v-1)));
   a3=Pc11/Pp * sqrt(1/((1+w) * (1+w * (Te/Tp)))) * (P2/Pc11)^(1/v) * sqrt(1-(P2/Pc11)
^((v-1)/v)) ;
   a31=1/((2/(v+1))^(1/(v-1)) * sqrt(1-2/(v+1)));
   A3=1/(a3 * a31) * A1 ;
   A2=A1 * sqrt(1/(Mp2)^2 * (2/(v+1) * (1+(v-1)/2 * (Mp2)^2))^((v+1)/(v-1)));
   B13=A1/A3;                                        %面积比
   B21=A2/A1;                                        %面积比
   r1=sqrt(A1/3.14) * 1000;                          %喷嘴喉部半径
   r2=sqrt(A2/3.14) * 1000;                          %喷嘴出口半径
   r3=sqrt(A3/3.14) * 1000;                          %混合室半径
   R1=[R1,r1];R2=[R2,r2];R3=[R3,r3];
End
```

三、四级串联膨胀机数学模型

1. 系统流程

新配气机构（含射气抽气器）蓄热式压缩空气储能系统释能过程的结构简图如图 4-9 所示。储气罐里的高压压缩空气（状态点"1"），经调节阀节流降压至状态点"2"，再经射气抽气器引射部分低压空气至混合气状态点"3"，然后经再热至第一台膨胀机（T1）入口状态点"4"，依次经 T1、T2、T3、T4 膨胀做功后排出。需要说明的是，四台膨胀机的排气以及大气均可作为射气抽气器的低压气源，图 4-9 中的虚线，实际运行时只使用一种低压气源。

对于旧配气机构（不含射气抽气器）的蓄热式压缩空气储能系统，只需将图 4-9 的射气抽气器去掉即为其结构简图，此时，状态点"2"与"3"是相同的。

下面以状态点为下标标注各状态量。需要说明的是，新旧配气机构蓄热式压缩空气储能系统膨胀段特性只与 T1 入口压力 P_4 或流量 G_4 有关（注：G_4 与 P_4 近似呈正比关系，T4 入口温度近似恒定）。

2. 蓄热式压缩空气储能系统稳态工况特性

根据 10MW 不含射气抽气器蓄热式压缩空气储能系统的宽范围稳态工况数据，给出其基本特性。

（1）储气罐压缩空气压力 $P_1 \leqslant 10$MPa，调节阀后压力 $P_2 \leqslant 10$MPa。

（2）每次再热过程的压损为 $\delta P \approx 0.2$bar，即 $P_i = P_{i+1} + \delta P$（$i=3$，5，7，9），再热后气体温度为 $T_4 = T_6 = T_8 = T_{10} = 435.42$K。

（3）质量流量 G_4 随膨胀段入口压力 P_4 近似呈线性关系

$$G_4 = 3.6515 \times 10^{-6} P_4 - 0.2205 \tag{4-17}$$

（4）随 P_4 增加，T1、T2 膨胀比恒定不变，T3、T4 单调递增，即：

$$P_4/P_5 = P_6/P_7 = 2.8192 \tag{4-18a}$$

$$P_8/P_9 = 2.733e^{0.006\,157P_4 \times 10^{-6}} - 2.759e^{-0.6267P_4 \times 10^{-6}} \tag{4-18b}$$

$$P_{10}/P_{11} = 0.3397P_4 \times 10^{-6} + 0.4413 \tag{4-18c}$$

（5）T4 的膨胀比变化较大，其等熵效率变化也较大。T4 入口比焓 h_{10} 可以查表得到，同时根据其排气压力 P_{11} 及温度 T_{11}〔见式（4-19a）〕，查表确定其排气焓 h_{11}。进而可得，T4 的输出功率 $W_{\text{out},\text{T4,Old}}$〔见式（4-19b）〕。

$$T_{11} = 50.46e^{-[(P_4 \times 10^{-6} + 0.2933)/4.899]^2} + 2214e^{-[(P_4 \times 10^{-6} + 167.8)/126.9]^2} \tag{4-19a}$$

$$W_{\text{out},\text{T4,Old}} = G_4(h_{10} - h_{11}) \tag{4-19b}$$

（6）气体在膨胀机 T1、T2、T3 中做功过程的膨胀比接近，其等熵效率近似相等，即 $\zeta_{\text{T1}} = \zeta_{\text{T2}} = \zeta_{\text{T3}} = \zeta_{\text{T}} = 0.88$，则有

$$W_{\text{out,Old}} - W_{\text{out,T4,Old}} = W_{\text{out,T1,Old}} + W_{\text{out,T2,Old}} + W_{\text{out,T3,Old}}$$
$$= G_4 \cdot \xi[(h_4 - h_{5t}) + (h_6 - h_{7t}) + (h_8 - h_{9t})] \tag{4-20}$$

式中 $W_{\text{out,T1,Old}}$，$W_{\text{out,T2,Old}}$，$W_{\text{out,T3,Old}}$——T1、T2、T3 的输出功率；

h_{5t}、h_{7t}、h_{9t}——T1、T2、T3 以等熵过程膨胀到相同出口压力时的出口比焓，下标 Old 表示不含射气抽气器的旧配气结构蓄热式压缩空气储能系统。

（7）大气压力 $P_{12} \equiv 1$atm，只考虑大气温度 T_{12} 的变化。

由于不含射气抽气器，$G_2 = G_4$，$P_4 = P_2 - \delta P$，因此根据式（4-19b）、式（4-20）可得

$$W_{\text{out,Old}} = \sum_{i=1}^{4} W_{\text{out,T}_i,\text{Old}}$$
$$= G_2[\xi[(h_4 - h_{5t}) + (h_6 - h_{7t}) + (h_8 - h_{9t})] + (h_{10} - h_{11t})] \tag{4-21}$$

根据式（4-17）、式（4-18）可得各膨胀机膨胀比随流量的变化，膨胀比如图 4-10（a）所示，T1、T2 的膨胀比相等，与 T3 的膨胀比相差不大，但与 T4 的膨胀比有明显差别。因此，T1、T2 的释能功率几乎相同，与 T3 的释能功率相差较小，T4 的释

能功率增长率最大，释能功率如图 4-10（b）所示。

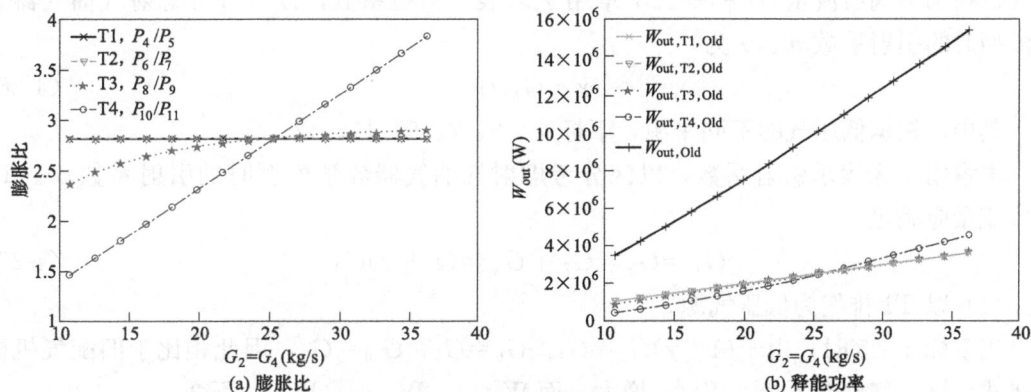

图 4-10　不含射气抽气器蓄热式压缩空气储能系统释能参数随流量的变化

3. 射气抽气器主要气源参数范围的确定

由图 4-9 所知，射气抽气器的主要气源参数如下。

（1）工作气体参数，即状态点 2 对应的流量 G_2 和压力 P_2。

工作气体参数可以通过调节阀在大范围内调节其流量和压力。工作气体温度可以近似认为恒定，即 $T_2=310\mathrm{K}$。

（2）低压气源参数，由抽气口参数决定。

低压气源参数由第一台膨胀机入口压力 P_4（或流量）以及抽气口决定。根据式（4-17）、式（4-18）可得各抽气口气体压力与 P_3 的关系。可以得到各抽气口气体温度与当地压力的关系

$$T_5 = -5.867 \times 10^{-7} P_5 + 337.5 \tag{4-22a}$$

$$T_7 = -7.628 \times 10^{-7} P_7 + 337.8 \tag{4-22b}$$

$$T_9 = 1.853 \times 10^{12} P_9^{-2.125} + 333.3 \tag{4-22c}$$

$$T_{11} = -0.00467 P_{11} + 805.2 \tag{4-22d}$$

（3）混合气参数，即状态点 3 对应的流量 G_3 和压力 P_3。

射气抽气器的作用是通过工作气流流量 G_2，夹带裹挟低压气体流量 G_x，形成中压混合气流量 $G_3=G_4$，引射系数为

$$w = G_x / G_2 \tag{4-23}$$

其中，根据低压气的不同来源，下标 $x=5$，7，9，11，12。T1 入口流量应满足

$$G_4 = G_3 = G_2 + G_x = (1+w)G_2 \tag{4-24}$$

当 G_4 为已知量时，可得

$$P_3 = P_4 + \delta P \tag{4-25}$$

四、新旧配气机构性能对比研究——不考虑射气抽气器

1. 新配气机构蓄热式压缩空气储能释能段功率计算模型

本节分别讨论图 4-9 中五种气源条件下含射气抽气器蓄热式压缩空气储能系统释能

段的功率，并且考虑计及或不计卷吸气额外再热两种情况。为便于分析计算，设定新旧配气机构调节阀后流量 G_2 相等。本章用 γ 来表示引射系数，以区分考虑射气抽气器数学模型时的引射系数 w、γ 为

$$\gamma = G_x/G_2 \tag{4-26}$$

其中，根据低压气的不同来源，下标 $x=5$、7、9、11、12。

本章用 γ 来表示引射系数，以区分考虑射气抽气器数学模型时的引射系数 w。T1 入口流量应满足

$$G_4 = G_3 = G_2 + G_x = (1+\gamma)G_2 \tag{4-27}$$

（1）以 T1 排气为低压气源。

当下标 $x=5$ 时，由于 $(1+\gamma)G_2 = G_4 > G_6 = G_8 = G_{10} = G_2$，因此相比于旧配气机构蓄热式压缩空气储能系统，$W_{out,T1}$ 增大，而 $W_{out,T2}$、$W_{out,T3}$、$W_{out,T4}$ 不变。

卷吸气经由状态点"5"至"4"，再热过程的比焓升为 (h_4-h_5)。计及/不计卷吸气额外再热两种情况的系统功率分别为

$$
\begin{aligned}
W_{out,JJ} &= \sum_{i=1}^{4} W_{out,Ti} - \gamma G_2 h_{5-4} \\
&= G_2 \left[(1+\gamma)\xi(h_4-h_{5t}) + \xi[(h_6-h_{7t})+(h_8-h_{9t})](h_{10}-h_{11}) - \gamma h_{5-4} \right]
\end{aligned}
\tag{4-28a}
$$

$$
\begin{aligned}
W_{out,BJ} &= \sum_{i=1}^{4} W_{out,Ti} \\
&= G_2 \left[(1+\gamma)\xi(h_4-h_{5t}) + \xi(h_6-h_{7t}) + \xi(h_8-h_{9t}) + (h_{10}-h_{11}) \right]
\end{aligned}
\tag{4-28b}
$$

式中 $h_{i-j}=h_j-h_i$——再热过程由状态点"i"至状态点"j"的比焓升，下标 JJ、BJ 分别表示计及、不计卷吸气额外再热。

（2）以 T2 排气为低压气源。

当 $x=5$ 时，由于 $(1+\gamma)G_2 = G_4 = G_6 > G_8 = G_{10} = G_2$，同上 $W_{out,T1}$、$W_{out,T2}$ 增大，而 $W_{out,T3}$、$W_{out,T4}$ 不变。

卷吸气经由状态点"7"至"4"，以及"5"至"6"时，再热过程的比焓升分别为 (h_4-h_7)、(h_6-h_5)。计及/不计卷吸气额外再热两种情况的系统功率分别为：

$$
\begin{aligned}
W_{out,JJ} &= \sum_{i=1}^{4} W_{out,Ti} - \gamma G_2 (h_{7-4}+h_{5-6}) h_{5-4} \\
&= G_2 \left[(1+\gamma)\xi[(h_4-h_{5t})+(h_6-h_{7t})] + \xi(h_8-h_{9t}) + (h_{10}-h_{11}) - \gamma(h_{7-4}+h_{5-6}) \right]
\end{aligned}
\tag{4-29a}
$$

$$
\begin{aligned}
W_{out,BJ} &= \sum_{i=1}^{4} W_{out,Ti} \\
&= G_2 \left[(1+\gamma)\xi[(h_4-h_{5t})+(h_6-h_{7t})] + \xi(h_8-h_{9t}) + (h_{10}-h_{11}) \right]
\end{aligned}
\tag{4-29b}
$$

（3）以 T3 排气为低压气源。

当 $x=9$ 时，$(1+\gamma)G_2 = G_4 = G_6 = G_8 > G_{10} = G_2$，此时 $W_{out,T1}$、$W_{out,T2}$、$W_{out,T3}$ 增

大，而 $W_{\text{out,T4}}$ 不变。

卷吸气经由状态点"9"至"4"、"5"至"6"，以及"7"至"8"时，再热过程的比焓升分别为 (h_4-h_9)、(h_6-h_5)、(h_8-h_7)。计及/不计卷吸气额外再热两种情况的系统功率分别为

$$W_{\text{out,JJ}}=\sum_{i=1}^{4}W_{\text{out,T}i}-\gamma G_2(h_{9-4}+h_{5-6}+h_{7-8})$$
$$=G_2\{(1+\gamma)\xi[(h_4-h_{5t})+(h_6-h_{7t})+(h_8-h_{9t})]+(h_{10}-h_{11})-\gamma(h_{9-4}+h_{5-6}+h_{7-8})\}$$
(4-30a)

$$W_{\text{out,BJ}}=\sum_{i=1}^{4}W_{\text{out,T}i}$$
$$=G_2\{(1+\gamma)\xi[(h_4-h_{5t})+(h_6-h_{7t})+(h_8-h_{9t})]+(h_{10}-h_{11})\}$$
(4-30b)

（4）以 T4 排气为低压气源。

当 $x=11$ 时，$(1+\gamma)G_2=G_4=G_6=G_8=G_{10}>G_2$，此时 $W_{\text{out,T1}}$、$W_{\text{out,T2}}$、$W_{\text{out,T3}}$、$W_{\text{out,T4}}$ 均增大。

卷吸气经由状态点"11""4"及"5"至"6"、"7"至"8"，以及"9"至"10"时，再热过程的比焓升分别为 (h_4-h_{11})、(h_6-h_5)、(h_8-h_7)、$(h_{10}-h_9)$。计及/不计卷吸气额外再热两种情况的系统功率分别为

$$W_{\text{out,JJ}}=\sum_{i=1}^{4}W_{\text{out,T}i}-\gamma G_2(h_{11-4}+h_{5-6}+h_{7-8}+h_{9-10})$$
$$=G_2[(1+\gamma)\xi[(h_4-h_{5t})+(h_6-h_{7t})+(h_8-h_{9t})]+(1+\gamma)(h_{10}-h_{11})-\gamma(h_{11-4}+h_{5-6}+h_{7-8}+h_{9-10})]$$
(4-31a)

$$W_{\text{out,BJ}}=\sum_{i=1}^{4}W_{\text{out,T}i}$$
$$=G_2\{(1+\gamma)\xi[(h_4-h_{5t})+(h_6-h_{7t})+(h_8-h_{9t})]+(1+\gamma)(h_{10}-h_{11})\}$$
(4-31b)

（5）以大气为低压气源。

当 $x=12$ 时，与以 T4 排气为低压气源相比，唯一不同在于卷吸气的第一次再热不同。计及/不计卷吸气额外再热两种情况的系统功率分别为

$$W_{\text{out, JJ}}=\sum_{i=1}^{4}W_{\text{out, T}i}-\gamma G_2(h_{12-4}+h_{5-6}+h_{7-8}+h_{9-10})$$
$$=G_2[(1+\gamma)\xi[(h_4-h_{5t})+(h_6-h_{7t})+(h_8-h_{9t})]+(1+\gamma)(h_{10}-h_{11})-\gamma(h_{12-4}+h_{5-6}+h_{7-8}+h_{9-10})]$$
(4-32a)

$$W_{\text{out, BJ}}=\sum_{i=1}^{4}W_{\text{out, T}i}$$
$$=G_2\{(1+\gamma)\xi[(h_4-h_{5t})+(h_6-h_{7t})+(h_8-h_{9t})]+(1+\gamma)(h_{10}-h_{11})\}$$
(4-32b)

相比于旧配气机构蓄热式压缩空气储能系统，计及/不计卷吸气额外再热时新配气

机构蓄热式压缩空气储能系统的功率增量分别为

$$\Delta W_{out,JJ} = W_{out,JJ} - W_{out,Old} \tag{4-33a}$$

$$\Delta W_{out,BJ} = W_{out,BJ} - W_{out,Old} \tag{4-33b}$$

根据分析可知，卷吸气会增加做功气体量，进而增大蓄热式压缩空气储能系统的释能功率，但同时卷吸气额外再热过程也会吸收大量的热。尽管再热过程的热量来自压缩过程的废热，但这种废热是有限的，在释能过程后期势必会影响原储气罐压缩空气再热后的温度。因此，需要考虑卷吸气额外再热对于提升系统释能功率的影响，这里用卷吸气额外再热对释能功率增量贡献的效率公式来表示，即系统功率增量与卷吸气额外再热之比

$$\eta = \frac{W_{out,BJ} - W_{out,Old}}{W_{out,BJ} - W_{out,JJ}} = \frac{\Delta W_{out,BJ}}{\Delta W_{out,BJ} - \Delta W_{out,JJ}} \times 100\% \tag{4-34}$$

2. 新旧配气机构蓄热式压缩空气储能系统释能功率对比分析

旧配气机构蓄热式压缩空气储能系统释能功率如第二节第三部分所述。对于新配汽机构蓄热式压缩空气储能系统，抽气口后面的膨胀机流量为 G_2，将其代入式（4-17）获得 P_4，进而获得抽气口后各膨胀机压比及其进出口压力等参数。下面分别就五种低压气源，着重讨论不同引射系数对释能功率的影响。

（1）以 T1 排气为气源。

如前所述，$G_4 = (1+\gamma)G_2$，即 T1 的做功气体流量增大。由于释能功率与流量近似呈正比关系，以 T1 排气为低压气源时，不同引射系数下蓄热式压缩空气储能系统膨胀段释能功率增量随流量的变化如图 4-11 所示，因此功率增量 $\Delta W_{out,BJ}$ 随 G_2 单调正比增大，以 T1 排气为低压气源时，不同引射系数下效率随流量的变化如图 4-12 所示；当 G_2 一定时，$\Delta W_{out,BJ}$ 随 γ 增加而增大；G_2 为额定流量 25.34kg/s 时，$\Delta W_{out,BJ}$ 可达 1～2 兆瓦量级。然而，当计及卷吸气额外再热时，释能功率增量 $\Delta W_{out,JJ}$ 很小，只有几十千瓦量级，如图 4-13 所示。

实际上，$\Delta W_{out,BJ}$ 由两部分组成，其一为卷吸气在 T1 中的额外做功，其二为储气罐流量 G_2 由于 P_4 增加而引起的做功量增加；而 $\Delta W_{out,JJ}$ 仅由第二部分组成。因此，$\Delta W_{out,JJ} \ll \Delta W_{out,BJ}$，且 $\Delta W_{out,JJ}$ 近似随 G_2 或 γ 单调增加。

显然，由于 $\Delta W_{out,JJ} > 0$，根据式（4-34）可知，卷吸气额外再热对释能功率增量贡献的效率 $\eta > 1$，如图 4-12 所示。实际上，虽然卷吸气的额外再热等于其在 T1 中的额外做功（即二者相互抵消），但原储气罐流量的做功能力增大（P_4 增加），使得卷吸气额外再热量小于其引起的系统释能功率增量，即 $\eta > 1$。需要特别说明的是，图 4-12 中 $\gamma = 0.1$ 时，曲线呈现波折变化，这是因为 $\Delta W_{out,JJ} = (W_{out,T_1} - W_{out,T_1,Old}) - G_2\gamma h_{5-4}$（即 T1 释能功率增加量与卷吸气额外再热量之差）呈现小幅度的波折变化，图 4-11（b）中 $\gamma = 0.1$。

（2）以 T2 排气为气源。

以 T2 排气为低压气源时卷吸气依次经过 T1、T2 做功，因此相比于以 T1 排气为低

(a) $\Delta W_{\text{out,BJ}}$　(b) $\Delta W_{\text{out,JJ}}$

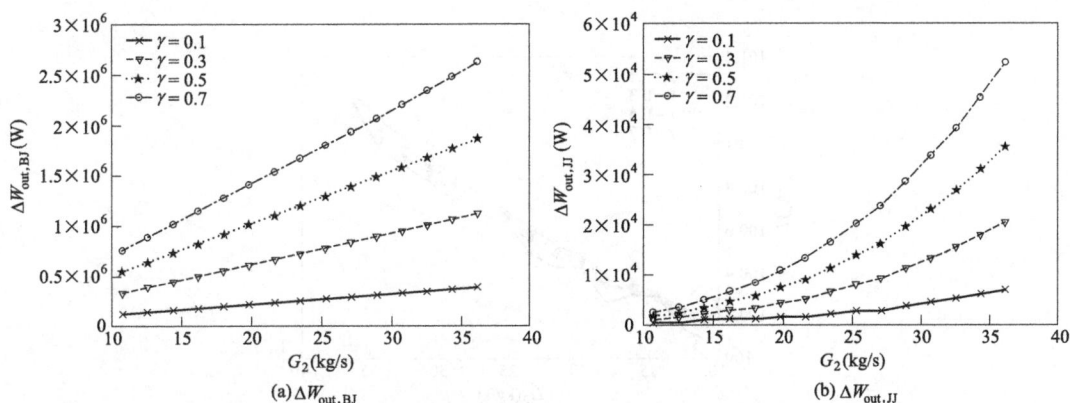

图 4-11　以 T1 排气为低压气源时，不同引射系数下蓄热式
压缩空气储能系统膨胀段释能功率增量随流量的变化

压气源，$\Delta W_{\text{out,BJ}}$ 明显增大，对比图 4-11
（a）与图 4-13（a）。然而，$\Delta W_{\text{out,JJ}}$ 增幅较
小，对比图 4-11（b）与图 4-13（b），说
明原储气罐气体流量 G_2 在 T2 中做功的增
量不大。根据式（4-34）可知，相比于以
T1 排气为低压气源（见图 4-12），以 T2
排气为低压气源时 η 减小（见图 4-14）。
图 4-14 中 $\gamma=0.1$ 时曲线呈现波折变化是
由于图 4-13（b）中 $\gamma=0.1$ 时，T1、T2
释能功率增加量之和与卷吸气额外再热量
的差呈现小幅度的波折变化，释能功率为

图 4-12　以 T1 排气为低压气源时，
不同引射系数下效率随流量的变化

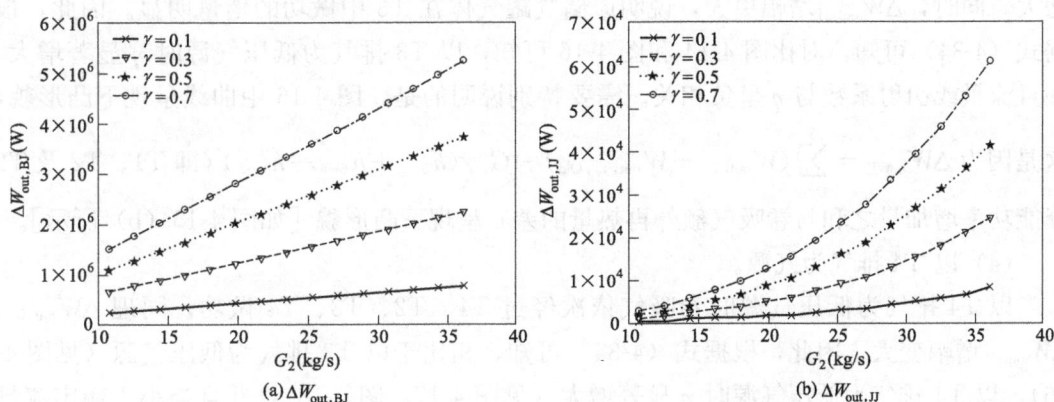

$$\Delta W_{\text{out, JJ}} = \sum_{i=1}^{2}(W_{\text{out, }T_i} - W_{\text{out, }T_i,\text{ Old}}) - G_2\gamma(h_{7-4}+h_{5-6})$$

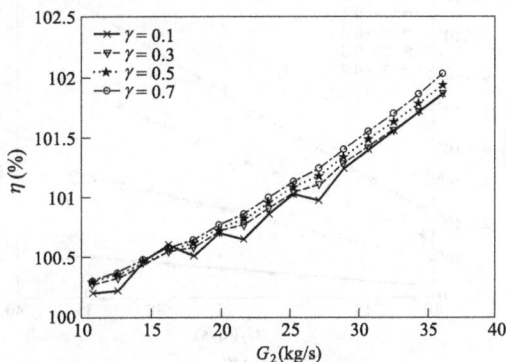

(a) $\Delta W_{\text{out,BJ}}$　(b) $\Delta W_{\text{out,JJ}}$

图 4-13　以 T2 排气为低压气源时，不同引射系数下蓄热式压缩空气储能系统效率随流量的变化

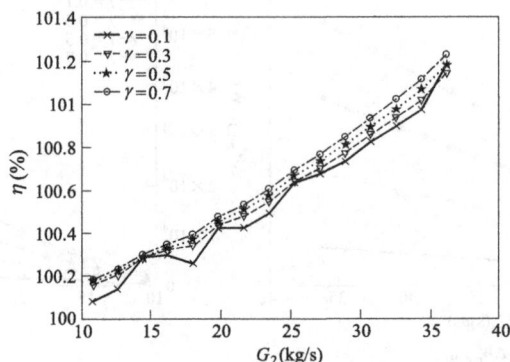

图 4-14　以 T2 排气为低压气源时，不同引射系数下效率随流量的变化

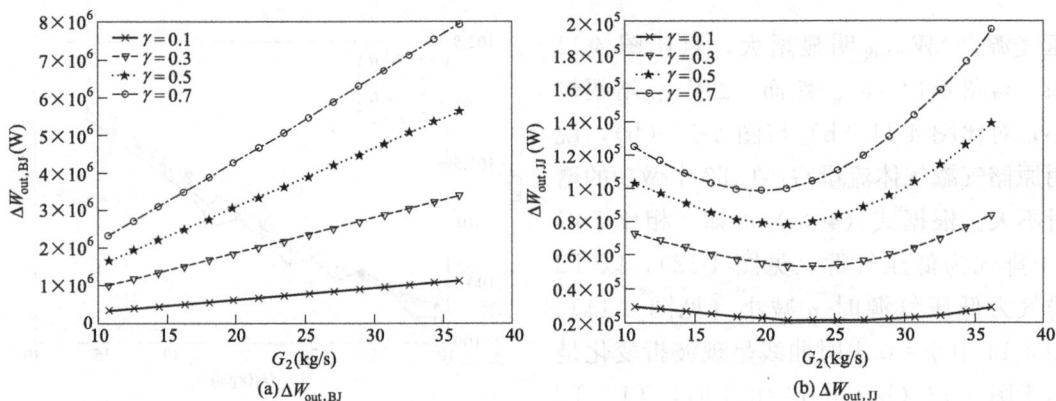

(a) $\Delta W_{\text{out,BJ}}$　　　　　　　　(b) $\Delta W_{\text{out,JJ}}$

图 4-15　以 T3 排气为低压气源时，不同引射系数下蓄热式压缩空气储能系统效率随流量的变化

（3）以 T3 排气为气源。

以 T3 排气为低压气源时卷吸气依次经过 T1、T2、T3 做功，$\Delta W_{\text{out,BJ}}$、$\Delta W_{\text{out,JJ}}$ 明显增大。同时，$\Delta W_{\text{out,JJ}}$ 增幅更大，说明原储气罐气体在 T3 中做功的增量明显。因此，根据式（4-34）可知，对比图 4-14 和图 4-16 可知，以 T3 排气为低压气源时 η 显著增大，并且流量或引射系数与 η 呈负相关。需要特别说明的是，图 4-16 中曲线呈现下凸形貌，这是因为 $\Delta W_{\text{out,JJ}} = \sum_{i=1}^{3}(W_{\text{out,T}_i} - W_{\text{out,T}_i,\text{Old}}) - G_2\gamma(h_{9-4} + h_{5-6} + h_{7-8})$（即 T1、T2 及 T3 释能功率增加量之和与卷吸气额外再热量的差）呈现下凸形貌［如图 4-15（b）所示］。

（4）以 T4 排气为气源。

以 T4 排气为低压气源时卷吸气依次经过 T1、T2、T3、T4 做功，同理 $\Delta W_{\text{out,BJ}}$、$\Delta W_{\text{out,JJ}}$ 增幅变大。因此，根据式（4-34）可知，相比于以 T3 排气为低压气源（见图 4-16），以 T4 排气为低压气源时 η 显著增大（见图 4-17、图 4-18），并且当小于额定流量时，流量越小或引射系数越小，则 η 越大。值得注意的是，η 可达 120％以上，并且当 γ 较大时（比如 $\gamma = 0.7$），在全流量范围内 $\eta > 114\%$。

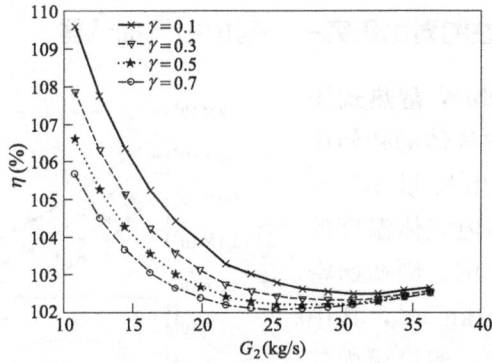

图 4-16 以 T3 排气为低压气源时，不同引射系数下效率随流量的变化

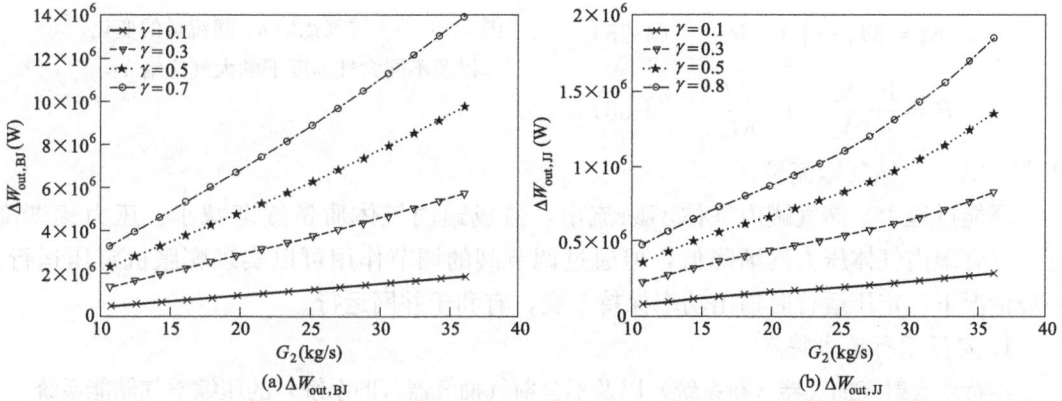

(a) $\Delta W_{out,BJ}$

(b) $\Delta W_{out,JJ}$

图 4-17 以 T4 排气为低压气源时，不同引射系数下蓄热式压缩空气储能系统效率随流量的变化

（5）以大气为气源。

对比方程式（4-31a）和式（4-32a）可知，选 T4 排气或大气为低压气源的唯一不同之处在于 $h_{11-4} \neq h_{12-4}$，即 $h_{11} \neq h_{12}$。若 $h_{12} > h_{11}$，则以大气为低压气源时，卷吸气的额外再热量较小，此时宜选取大气为低压气源；反之，宜选取 T4 排气为低压气源。基于上述分析，着重考察不同卷吸气引射系数下 h_{11} 随流量 G_2 变化，并对比不同环境温度 T_{12} 对应的空气比焓 h_{12}，T4 排气比焓 h_{11} 随流量的变化，以及不同大气温度下的大气比焓 h_{12} 如图 4-19 所示，h_{11} 随流量 G_2

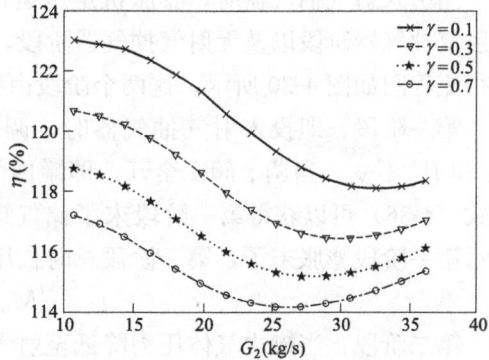

图 4-18 以 T4 排气为低压气源时，不同引射系数下效率随流量的变化

单调减小，且引射系数越大 h_{11} 越小；当大气温度 T_{12} 较低时（$T_{12} = 20\text{℃}$），额定流量以下的工况均满足 $h_{12} < h_{11}$，此时不宜选大气为低压气源；对于极端热天气（$T_{12} = 40\text{℃}$），在较低的流量范围内（$G_2 < 20\text{kg/s}$）均使得 $h_{12} < h_{11}$，此时不宜选用大气为低压气源；一般地，当 G_2 大于额定流量且 γ 较大时，可适当考虑采用大气为低压气源。

五、新旧配气机构性能对比研究——考虑射气抽气器

对于本文涉及的 10MW 蓄热式压缩空气储能系统，其罐内气体的初始压力为 $P_0 = 10\text{MPa}$、初始质量 $M_0 = 508\ 716.2334\text{kg}$，忽略罐内气体温度的变化，其温度为 $T_0 = 310\text{K}$，则初始密度 $\rho_0 = M_0/V = 112.3681\text{kg/m}^3$，其中罐内体积 $V = 4527.23\text{m}^3$。假设罐内气体为理想气体，则释能过程中储气罐内剩余气体的质量、压力分别为

$$M = M_0 - \int_0^t G_1 \mathrm{d}t \qquad (4\text{-}35)$$

$$P = \frac{P_0}{\rho_0} \frac{M}{V} = P_0 \frac{M}{M_0} \qquad (4\text{-}36)$$

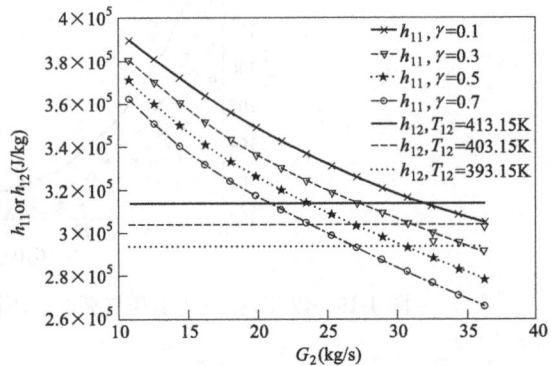

图 4-19　T4 排气比焓 h_{11} 随流量的变化，以及不同大气温度下的大气比焓 h_{12}

式中　G_1——储气罐流量。

释能过程中，储气罐内气体不断流出，造成罐内气体质量逐渐减小、压力逐渐降低。尽管罐内气体压力逐渐降低，但通过调节阀的调节作用可以实现膨胀机定压运行。一般情况下，定压运行时输出功率保持不变，有利于并网运行。

1. 定压运行基本特点

本特点含射气抽气器（新系统）以及不含射气抽气器（旧系统）的压缩空气储能系统。

（1）含射气抽气器的压缩空气储能系统。

当引入射气抽气器时，膨胀机定压运行（即 P_4 保持不变）将分为两个阶段，即投入射气抽气器阶段以及无射气抽气器阶段，含射气抽气器压缩空气储能系统释能段定压运行流程图如图 4-20 所示。这两个阶段由射气抽气器的工作压力 P_P（$=P_2$）决定。

第一阶段：即投入射气抽气器时，调节阀 2 关闭，通过调整调节阀 1 以保持 P_P、P_3 和 P_4 不变。当调节阀 1 全开，即罐内气体压力 $P = P_1 = P_P$ 时，第一阶段结束。根据式（4-36）可以获得第一阶段末了储气罐内的空气质量 $M_1 = M_0 P_P/P_0$，此处角标 1 表示第一阶段膨胀末了，第一阶段总时长用 t_1 表示为

$$t_1 = (M_0 - M_1)/G_2 \qquad (4\text{-}37)$$

第二阶段：当罐内气体压力降低至射气抽气器的工作压力 P_P 时，调节阀 1 关闭，调节阀 2 开启以控制 P_3、P_4 保持不变，直至罐内气体压力 $P = P_4 + 0.2\text{MPa}$ 时定压运行工况结束。第二阶段末了的时间用 t_2 表示，此时罐内气体质量为 $M_2 = M_0(P_4 + 2 \times 10^5)/P_0$，且第二阶段总时长为：

$$t_2 - t_1 = (M_1 - M_2)/G_4 \qquad (4\text{-}38)$$

（2）不含射气抽气器的压缩空气储能系统。

不含射气抽气器的压缩空气储能系统，只需将图 4-20 所示的调节阀 1 和射气抽气器去除即可。为了对比两种系统的定压工况，这里约定不含射气抽气器压缩空气储能系统

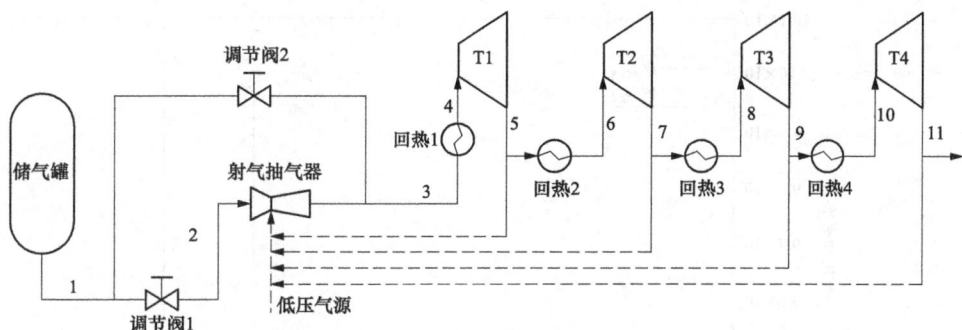

图 4-20　含射气抽气器压缩空气储能系统释能段定压运行流程图

的流量＝含射气抽气器压缩空气储能系统的储气罐流量 G_2，其流量通过调节阀 2 控制。

下面分别讨论以 T1、T2 排气为低压气源时，不同定压工况下，含或不含射气抽气器时，10MW 蓄热式压缩空气储能系统的释能特性。

2. 以 T1 排气为低压气源时，不同定压工况下 10MW 蓄热式压缩空气储能系统的释能特性

（1）定压工况（$P_4＝7$MPa）。

对于定压工况 $P_4＝7$MPa：流量 $G_4＝25.34$kg/s，再热压损 $\delta P \approx 0.2$bar，则混合气压力 $P_c＝P_3＝P_4＋\delta P$，即 $P_c＝7.2$MPa，以 T1 缸排气为低压气源的引射气体压力 $P_e＝P_4/2.8192$。根据前文分析，当工作气体压力 $P_P＝P_2$ 不同时，可设计实现的最大引射系数 w_{max} 随 P_P 的增大而增加，因此 P_P 的选择至关重要。

图 4-21 为工作气体压力 $P_P＝8$MPa 时，输出功率随着释能时间变化的规律，t_1 为含射气抽气器定压运行的释能时间，$t_1－t_2$ 时间段内为不含射气抽气器定压运行的释能时间，t_2 为定压运行的总的释能时间。在 $0 \sim t_1$ 时间段内，储气罐压力逐渐降低，在 $t＝t_1$ 时刻罐内压力降低至 8MPa（此时图 4-20 中的调节阀门 1 全开），输出功率为 W_{out1} 保持一个定值。当 $t＞t_1$ 时，罐内压力小于 8MPa，此时需要切断射气抽气器，通过另一个调节回路调节，此时无低压气源抽气，因此输出功率为 $W_{out2}＝10$MW 比含射气抽气器时的输出功率要大。

在图 4-21 的释能过程中，罐内压力不断降低，为了保持 $P_p＝P_2$ 不变需要将调节阀门开大。当罐内压力降低至 8MPa 时，需要关闭射气抽气器回路，否则会因工作气体压力不足而无法保持额定工况运行；此时罐内气体压力仍然大于 7.2MPa，将配气机构切换至单一的调节阀回路，通过调节阀门开度仍然可以维持系统额定工况运行。当罐内气体压力小于 7.2MPa 时，系统只能低于所选定压工况运行。

实际设计时，工作压力 $P_P＝P_2$ 可取的变化范围为 7.5～10.0MPa。在此范围内，可以实现的最大引射系数差别较大，定压运行 $P_4＝7$MPa 时，工作气体压力对最大引射系数的影响如图 4-22 所示，随着工作压力的增大，最大引射系数 w_{max} 线性增大。引射气体流量 $m_e＝G_4 \times (1＋w_{max})/w_{max}＝G_4－G_2$。

图 4-23 为定压运行的总时间 t_2 和含射气抽气器定压运行的时间 t_1 随工作气体压力

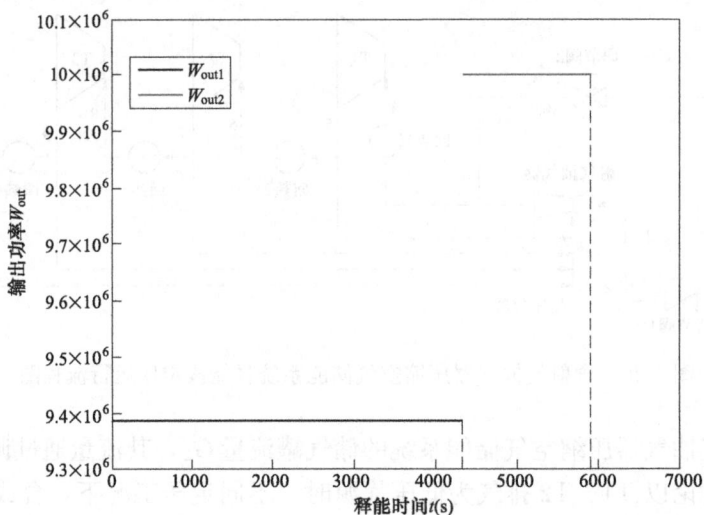

图 4-21　定压运行 $P_4 = 7\text{MPa}$，工作气体压力 $P_P = P_2 = 8\text{MPa}$ 时，输出功率随时间的变化

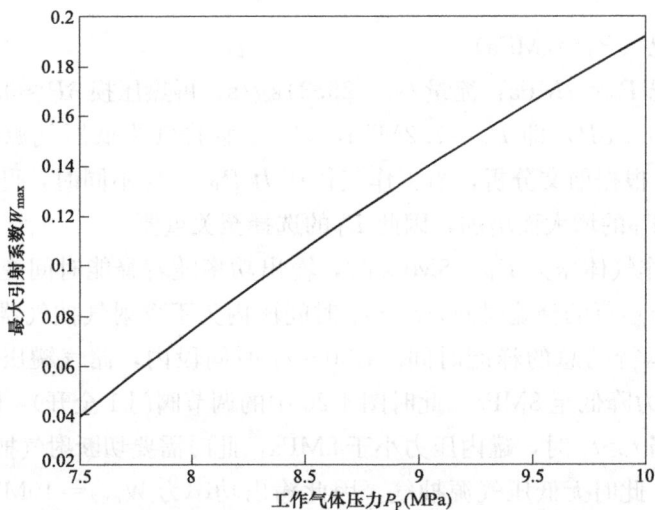

图 4-22　定压运行 $P_4 = 7\text{MPa}$ 时，工作气体压力对最大引射系数的影响

变化的规律，定压运行的总时间 t_2 与工作气体压力的关系大致趋势呈现抛物形，含射气抽气器定压运行的时间随工作气体压力变化的规律大致为直线，在 10MPa 时 t_1 为 0。定压运行的总时间 t_2 在 8.3~8.5MPa 内达到最大值。在最大值附近，随着工作压力的变化，总时间变化不大，与总时间的最大值相差不大。

图 4-24 为被卷吸的低压气体（T1 缸排气）总量 $M_e = t_1 \times m_e$ 随工作气体压力变化的规律，大致呈抛物形，在 P_P 从 7.5MPa 增加到 M_e 最大值对应的工作压力以前，被卷吸总量随着工作压力增大而增大，之后被卷吸的气体总量随着工作压力的增大而减小。被卷吸气体总量 M_e 在 $P_P = 8.3~8.5\text{MPa}$ 范围内达到最大值，并且在最大值附近，随着工作压力变化，被卷吸的总量变化不大，M_e 的最大值大约是 8000kg。

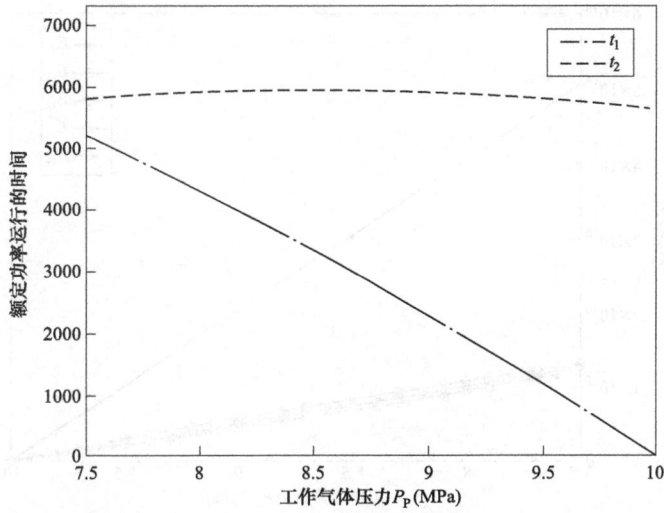

图 4-23　定压运行 $P_4 = 7\text{MPa}$ 时，工作气体压力对定压运行总时间 t_2 的影响

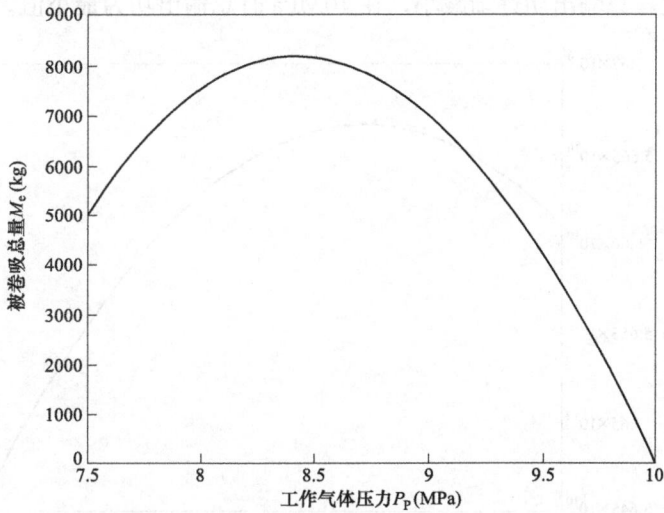

图 4-24　定压运行 $P_4 = 7\text{MPa}$ 时，工作气体压力对被卷吸气体总量 M_e 的影响

　　图 4-25 为各个膨胀机输出功以及含射气抽气器的时间做的总功随工作气体压力变化的规律。E_1 为含射气抽气器的时间做的总功，$E_1 = E_{t1} + E_{t2} + E_{t3} + E_{t4}$，在 7.5MPa 达到最大值。$E_{t1}$ 为 T1 膨胀机的输出功，它变化幅度最大，是所有输出功里面的最大值，E_{t2} 和 E_{t3} 分别为 T2 膨胀机的输出功和 T3 膨胀机的输出功，两者变化趋势基本一致，变化幅度也基本相同。E_{t4} 为 T4 膨胀机的输出功，它在这四个膨胀机中输出功变化幅度最小。

　　图 4-26 为总输出功随着工作气体压力变化的规律，大致趋势呈现半抛物形的形状。总输出功为 E，$E = W_1 \times t_1 + W_2 \times (t_2 - t_1)$，$W_1 = W_{T1} + W_{T2} + W_{T3} + W_{T4}$，$W_1$ 为含射气抽气器的总输出功率，W_{T1}、W_{T2}、W_{T3}、W_{T4} 分别为 T1、T2、T3、T4 膨胀机的输出功率；$W_2 = 10\text{MW}$。P_P 在 7.5~8MPa 内总输出功变化很小，在 8MPa 到 10MPa 范围内，随着工

117

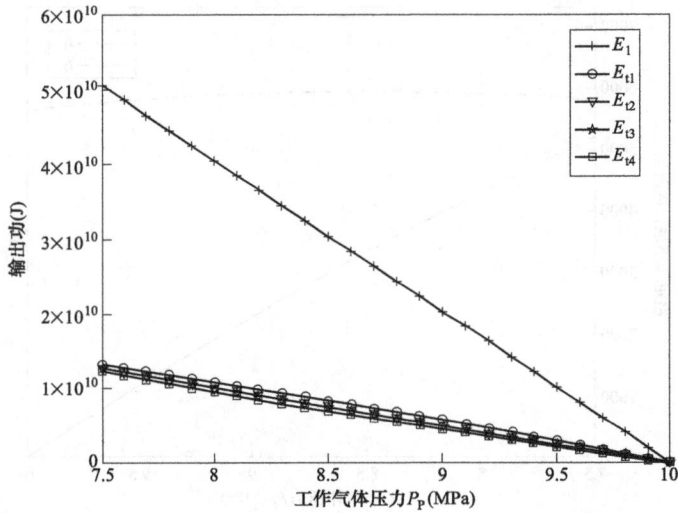

图 4-25　定压运行 $P_4 = 7\text{MPa}$ 时，工作气体压力对输出功的影响

作气体压力的增大，总输出功逐渐减小，在 10MPa 时总输出功为最小值。

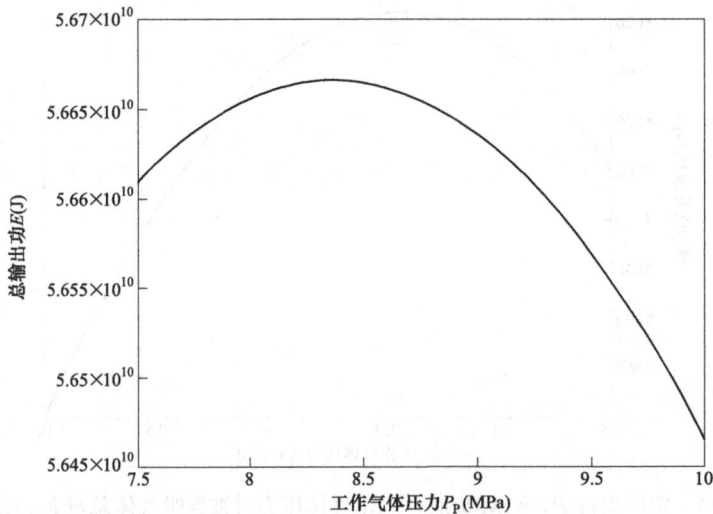

图 4-26　定压运行 $P_4 = 7\text{MPa}$ 时，工作气体压力对总输出功的影响

图 4-27 为旧系统的总输出功 EE 随着工作气体压力变化的规律，大致趋势呈现下降的趋势，在 7.5MPa 旧系统的总输出功为最大值。

图 4-28 为系统的总输出功增幅随着工作气体压力变化的规律，旧系统总输出功为 EE，含射气抽气器的新系统的总输出功为 E，总输出功增幅为 $(E - EE)/EE$ 大致趋势呈现上升的趋势，在 10.0MPa 时增幅达到最大值。

图 4-29 为系统的旧系统的定压压力 PP_4 随着工作气体压力变化的规律，大致呈现下降趋势，含射气抽气器的系统是在定压压力 P_4 为 7MPa 时，而旧系统的定压压力最大值小于 7MPa，这是因为旧系统的流量为新系统中的 $G_2 = G_4 - m_e$。

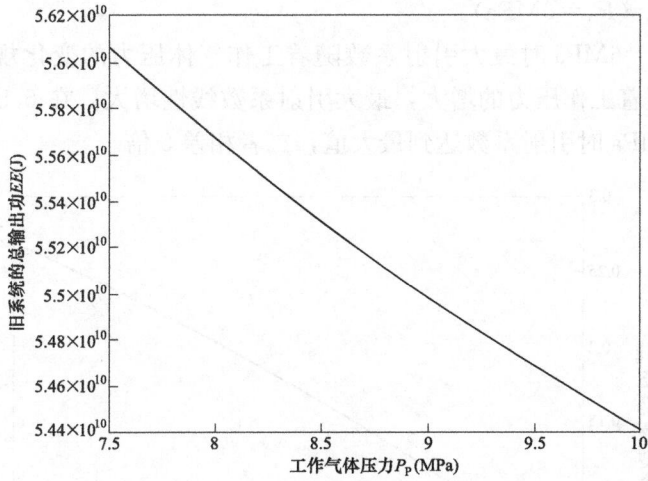

图 4-27　定压运行 $P_4=7\mathrm{MPa}$ 时，工作气体压力对旧系统总输出功的影响

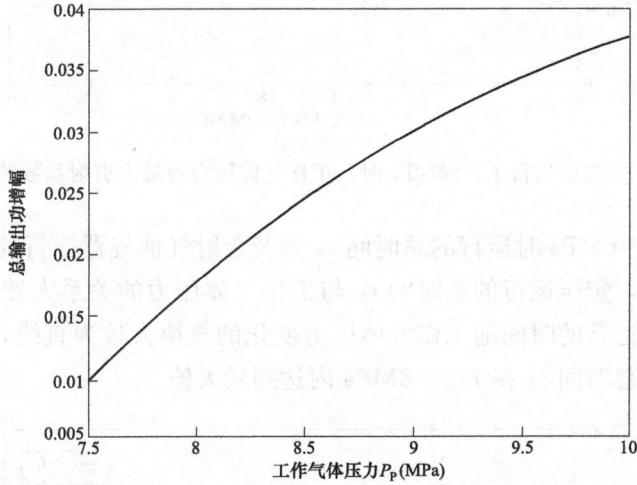

图 4-28　定压运行 $P_4=7\mathrm{MPa}$ 时，工作气体压力对总输出功涨幅的影响

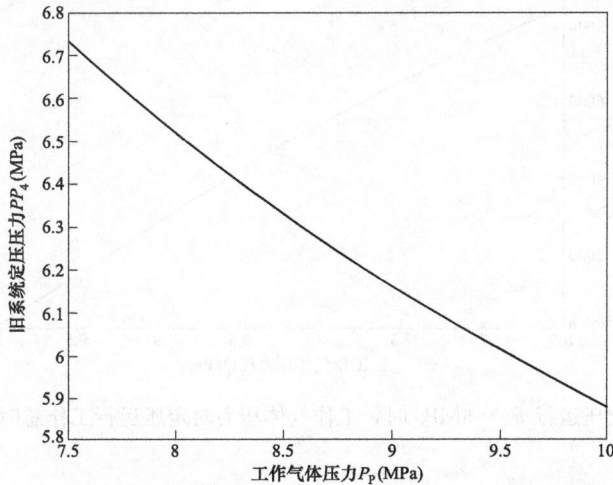

图 4-29　定压运行 $P_4=7\mathrm{MPa}$ 时，工作气体压力对旧系统定压压力的影响

119

（2）定压工况（$P_4 = 6\text{MPa}$）。

图 4-30 为 $P_4 = 6\text{MPa}$ 时最大引射系数随着工作气体压力的变化规律。变化趋势基本上呈现线性，随着工作压力的增大，最大引射系数线性增大。在 6.5MPa 时引射系数为最小值，在 10MPa 时引射系数达到最大值，二者相差 5 倍。

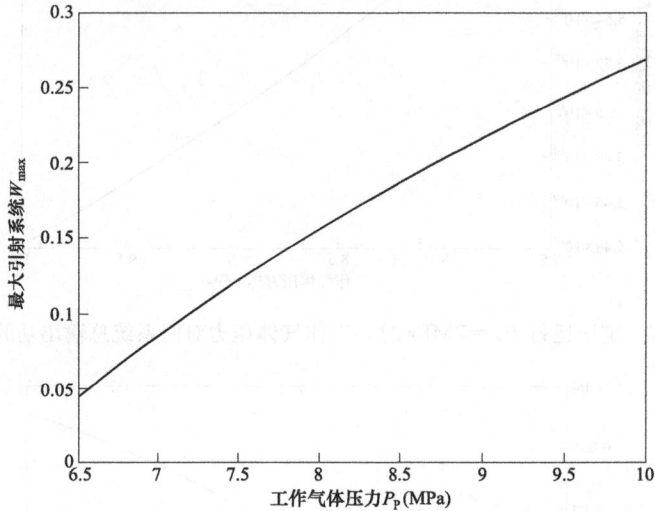

图 4-30　定压运行 $P_4 = 6\text{MPa}$ 时，工作气体压力对最大引射系数的影响

图 4-31 为 $P_4 = 6\text{MPa}$ 时运行的总时间 t_2 以及含射气抽气器运行的时间 t_1 随工作气体压力变化的规律，定压运行的总时间 t_2 与工作气体压力的关系大致趋势呈现抛物形，含射气抽气器定压运行的时间随工作气体压力变化的规律大致为直线，大致趋势呈现抛物形，定压运行的总时间 t_2 在 7.5～8MPa 内达到最大值。

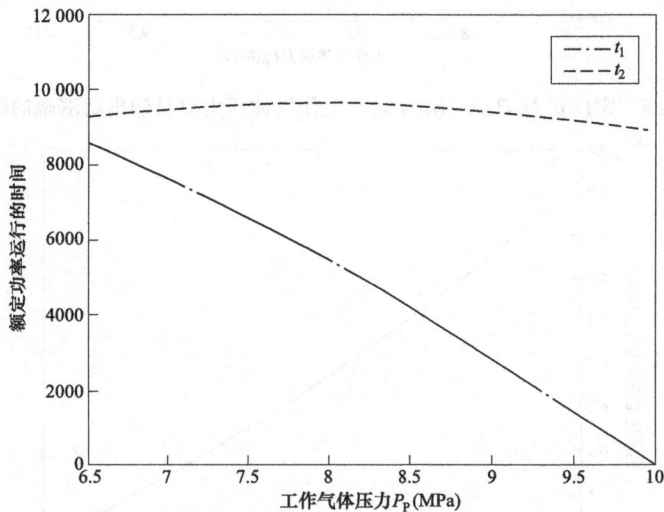

图 4-31　定压运行 $P_4 = 6\text{MPa}$ 时，工作气体压力对定压运行工作总时间的影响

图 4-32 为 $P_4＝6$MPa 时被卷吸的低压气体总量 M_e 随工作气体压力变化的规律，大致趋势呈现抛物形。被卷吸的总量在 $P_P＝7.7$MPa 附近达到最大值。

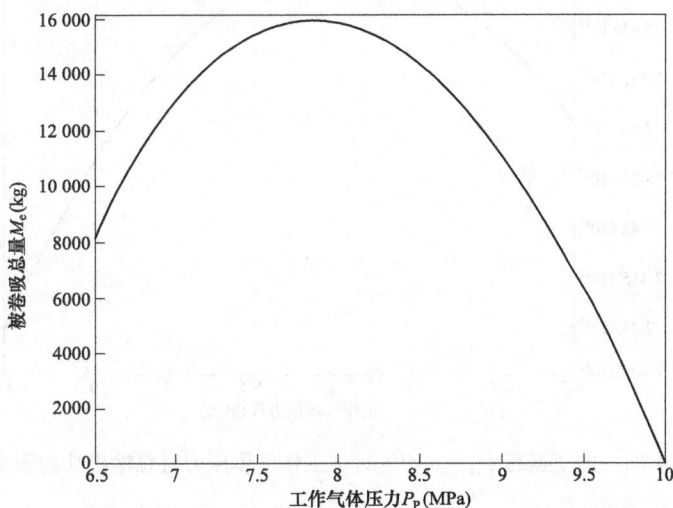

图 4-32　定压运行 $P_4＝6$MPa 时，工作气体压力对被卷吸气体总量的影响

图 4-33 为 $P_4＝6$MPa 时为各个膨胀机输出功以及含射气抽气器的时间做的总功随工作气体压力变化的规律。E_1 为含射气抽气器的时间做的总功，$E_1＝E_{t1}＋E_{t2}＋E_{t3}＋E_{t4}$，在 6.5MPa 为最大值，$E_{t1}$ 变化幅度最大，E_{t2} 和 E_{t3} 两者变化趋势基本一致，E_{t4} 变化幅度最小。

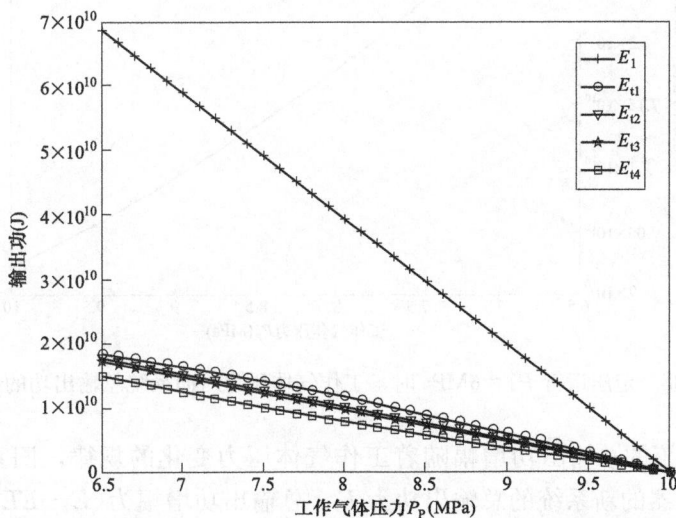

图 4-33　定压运行 $P_4＝6$MPa 时，工作气体压力对输出功的影响

图 4-34 为 $P_4＝6$MPa 时总输出功随着工作气体压力变化的规律，大致趋势呈现抛物形的形状。在 7.5MPa 附近总输出功变化不大，从 7.5～10MPa 范围内，随着工作气体压力的增大，总输出功逐渐减小，在 10MPa 时总输出功为最小值。

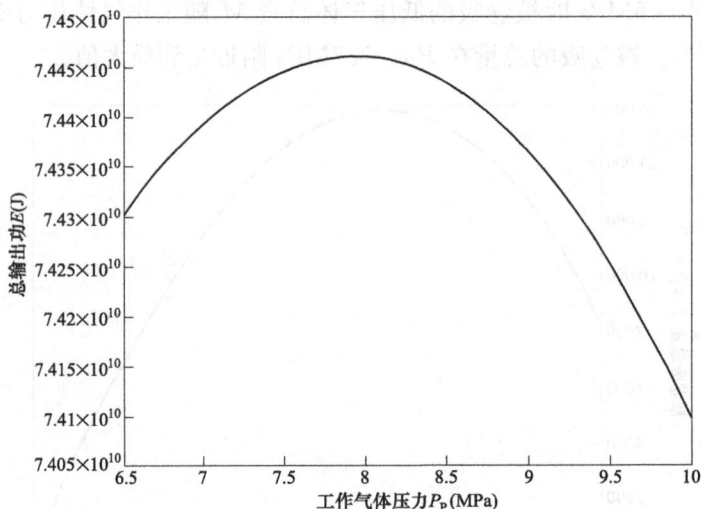

图 4-34　定压运行 $P_4 = 6MPa$ 时，工作气体压力对总输出功的影响

图 4-35 为旧系统的总输出功 EE 随着工作气体压力变化的规律，大致趋势呈现下降的趋势，在 6.5MPa 旧系统的总输出功为最大值。

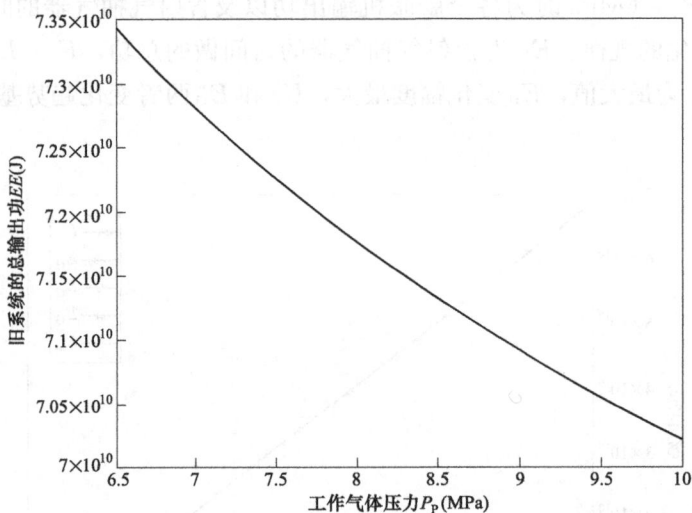

图 4-35　定压运行 $P_4 = 6MPa$ 时，工作气体压力对旧系统总输出功的影响

图 4-36 为系统的总输出功增幅随着工作气体压力变化的规律，旧系统总输出功为 EE，含射气抽气器的新系统的总输出功为 E，总输出功增幅为 $(E-EE)/EE$ 大致趋势呈现上升的趋势，在 10.0MPa 时增幅达到最大值。

图 4-37 为系统的旧系统的定压压力 PP_4 随着工作气体压力变化的规律，大致呈现下降趋势，含射气抽气器的系统是在定压压力 P_4 为 6MPa 时，而旧系统的定压压力最大值也小于 6MPa。

（3）定压工况（$P_4 = 5MPa$）。

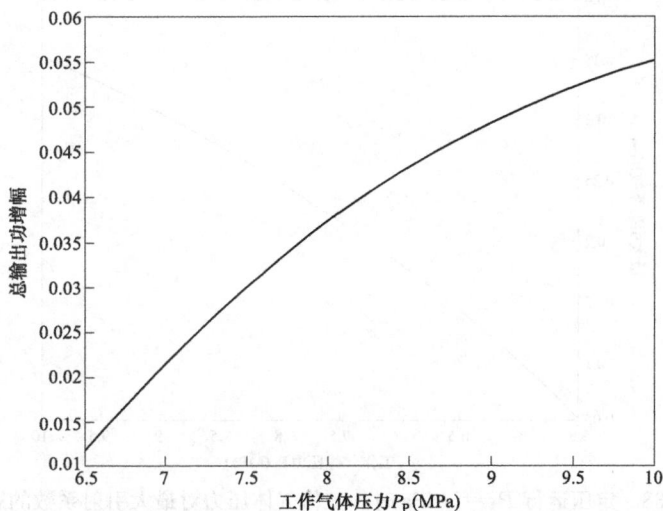

图 4-36　定压运行 $P_4 = 6$MPa 时，工作气体压力对总输出功涨幅的影响

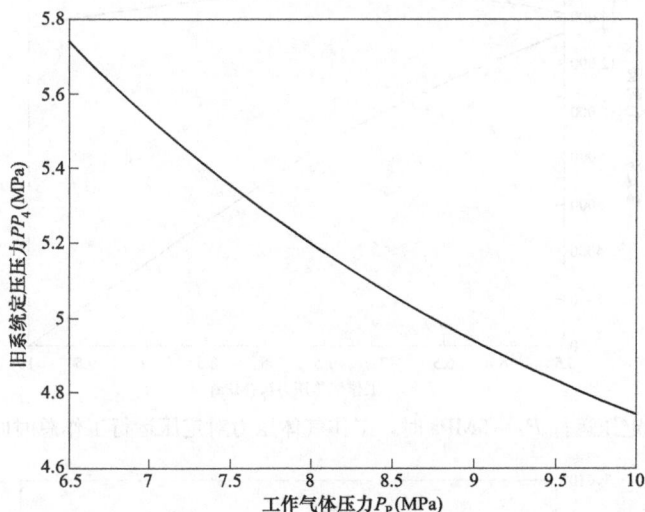

图 4-37　定压运行 $P_4 = 6$MPa 时，工作气体压力对旧系统定压压力的影响

图 4-38 为 $P_4 = 5$MPa 时最大引射系数随着工作气体压力的变化规律。变化趋势基本上呈现线性，随着工作气体压力的增大，最大引射系数线性增大。在 5.5MPa 时引射系数为最小值，在 10MPa 时引射系数达到最大值，二者相差 3 倍以上。

图 4-39 为 $P_4 = 5$MPa 运行的总时间 t_2 以及含射气抽气器运行的时间随工作气体压力变化的规律，定压运行的总时间 t_2 与工作气体压力的关系大致趋势呈现抛物形，含射气抽气器定压运行的时间随工作气体压力变化的规律大致为直线，定压运行的总时间在 P_4 为 $7 \sim 7.5$MPa 时达到最大值。

图 4-40 为 $P_4 = 5$MPa 时被卷吸低压气体的总量随工作气体压力变化的规律，大致趋势呈现抛物形。被卷吸的总量在 7.3MPa 附近达到最大值。

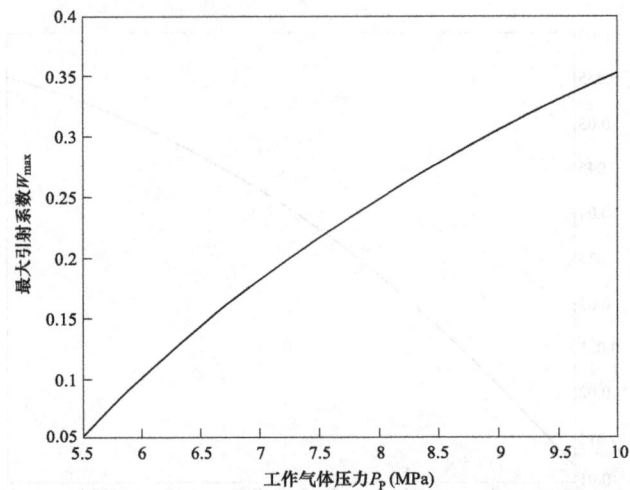

图 4-38　定压运行 $P_4 = 5$MPa 时，工作气体压力对最大引射系数的影响

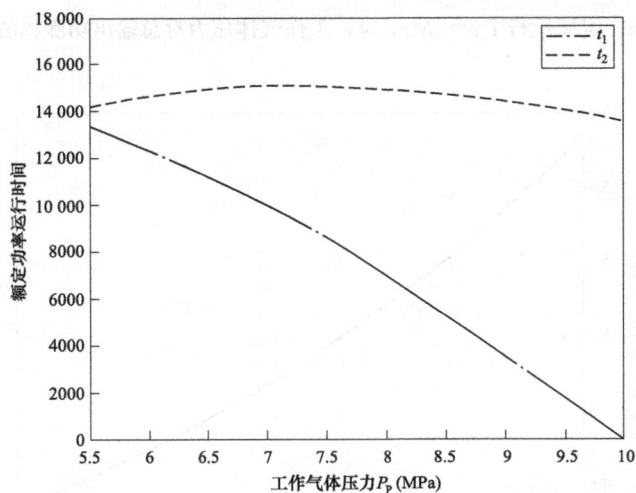

图 4-39　定压运行 $P_4 = 5$MPa 时，工作气体压力对定压运行工作总时间的影响

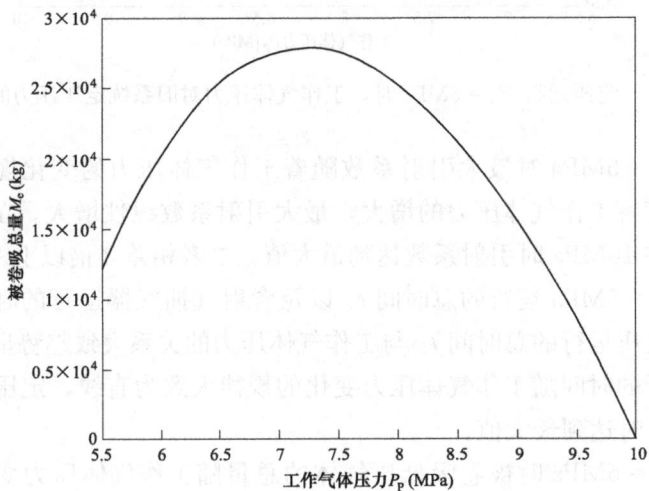

图 4-40　定压运行 $P_4 = 5$MPa 时，工作气体压力对被卷吸总量的影响

图 4-41 为 $P_4 = 5\mathrm{MPa}$ 时各个膨胀机输出功为各个膨胀机输出功以及含射气抽气器的时间做的总功随工作气体压力变化的规律。E_1 为含射气抽气器的时间做的总功，$E_1 = E_{t1} + E_{t2} + E_{t3} + E_{t4}$，在 5.5MPa 为最大值。$E_{t1}$ 变化幅度最大，E_{t2} 和 E_{t3} 两者变化趋势基本一致，E_{t4} 变化幅度最小。

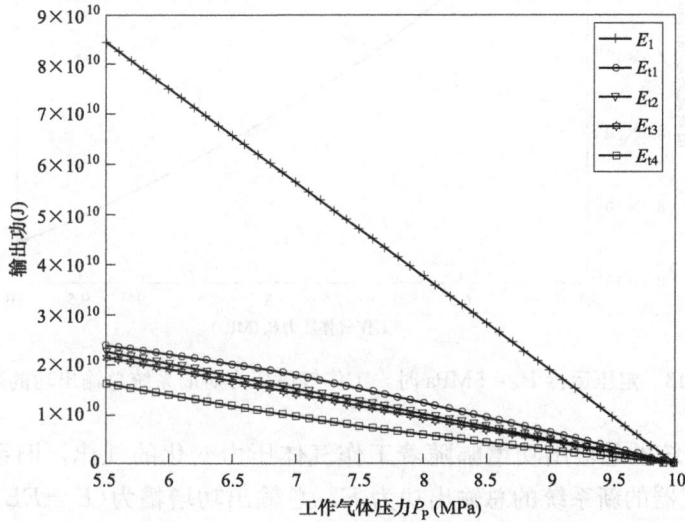

图 4-41　定压运行 $P_4 = 5\mathrm{MPa}$ 时，工作气体压力对输出功的影响

图 4-42 为 $P_4 = 5\mathrm{MPa}$ 时总输出功随着工作气体压力变化的规律，大致趋势呈现抛物形的形状。在 7.5MPa 附近总输出功达到最大值。

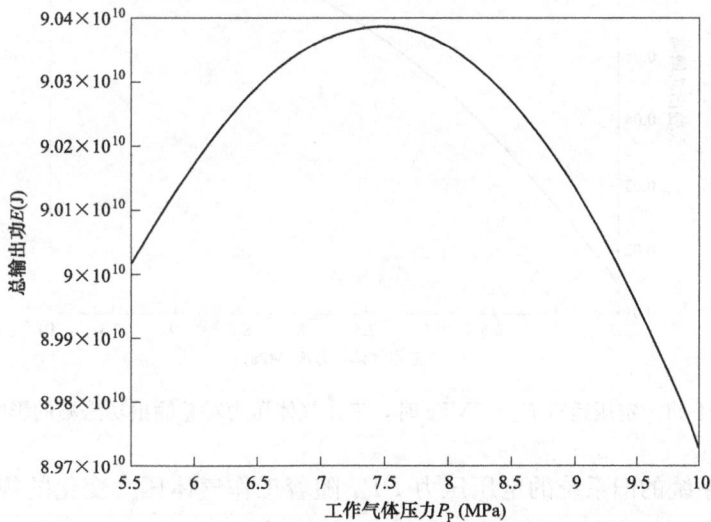

图 4-42　定压运行 $P_4 = 5\mathrm{MPa}$ 时，工作气体压力对总输出功的影响

图 4-43 为旧系统的总输出功 EE 随着工作气体压力变化的规律，大致趋势呈现下降的趋势，在 5.5MPa 旧系统的总输出功为最大值。

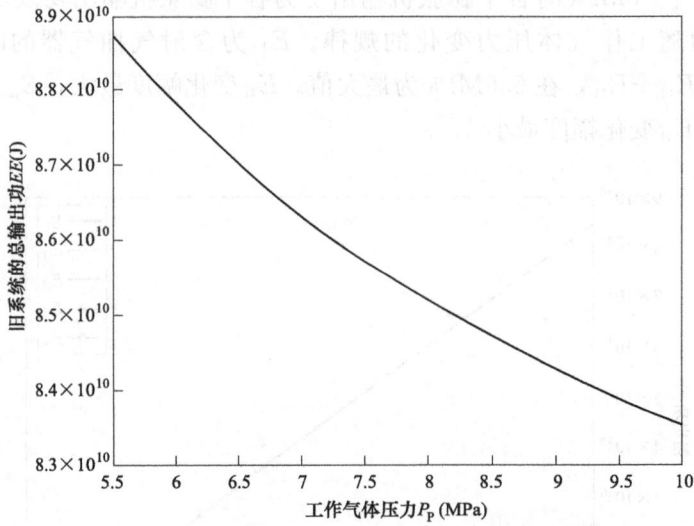

图 4-43　定压运行 $P_4=5MPa$ 时，工作气体压力对旧系统总输出功的影响

图 4-44 为系统的总输出功增幅随着工作气体压力变化的规律，旧系统总输出功为 EE，含射气抽气器的新系统的总输出功为 E，总输出功增幅为 $(E-EE)/EE$ 大致趋势呈现上升的趋势，在 $10.0MPa$ 时增幅达到最大值。

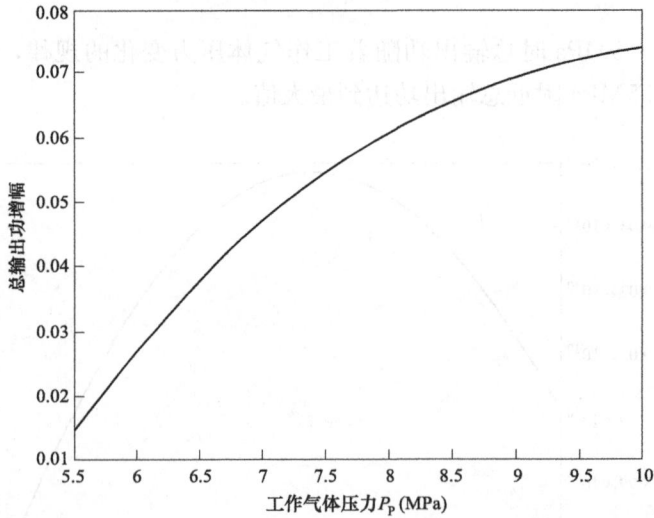

图 4-44　定压运行 $P_4=5MPa$ 时，工作气体压力对总输出功涨幅的影响

图 4-45 为系统的旧系统的定压压力 PP_4 随着工作气体压力变化的规律，大致呈现下降趋势，含射气抽气器的系统是在定压压力 P_4 为 $5MPa$ 时，而旧系统的定压压力最大值也小于 $5MPa$。

（4）定压工况（$P_4=4MPa$）。

图 4-46 为 $P_4=4MPa$ 时最大引射系数随着工作气体压力的变化规律。变化趋势基

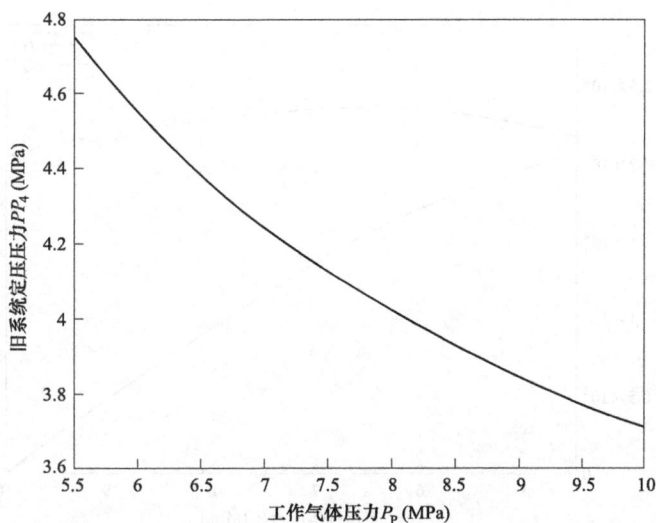

图 4-45　定压运行 $P_4 = 5\text{MPa}$ 时，工作气体压力对旧系统定压压力的影响

本上呈现线性，随着工作压力的增大，最大引射系数线性增大。在 4.5MPa 时引射系数为最小值，在 10MPa 时引射系数达到最大值。

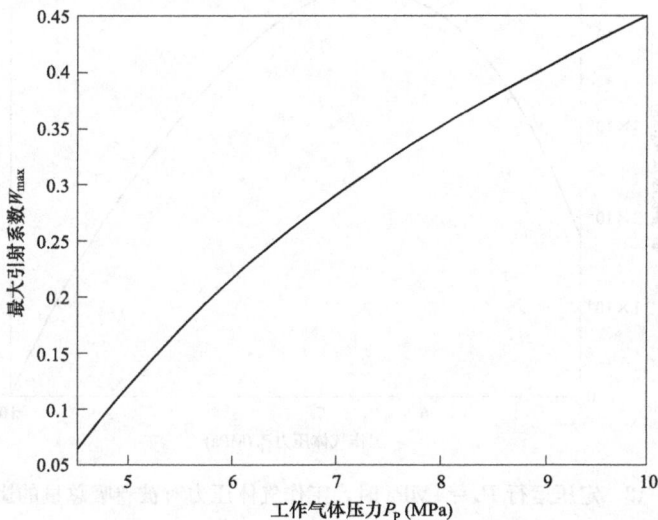

图 4-46　定压运行 $P_4 = 4\text{MPa}$ 时，工作气体压力对最大引射系数的影响

图 4-47 为 $P_4 = 4\text{MPa}$ 时定压运行的总时间 t_2 和含射气抽气器定压运行的时间随工作气体压力变化的规律，定压运行的总时间 t_2 与工作气体压力的关系大致趋势呈现抛物形，含射气抽气器定压运行的时间随工作气体压力变化的规律大致为直线，定压运行的总时间在 P_4 为 6~7MPa 时达到最大值。

图 4-48 为 $P_4 = 4\text{MPa}$ 时被卷吸的总量随工作气体压力变化的规律，大致趋势呈现抛物形。被卷吸的总量在 6.5MPa 附近达到最大值。

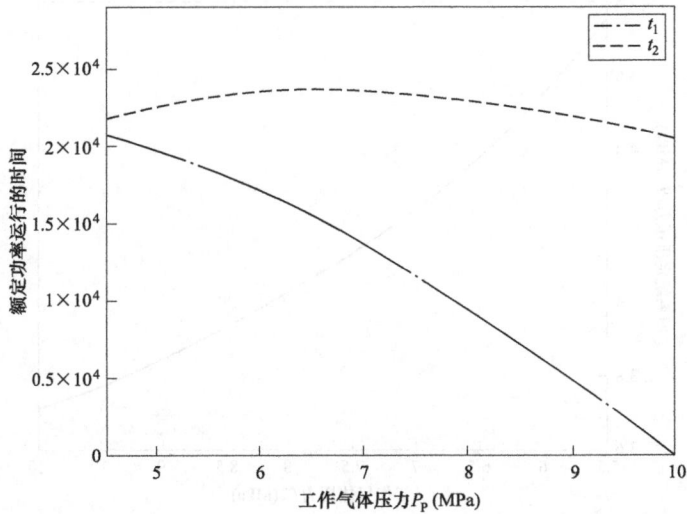

图 4-47 定压运行 $P_4=4\text{MPa}$ 时，工作气体压力对定压运行工作总时间的影响

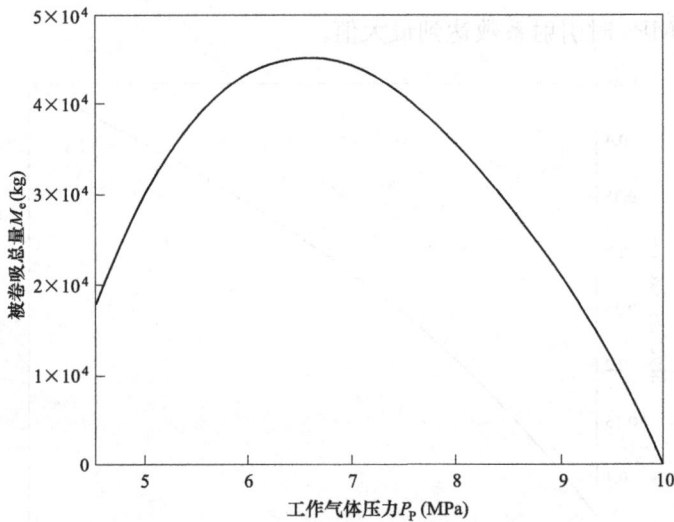

图 4-48 定压运行 $P_4=4\text{MPa}$ 时，工作气体压力对被卷吸总量的影响

图 4-49 为 $P_4=4\text{MPa}$ 时各个膨胀机输出功为各个膨胀机输出功以及含射气抽气器的时间做的总功随工作气体压力变化的规律。E_1 为含射气抽气器的时间做的总功，$E_1=E_{t1}+E_{t2}+E_{t3}+E_{t4}$，$E_1$ 在 4.5MPa 为最大值，E_{t1} 变化幅度最大，E_{t2} 和 E_{t3} 两者变化趋势很接近，E_{t4} 变化幅度最小。

图 4-50 为 $P_4=4\text{MPa}$ 时总输出功随着工作气体压力变化的规律，大致趋势呈现抛物形的形状。在 7MPa 附近总输出功达到最大值。

图 4-51 为旧系统的总输出功 EE 随着工作气体压力变化的规律，大致趋势呈现下降的趋势，在 4.5MPa 旧系统的总输出功为最大值。

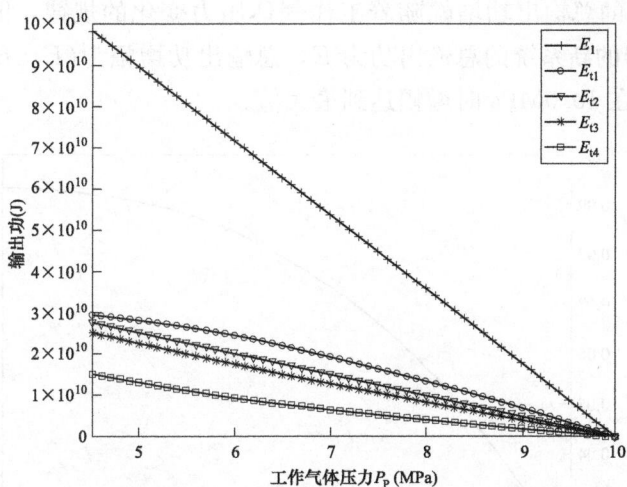

图 4-49　定压运行 $P_4 = 4\mathrm{MPa}$ 时，工作气体压力对输出功的影响

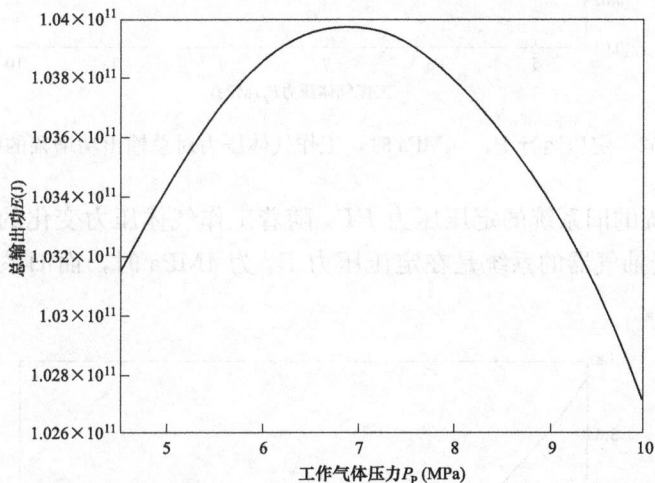

图 4-50　定压运行 $P_4 = 4\mathrm{MPa}$ 时，工作气体压力对总输出功的影响

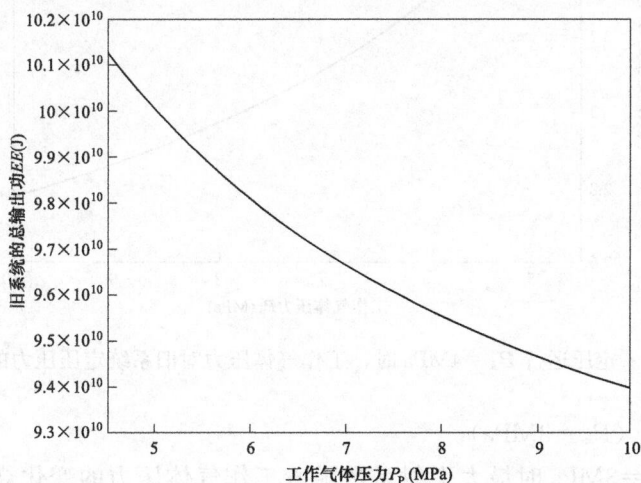

图 4-51　定压运行 $P_4 = 4\mathrm{MPa}$ 时，工作气体压力对旧系统总输出功的影响

图 4-52 为系统的总输出功增幅随着工作气体压力变化的规律，旧系统总输出功为 EE，含射气抽气器的新系统的总输出功为 E，总输出功增幅为 $(E-EE)/EE$ 大致趋势呈现上升的趋势，在 10.0MPa 时增幅达到最大值。

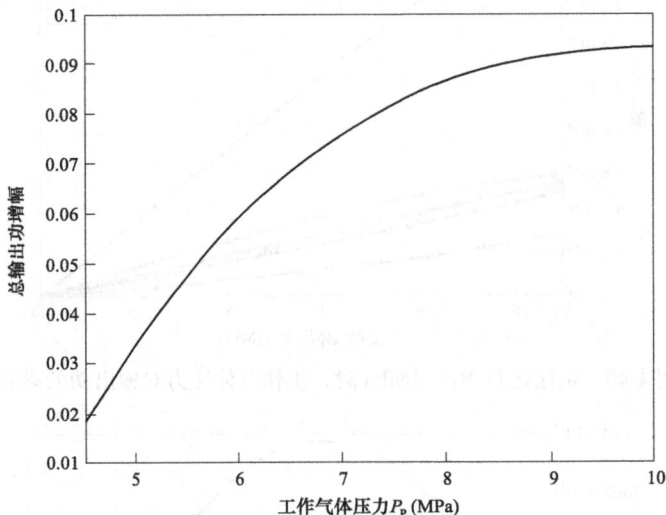

图 4-52　定压运行 $P_4=4$MPa 时，工作气体压力对总输出功增幅的影响

图 4-53 为系统的旧系统的定压压力 PP_4 随着工作气体压力变化的规律，大致呈现下降趋势，含射气抽气器的系统是在定压压力 P_4 为 4MPa 时，而旧系统的定压压力最大值也小于 4MPa。

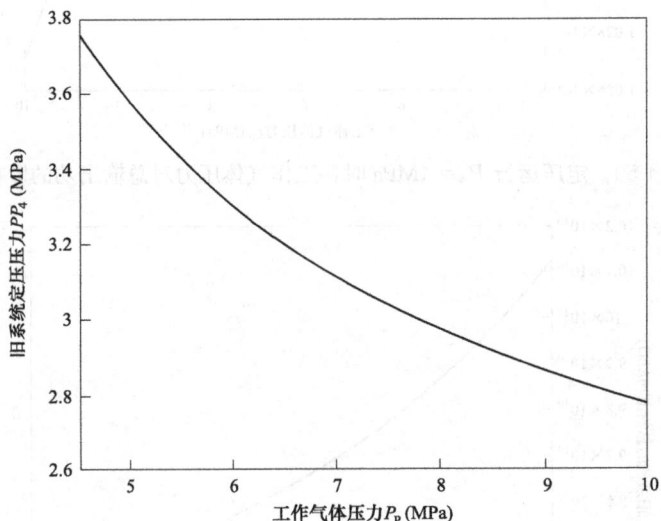

图 4-53　定压运行 $P_4=4$MPa 时，工作气体压力对旧系统定压压力的影响

（5）定压工况（$P_4=3$MPa）。

图 4-54 为 $P_4=3$MPa 时最大引射系数随着工作气体压力的变化规律。变化趋势基

本上呈现线性，随着工作压力的增大，最大引射系数线性增大。在 3.5MPa 时引射系数为最小值，在 10MPa 时引射系数达到最大值。

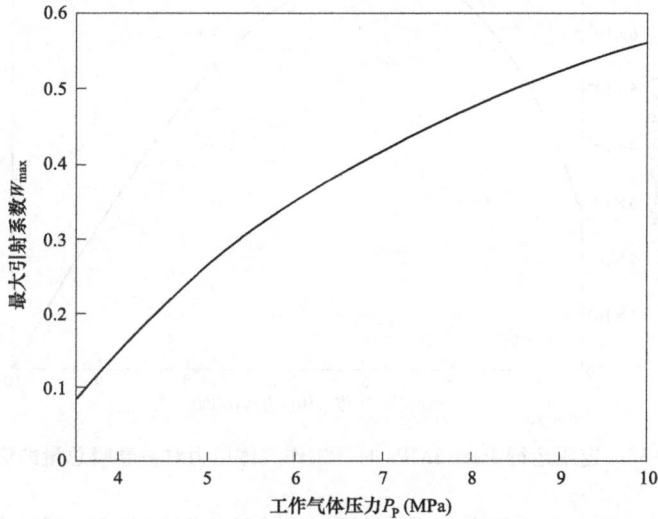

图 4-54　定压运行 $P_4 = 3$MPa 时，工作气体压力对最大引射系数的影响

图 4-55 为 $P_4 = 3$MPa 时定压运行的总时间 t_2 和含射气抽气器定压运行的时间随工作气体压力变化的规律，定压运行的总时间 t_2 与工作气体压力的关系大致趋势呈现抛物形，含射气抽气器定压运行的时间随工作气体压力变化的规律大致为直线，定压运行的总时间在 6MPa 附近达到最大值。

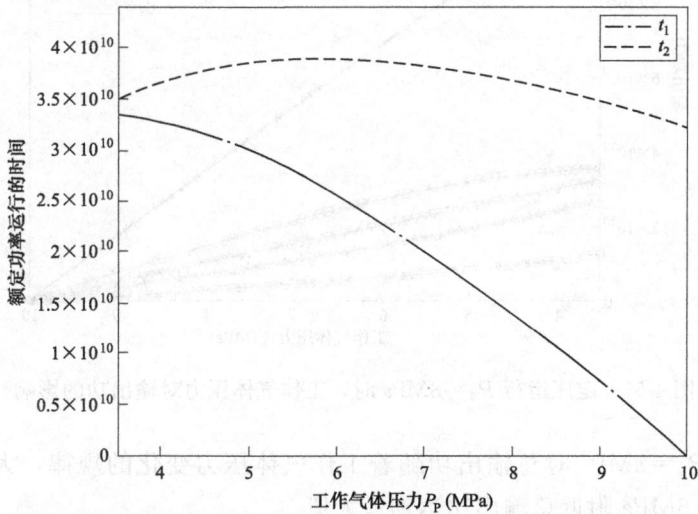

图 4-55　定压运行 $P_4 = 3$MPa 时，工作气体压力对定压运行工作总时间的影响

图 4-56 为 $P_4 = 3$MPa 时被卷吸的总量随工作气体压力变化的规律，大致趋势呈现抛物形。被卷吸的总量在 5.8MPa 附近达到最大值。

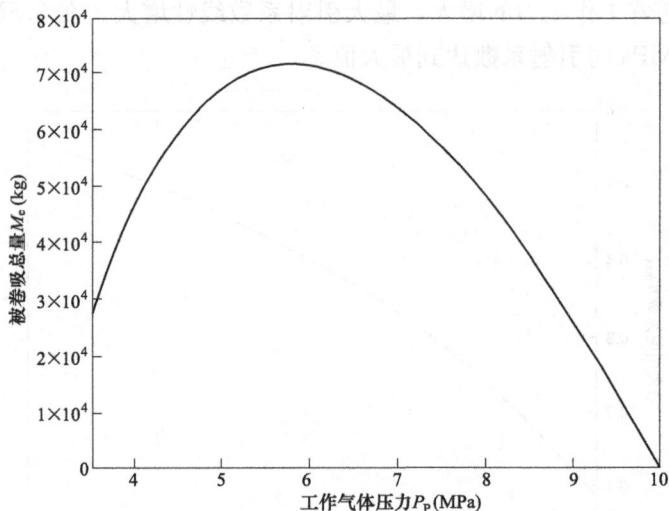

图 4-56　定压运行 $P_4 = 3$MPa 时，工作气体压力对被卷吸总量的影响

图 4-57 为 $P_4 = 3$MPa 时各个膨胀机输出功以及含射气抽气器的时间做的总功随工作气体压力变化的规律。E_1 为含射气抽气器的时间做的总功，$E_1 = E_{t1} + E_{t2} + E_{t3} + E_{t4}$，$E_{t1}$ 在 3.5MPa 达到最大值。E_{t2} 和 E_{t3} 两者变化趋势基本一致，E_{t4} 变化幅度最小。

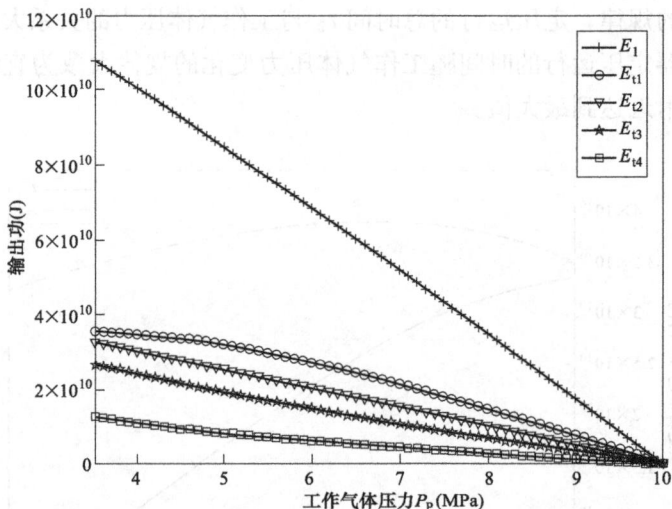

图 4-57　定压运行 $P_4 = 3$MPa 时，工作气体压力对输出功的影响

图 4-58 为 $P_4 = 3$MPa 时总输出功随着工作气体压力变化的规律，大致趋势呈现抛物形的形状。在 6MPa 附近总输出功达到最大值。

图 4-59 为旧系统的总输出功 EE 随着工作气体压力变化的规律，大致趋势呈现下降的趋势，在 3.5MPa 旧系统的总输出功为最大值。

图 4-60 为系统的总输出功增幅随着工作气体压力变化的规律，旧系统总输出功为 EE，含射气抽气器的新系统的总输出功为 E，总输出功增幅为 $(E - EE)/EE$ 大致趋势

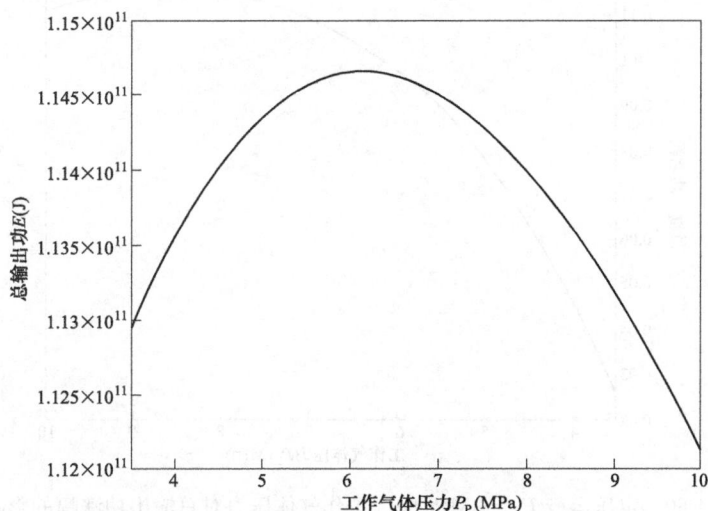

图 4-58　定压运行 $P_4=3$MPa 时，工作气体压力对总输出功的影响

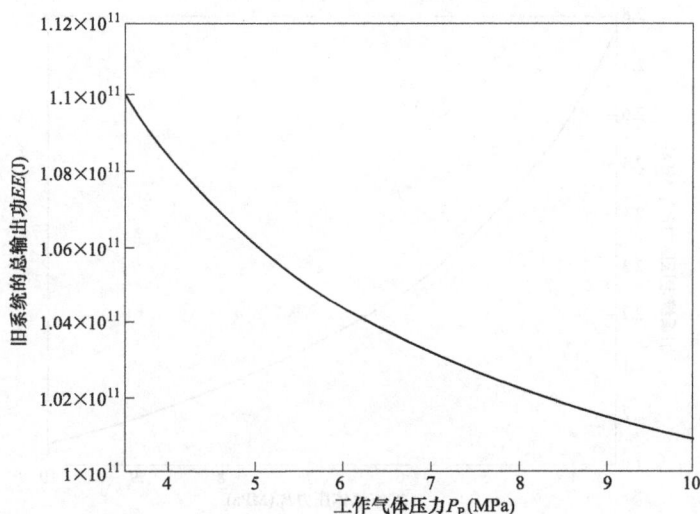

图 4-59　定压运行 $P_4=3$MPa 时，工作气体压力对旧系统总输出功的影响

呈现上升的趋势，在 8～9MPa 时增幅达到最大值。

图 4-61 为系统的旧系统的定压压力 PP_4 随着工作气体压力变化的规律，大致呈现下降趋势，含射气抽气器的系统是在定压压力 P_4 为 3MPa 时，而旧系统的定压压力最大值也小于 3MPa。

（6）不同定压工况下 10MW 蓄热式压缩空气储能系统的释能特性。

P_4 为膨胀段入口压力，有 3、4、5、6、7MPa 五种工况，t_1 为含射气抽气器定压运行的时间，t_{2max} 为定压运行总时间的最大值，t_{20} 为 $P_P=10$MPa 时对应的定压运行的时间。M_{emax} 为被卷吸的总量的最大值，E_{max} 为总输出功最大值，E_0 为 $P_P=$

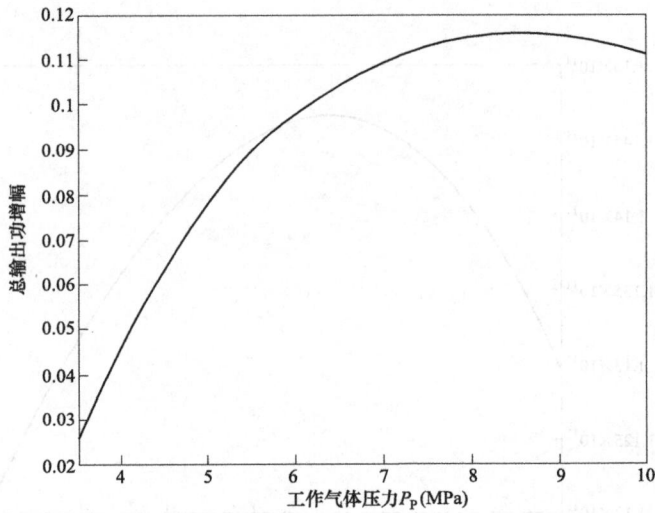

图 4-60　定压运行 $P_4 = 3$MPa 时，工作气体压力对总输出功涨幅的影响

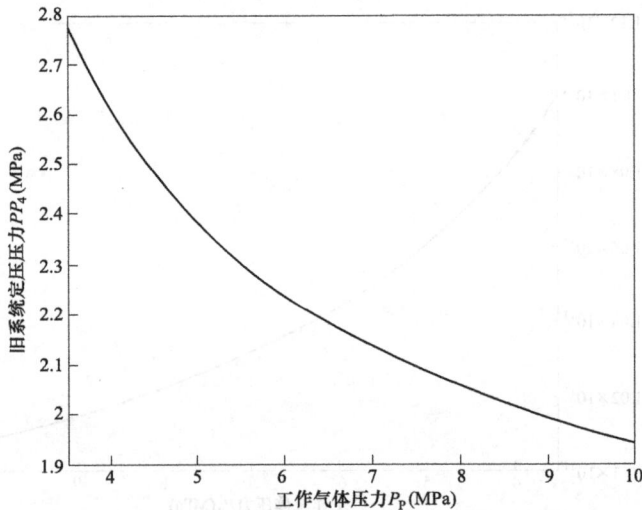

图 4-61　定压运行 $P_4 = 3$MPa 时，工作气体压力对旧系统定压压力的影响

10MPa 时对应的定压运行的总输出功。$A = E_{max}/(M_0 - M)$ 为单位储气罐气体质量的做功量，$A_0 = E_0/(M_0 - M)$ 为 $P_p = 10$MPa 时单位储气罐气体质量的做功量。由表 4-1 可以看到 $P_4 = 3$MPa 时的 t_{2max}、M_{emax}、E_{max} 是最优值，但单位储气罐气体质量的做功量 A 随 P_4 增加而增大，这是因为越大 P_4 则做功能力越大；含射气抽气器时，做功总量的增幅 $(E_{max} - E_0)/E_0$ 随 P_4 增大而减小；新旧系统的总功增幅 $(E_{max} - EE)/EE$ 随 P_4 增大而减小，最大值为 9.94%（对应 $P_4 = 3$MPa），最小值为 2.32%（对应 $P_4 = 7$MPa）。

表 4-1　以 T1 排气为低压气源时，定压工况 P_4＝3、4、5、6、7MPa 的统计参数

P_4(MPa)	3MPa	4MPa	5MPa	6MPa	7MPa
t_{1max}(s)	3.3353×10^4	2.0700×10^4	1.3363×10^4	8.5797×10^3	5.2167×10^3
P_{popt}(MPa)	3.5	4.5	5.5	6.5	7.5
t_{2max}(s)	3.8887×10^4	2.3658×10^4	1.5079×10^4	9.6500×10^3	5.9443×10^3
P_{popt}(MPa)	5.8	6.5	7.2	7.8	8.4
t_{20}	3.2227×10^4	2.0511×10^4	1.3538×10^4	8.9132×10^3	5.6212×10^3
P_P(MPa)	10.0	10.0	10.0	10.0	10.0
$[(t_{2max}-t_{20})/t_{20}]\times100\%$	20.66%	15.49%	11.38%	8.26%	5.75%
M_{emax}(kg)	7.1491×10^4	4.5278×10^4	2.7790×10^4	1.5982×10^4	8.1882×10^3
P_{popt}(MPa)	5.8	6.5	7.2	7.8	8.4
w_{max}	0.3346	0.2543	0.1951	0.1428	0.1006
E_{max}(J)	1.1466×10^{11}	1.0398×10^{11}	9.0385×10^{10}	7.4461×10^{10}	5.6666×10^{10}
P_{popt}(MPa)	6.1	6.9	7.5	7.9	8.4
E_0	1.1212×10^{11}	1.0271×10^{11}	8.9729×10^{10}	7.4098×10^{10}	5.6464×10^{10}
P_P(MPa)	10.0	10.0	10.0	10.0	10.0
$[(E_{max}-E_0)/E_0]\times100\%$	2.27%	1.24%	0.73%	0.49%	0.36%
$E_{max}/(M_0-M)$	3.3144×10^5	3.5239×10^5	3.7015×10^5	3.8518×10^5	3.9782×10^5
P_{popt}(MPa)	6.1	6.9	7.5	7.9	8.4
$E_0/(M_0-M)$	3.2411×10^5	3.4810×10^5	3.6746×10^5	3.8330×10^5	3.9640×10^5
P_P(MPa)	10.0	10.0	10.0	10.0	10.0
$[(A-A_0)/A_0]\times100\%$	2.27%	1.24%	0.73%	0.49%	0.36%
$[(E_{max}-EE)/EE]\times100\%$	9.94%	7.44%	5.42%	3.61%	2.32%
P_{popt}(MPa)	6.1	6.9	7.5	7.9	8.4

3. 以 T2 排气为低压气源时不同定压工况下 10MW TS-CAES 系统的释能特性

（1）定压工况（P_4＝3MPa）。

图 4-62 为 P_4＝3MPa 时最大引射系数随着工作气体压力的变化规律，从 4.5MPa 时

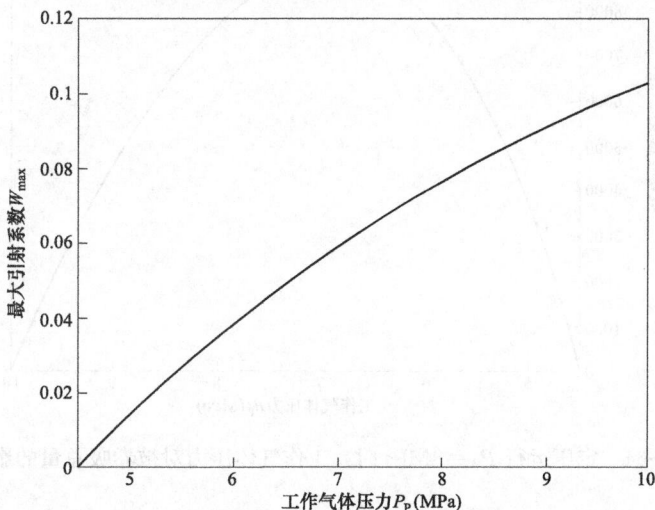

图 4-62　定压运行 P_4＝3MPa 时，工作气体压力对最大引射系数的影响

才具备引射能力，变化趋势基本上呈现线性，随着工作压力增大，最大引射系数线性增大。在 4.5MPa 时引射系数为最小值，在 10MPa 时引射系数达到最大值。

图 4-63 为 $P_4=3$MPa 时定压运行的总时间 t_2 和含射气抽气器定压运行的时间随工作气体压力变化的规律，定压运行的总时间 t_2 与工作气体压力的关系大致趋势呈现抛物形，含射气抽气器定压运行的时间随工作气体压力变化的规律大致为直线，定压运行的总时间在 7MPa 附近达到最大值，变化比较平缓，数值相差不大。

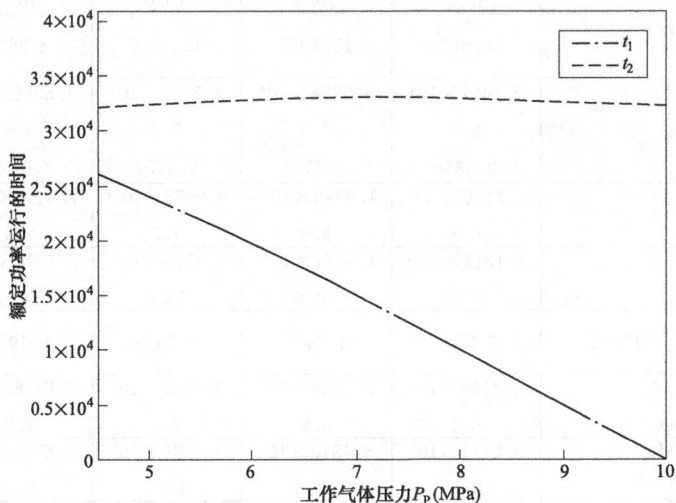

图 4-63　定压运行 $P_4=3$MPa 时，工作气体压力对定压运行工作总时间的影响

图 4-64 为 $P_4=3$MPa 时被卷吸的总量随工作气体压力变化的规律，大致趋势呈现抛物形。被卷吸的总量在 7.0MPa 附近达到最大值。

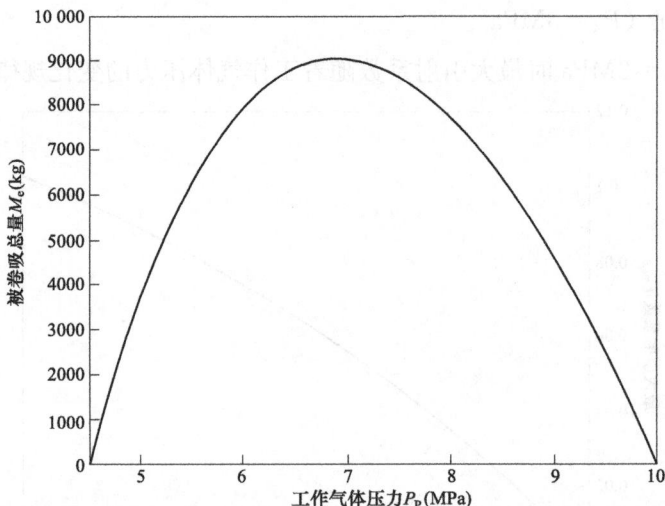

图 4-64　定压运行 $P_4=3$MPa 时，工作气体压力对被卷吸总量的影响

图 4-65 为 $P_4=3$MPa 时各个膨胀机输出功以及含射气抽气器的时间做的总功随工

作气体压力变化的规律。E_1 为含射气抽气器的时间做的总功，$E_1 = E_{t1} + E_{t2} + E_{t3} + E_{t4}$，$E_1$ 在 6MPa 达到最大值。E_{t1} 和 E_{t2} 两者变化趋势基本一致，E_{t3} 略小于 E_{t1} 和 E_{t2}，E_{t4} 变化幅度最小。

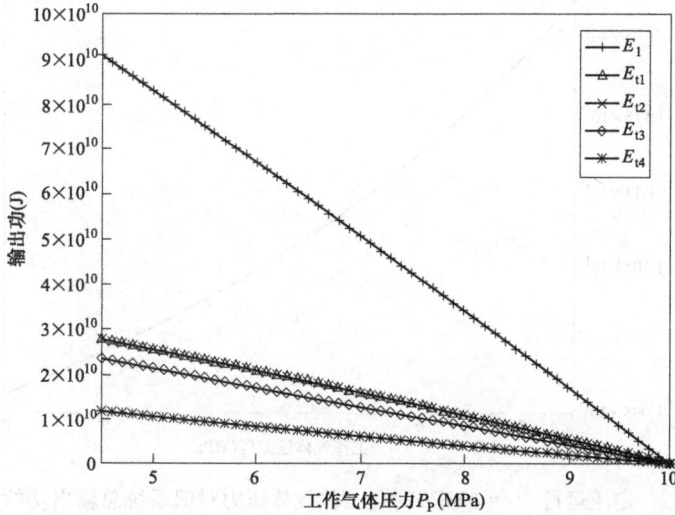

图 4-65　定压运行 $P_4 = 3$MPa 时，工作气体压力对输出功的影响

图 4-66 为总输出功随着工作气体压力变化的规律，大致趋势呈现半抛物形的形状。总输出功为 $E,E = W_1 * t_1 + W_2 * (t_2 - t_1), W_1 = W_{T1} + W_{T2} + W_{T3} + W_{T4}$，$W_1$ 为含射气抽气器的总输出功率，W_{T1}、W_{T2}、W_{T3}、W_{T4} 分别为 T_1、T_2、T_3、T_4 膨胀机的输出功率；$W_2 = 10$MW。在 $P_P = 7$MPa 附近总输出功达到最大值，从 7MPa 到 10MPa 范围内，随着工作气体压力的增大，总输出功逐渐减小，在 10MPa 时总输出功为最小值。

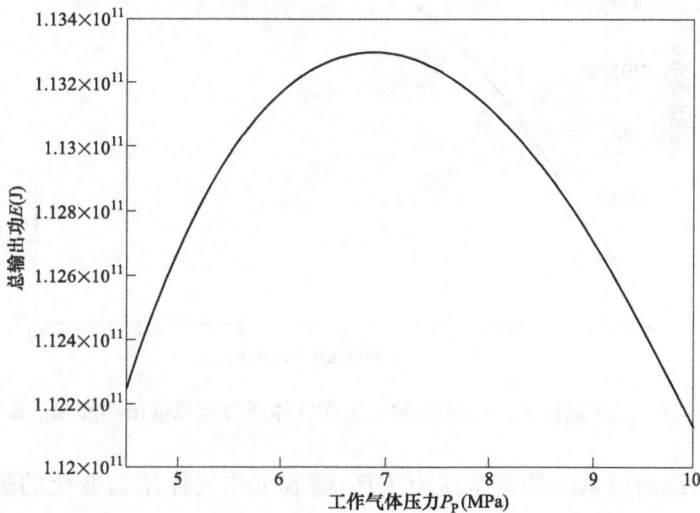

图 4-66　定压运行 $P_4 = 3$MPa 时，工作气体压力对总输出功的影响

图 4-67 为旧系统的总输出功 EE 随着工作气体压力变化的规律，大致趋势呈现下降的趋势，在 4.5MPa 旧系统的总输出功为最大值。

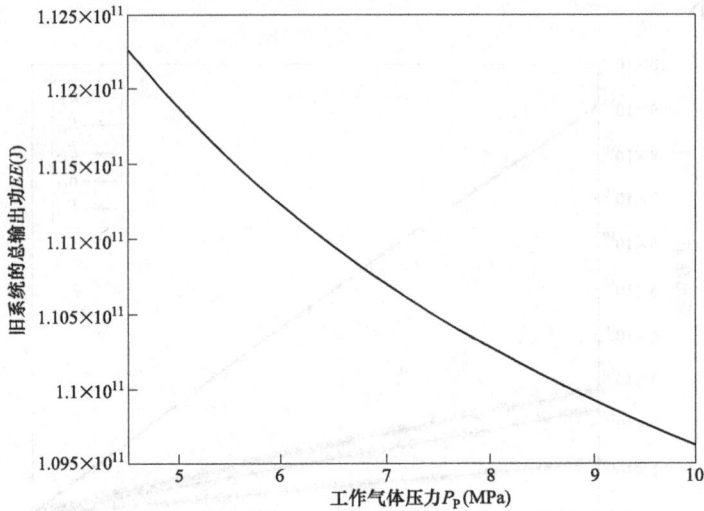

图 4-67　定压运行 $P_4 = 3$MPa 时，工作气体压力对旧系统总输出功的影响

图 4-68 为系统的总输出功增幅随着工作气体压力变化的规律，旧系统总输出功为 EE，含射气抽气器的新系统的总输出功为 E，总输出功增幅为 $(E - EE)/EE$ 大致趋势呈现抛物线的趋势，在 8MPa 附近时增幅达到最大值。

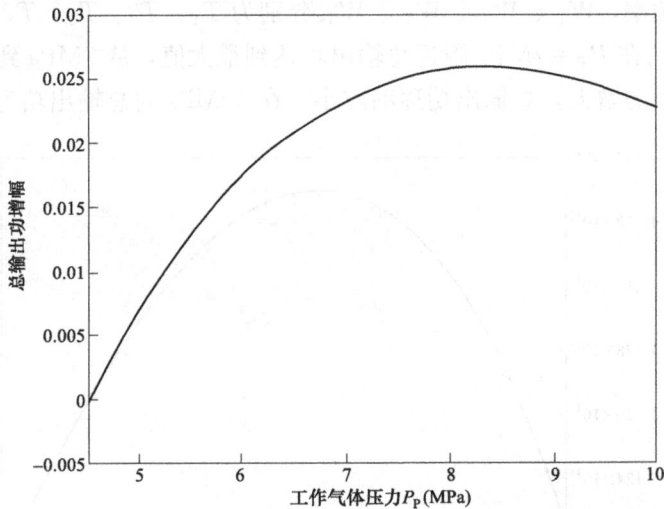

图 4-68　定压运行 $P_4 = 3$MPa 时，工作气体压力对总输出功涨幅的影响

图 4-69 为系统的旧系统的定压压力 PP_4 随着工作气体压力变化的规律，大致呈现下降趋势，含射气抽气器的系统是在定压压力 P_4 为 3MPa 时，而旧系统的定压压力最大值也为 3MPa，在工作气体压力为 10MPa 时 PP_4 为最小值。

（2）定压工况（$P_4 = 4$MPa）。

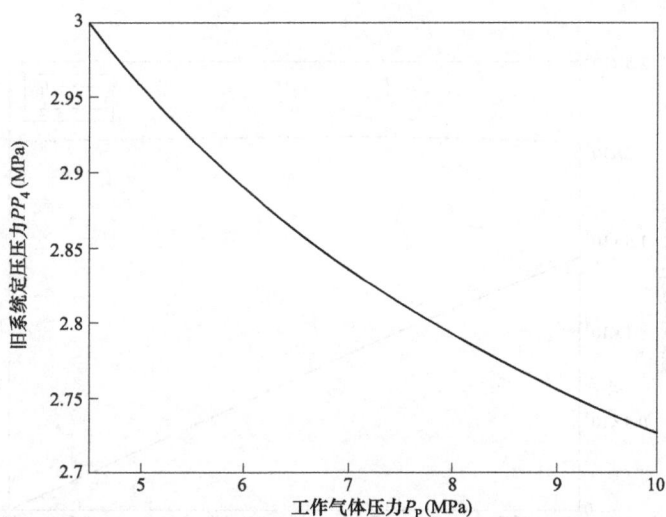

图 4-69　定压运行 $P_4=3\text{MPa}$ 时，工作气体压力对旧系统定压压力的影响

图 4-70 为 $P_4=4\text{MPa}$ 时最大引射系数随着工作气体压力的变化规律从 6.0MPa 时才具备引射能力。变化趋势基本上呈现线性，随着工作压力增大，最大引射系数线性增大。在 6.0MPa 时引射系数为最小值，在 10MPa 时引射系数达到最大。

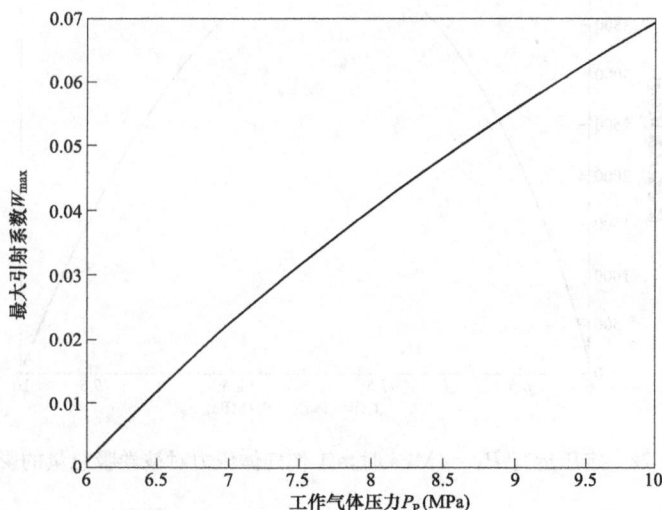

图 4-70　定压运行 $P_4=4\text{MPa}$ 时，工作气体压力对最大引射系数的影响

图 4-71 为 $P_4=4\text{MPa}$ 时定压运行的总时间 t_2 和含射气抽气器定压运行的时间随工作气体压力变化的规律，定压运行的总时间 t_2 与工作气体压力的关系大致趋势呈现抛物形，含射气抽气器定压运行的时间随工作气体压力变化的规律大致为直线，定压运行的总时间变化比较平缓，数值相差不大。

图 4-72 为 $P_4=4\text{MPa}$ 时被卷吸的总量随工作气体压力变化的规律，大致趋势呈现抛物形。被卷吸的总量在 8.0MPa 附近达到最大值。

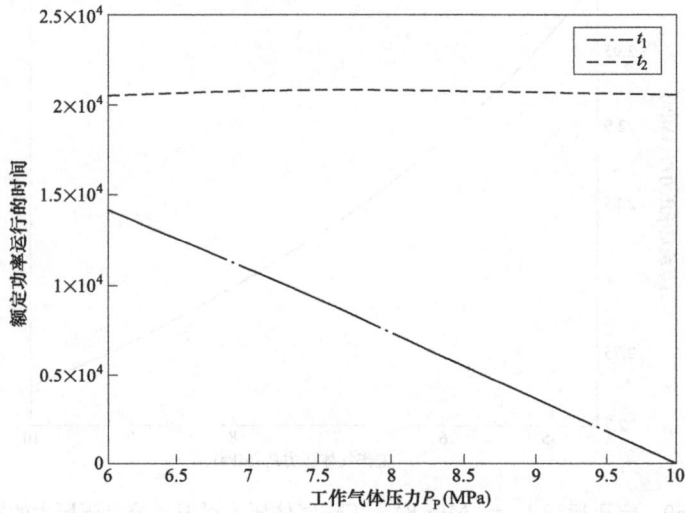

图 4-71　定压运行 $P_4 = 4\mathrm{MPa}$ 时，工作气体压力对定压运行工作总时间的影响

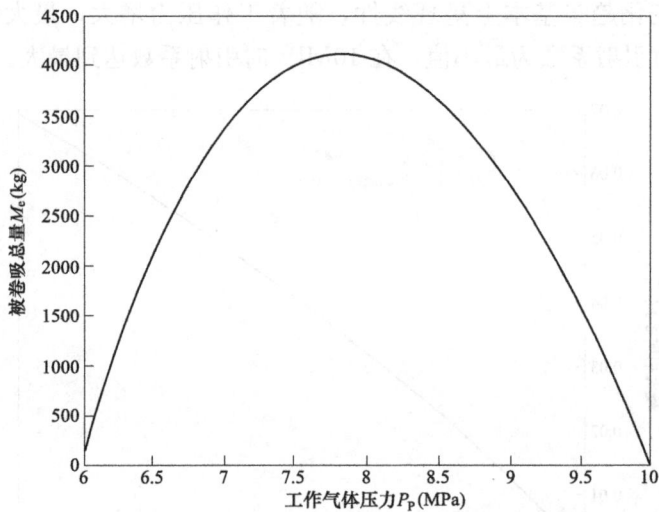

图 4-72　定压运行 $P_4 = 4\mathrm{MPa}$ 时，工作气体压力对被卷吸总量的影响

　　图 4-73 为 $P_4 = 4\mathrm{MPa}$ 时各个膨胀机输出功以及含射气抽气器的时间做的总功随工作气体压力变化的规律。E_1 为含射气抽气器的时间做的总功，$E_1 = E_{t1} + E_{t2} + E_{t3} + E_{t4}$，$E_1$ 在 6MPa 达到最大值。E_{t1} 和 E_{t2} 两者变化趋势基本一致，E_{t3} 略小于 E_{t1} 和 E_{t2}，E_{t4} 变化幅度最小。

　　图 4-74 为 $P_4 = 4\mathrm{MPa}$ 时总输出功随着工作气体压力变化的规律，大致趋势呈现抛物形的形状。在 7.5～8MPa 附近总输出功达到最大值。

　　图 4-75 为旧系统的总输出功 EE 随着工作气体压力变化的规律，大致趋势呈现下降的趋势，在 6MPa 旧系统的总输出功为最大值。

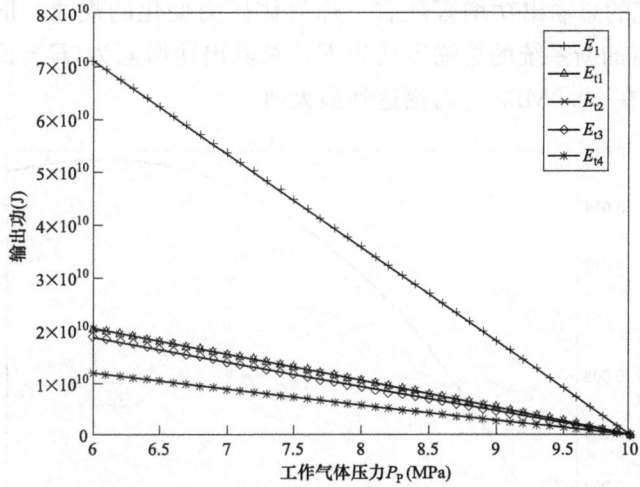

图 4-73　定压运行 $P_4 = 4\text{MPa}$ 时，工作气体压力对输出功的影响

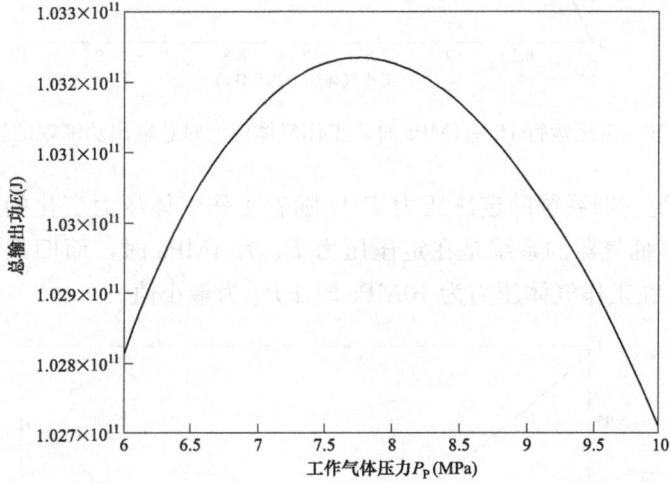

图 4-74　定压运行 $P_4 = 4\text{MPa}$ 时，工作气体压力对总输出功的影响

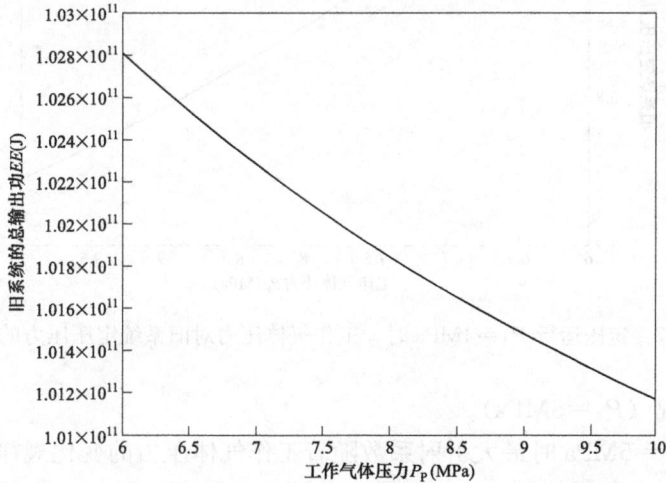

图 4-75　定压运行 $P_4 = 4\text{MPa}$ 时，工作气体压力对旧系统总输出功的影响

图 4-76 为系统的总输出功增幅随着工作气体压力变化的规律，旧系统总输出功为 EE，含射气抽气器的新系统的总输出功为 E，总输出功增幅为 $(E-EE)/EE$ 大致趋势呈现上升的趋势，在 10.0MPa 时增幅达到最大值。

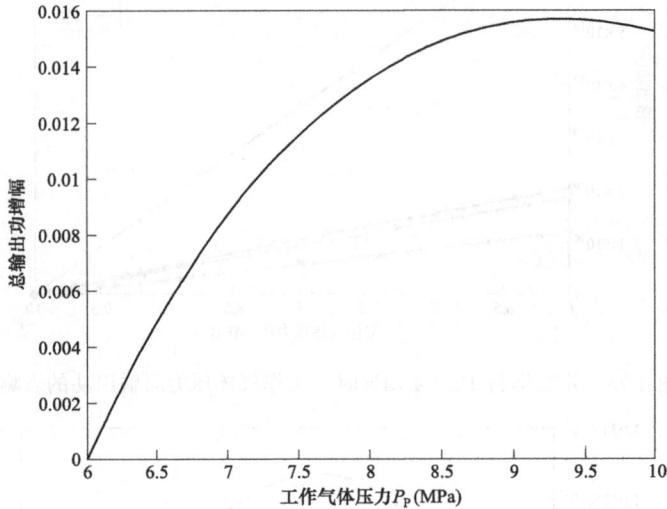

图 4-76　定压运行 $P_4 = 4$MPa 时，工作气体压力对总输出功涨幅的影响

图 4-77 为系统的旧系统的定压压力 PP_4 随着工作气体压力变化的规律，大致呈现下降趋势，含射气抽气器的系统是在定压压力 P_4 为 4MPa 时，而旧系统的定压压力最大值也为 4MPa，在工作气体压力为 10MPa 时 PP_4 为最小值。

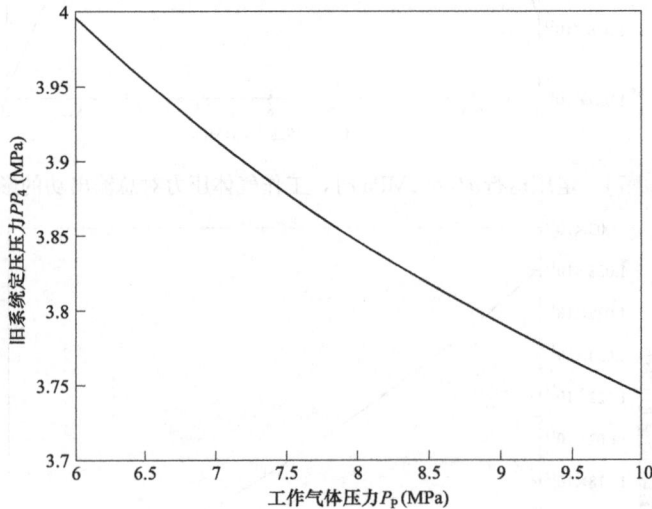

图 4-77　定压运行 $P_4 = 4$MPa 时，工作气体压力对旧系统定压压力的影响

（3）定压工况（$P_4 = 5$MPa）。

图 4-78 为 $P_4 = 5$MPa 时最大引射系数随着工作气体压力的变化规律，从 7.5MPa 时才具备引射能力，变化趋势基本上呈现线性，随着工作压力增大，最大引射系数线性增

大。在 7.5MPa 时引射系数为最小值，在 10MPa 时引射系数达到最大值。

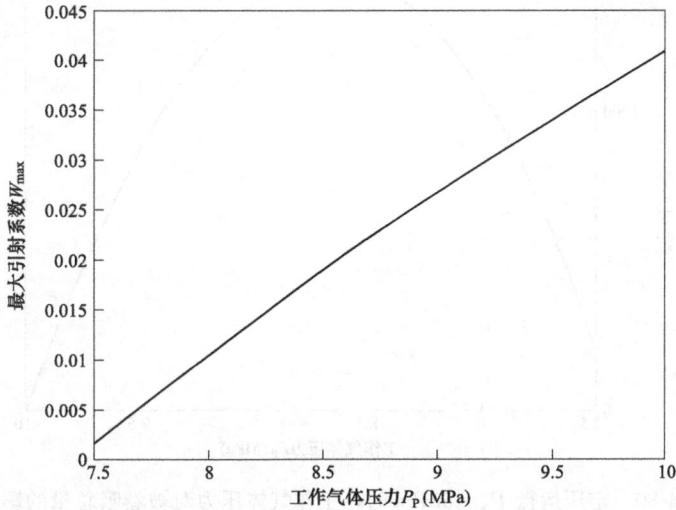

图 4-78 定压运行 $P_4 = 5$MPa 时，工作气体压力对最大引射系数的影响

图 4-79 为 $P_4 = 5$MPa 时定压运行的总时间 t_2 和含射气抽气器定压运行的时间随工作气体压力变化的规律，定压运行的总时间 t_2 与工作气体压力的关系大致趋势呈现抛物形，含射气抽气器定压运行的时间随工作气体压力变化的规律大致为直线，定压运行的总时间变化比较平缓，数值相差不大。

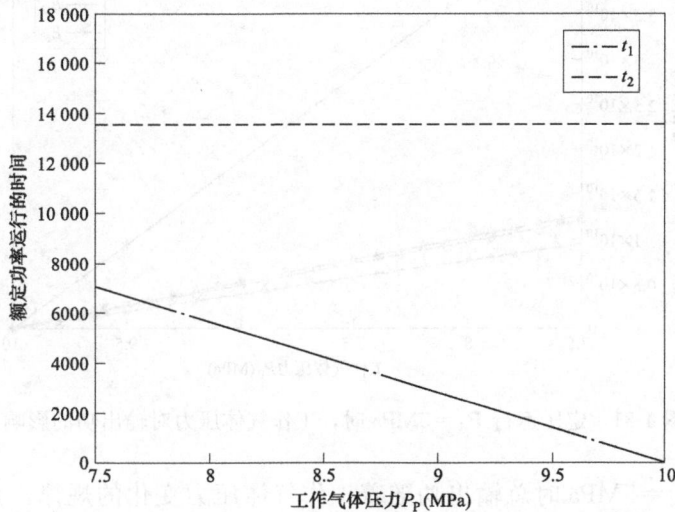

图 4-79 定压运行 $P_4 = 5$MPa 时，工作气体压力对定压运行工作总时间的影响

图 4-80 为 $P_4 = 5$MPa 时被卷吸的总量随工作气体压力变化的规律，大致趋势呈现抛物形。被卷吸的总量在 8.7MPa 附近达到最大值。

图 4-81 为 $P_4 = 5$MPa 时各个膨胀机输出功以及含射气抽气器的时间做的总功随工作气体压力变化的规律。E_1 为含射气抽气器的时间做的总功，$E_1 = E_{t1} + E_{t2} + E_{t3} +$

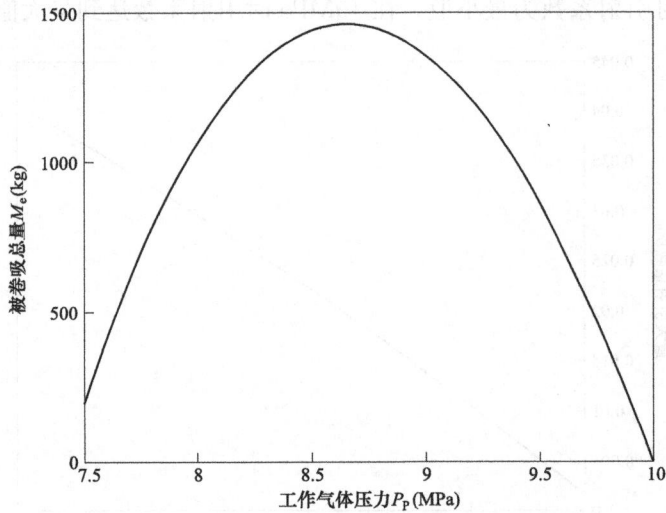

图 4-80　定压运行 $P_4=5$MPa 时，工作气体压力对被卷吸总量的影响

E_{t4}，E_1 在 7.5MPa 达到最大值。E_{t1} 和 E_{t2} 两者变化趋势基本一致，E_{t3} 略小于 E_{t1} 和 E_{t2}，E_{t4} 变化幅度最小。

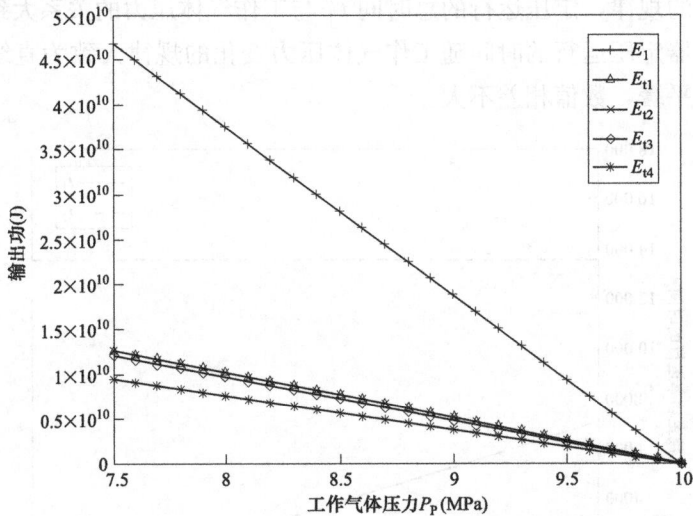

图 4-81　定压运行 $P_4=5$MPa 时，工作气体压力对输出功的影响

图 4-82 为 $P_4=5$MPa 时总输出功随着工作气体压力变化的规律，大致趋势呈现抛物形的形状。在 8.7MPa 附近总输出功达到最大值。

图 4-83 为旧系统的总输出功 EE 随着工作气体压力变化的规律，大致趋势呈现下降的趋势，在 7.5MPa 旧系统的总输出功为最大值。

图 4-84 为系统的总输出功增幅随着工作气体压力变化的规律，旧系统总输出功为 EE，含射气抽气器的新系统的总输出功为 E，总输出功增幅为 $(E-EE)/EE$，大致趋势呈现上升的趋势，在 10.0MPa 时增幅达到最大值。

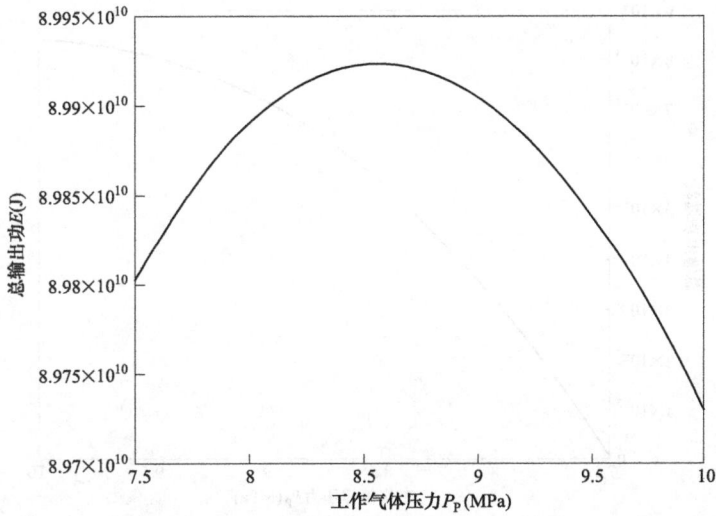

图 4-82　定压运行 $P_4=5$MPa 时，工作气体压力对总输出功的影响

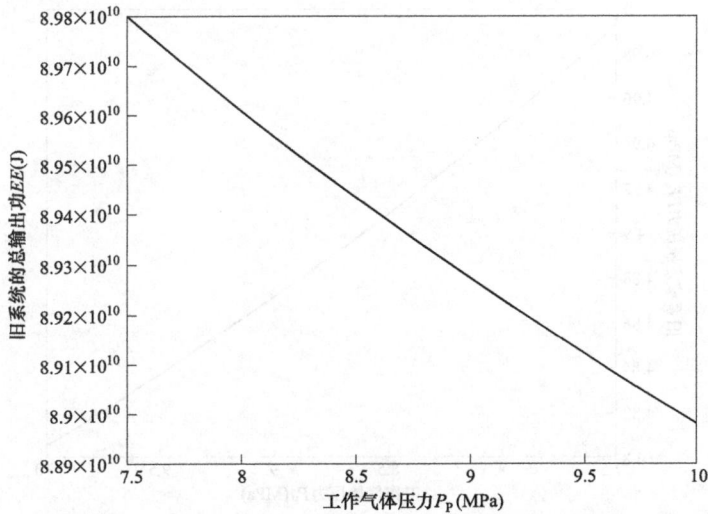

图 4-83　定压运行 $P_4=5$MPa 时，工作气体压力对旧系统总输出功的影响

　　图 4-85 为系统的旧系统的定压压力 PP_4 随着工作气体压力变化的规律，大致呈现下降趋势，含射气抽气器的系统是在定压压力 P_4 为 5MPa 时，而旧系统的定压压力最大值略小于 5MPa，在工作气体压力为 10MPa 时 PP_4 为最小值。

　　（4）不同定压工况下 10MW 蓄热式压缩空气储能系统的释能特性。

　　P_4 为膨胀段入口压力，这里统计 $P_4=3$、4、5MPa 三种工况，t_1 为含射气抽气器定压运行的时间，t_{2max} 为定压运行总时间的最大值，t_{20} 为 $P_P=10$MPa 时对应的定压运行的时间。M_{emax} 为被卷吸的总量的最大值，E_{max} 为总输出功最大值，E_0 为 $P_P=10$MPa 时对应的定压运行的总输出功。$A=E_{max}/(M_0-M)$ 为单位储气罐气体质量的做功量，$A_0=E_0/(M_0-M)$ 为 $P_P=10$MPa 时单位储气罐气体质量的做功量。由表 4-2 可以看到

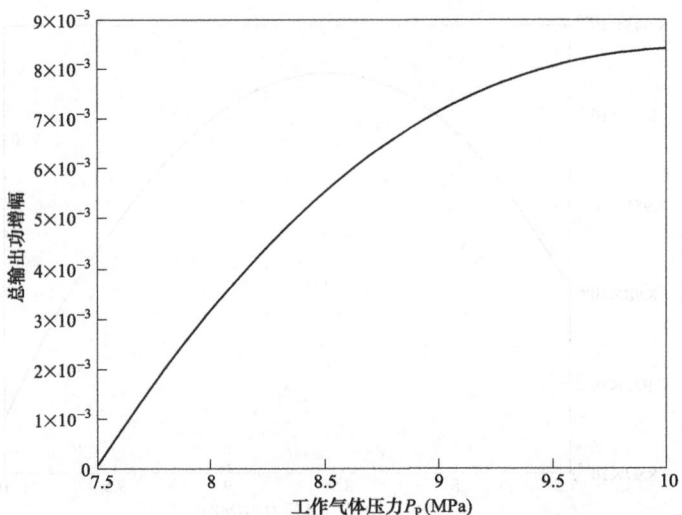

图 4-84　定压运行 $P_4 = 5\mathrm{MPa}$ 时，工作气体压力对总输出功涨幅的影响

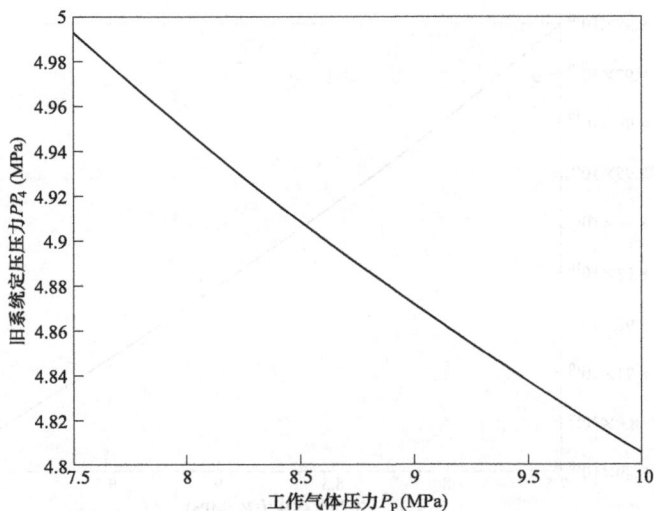

图 4-85　定压运行 $P_4 = 5\mathrm{MPa}$ 时，工作气体压力对旧系统定压压力的影响

3MPa 时的 t_{2max}、M_{emax}、E_{max} 是最优值，但单位储气罐气体质量的做功量 A 随 P_4 增加而增大，这是因为越大 P_4 则做功能力越大；含射气抽气器时，做功总量的增幅 $(E_{max} - E_0)/E_0$ 随 P_4 增大而减小；新旧系统的总功增幅 $(E_{max} - EE)/EE$ 随 P_4 增大而减小，最大值为 2.29%（对应 $P_4 = 3\mathrm{MPa}$），最小值 0.59%（对应 $P_4 = 5\mathrm{MPa}$）。

表 4-2　　以 T_2 排气为低压气源时，定压工况 $P_4 = 3$、4、5MPa 的统计参数

统计参数	3MPa	4MPa	5MPa
t_{1max}(s)	2.6069×10^4	1.4157×10^4	7.0616×10^3
P_{popt}(MPa)	4.5	6.0	7.5

续表

统计参数	3MPa	4MPa	5MPa
$t_{2max}(s)$	3.3068×10^4	2.0787×10^4	1.3619×10^4
$P_{popt}(MPa)$	6.9	7.8	8.7
t_{20}	3.2227×10^4	2.0511×10^4	1.3538×10^4
$P_p(MPa)$	10.0	10.0	10.0
$[(t_{2max}-t_{20})/t_{20}] \times 100\%$	2.61%	1.35%	0.598%
$M_{emax}(kg)$	9.0206×10^3	4.1186×10^3	1.4615×10^3
$P_{popt}(MPa)$	6.9	7.8	8.7
w_{max}	0.0572	0.0368	0.0221
$E_{max}(J)$	1.1329×10^{11}	1.0323×10^{11}	8.9924×10^{10}
$P_{popt}(MPa)$	6.9	7.8	8.6
E_0	1.1212×10^{11}	1.0271×10^{11}	8.9729×10^{10}
$P_p(MPa)$	10.0	10.0	10.0
$[(E_{max}-E_0)/E_0] \times 100\%$	1.04%	0.51%	0.22%
$E_{max}/(M_0-M)$	3.2751×10^5	3.4988×10^5	3.6826×10^5
$P_{popt}(MPa)$	6.9	7.8	8.6
$E_0/(M_0-M)$	3.2412×10^5	3.4810×10^5	3.6746×10^5
$P_p(MPa)$	10.0	10.0	10.0
$[(A-A_0)/A_0] \times 100\%$	1.04%	0.51%	0.22%
$[(E_{max}-EE)/EE] \times 100\%$	2.29%	1.28%	0.59%
$P_{popt}(MPa)$	6.9	7.8	8.6

六、结论

本节建立了10MW蓄热式压缩空气储能系统释能段的数学模型。首先，在不考虑射气抽气器具体数学模型的前提下，探讨低压气源的合理选取、低压气源参数对释能功率的影响，就低压卷吸气的五种来源，分别考虑计及或不计卷吸气额外再热两种情况，给出了相应的释能功率及其增量，以及卷吸气额外再热对释能功率增量贡献的效率。基于该模型，通过嵌入蓄热式压缩空气储能系统的宽范围稳态工况特性，分析了射气抽气器提升蓄热式压缩空气储能系统释能功率的详细机理，给出了低压气源的最优选取方案。

其次，建立了射气抽气器的一维设计数学模型和计算流程，进而对不同低压气源条件下压缩空气储能系统的最大引射系数进行了全工况的计算分析。发现与不考虑射气抽气器具体数学模型相比，考虑射气抽气器具体数学模型时得到的低压气源最优选取方案出现了明显的不同，说明考虑射气抽气器的具体数学模型是必要的。当考虑射气抽气器具体数学模型时，得出的主要结论如下。

(1) 只能选择 T1 排气为低压气源。选 T2、T3、T4 排气为低压气源时，由于 P_e 很小（<1MPa），使得低压气源与喷嘴出口工作气体的压差很小，卷吸作用严重减弱，射气抽气器的最大引射系数 $w_{max} \approx 0$。

(2) 定压运行时，工况选择不宜过高或过低。P_4 过高则引射系数过小，使得引射能力不足；P_4 过低虽然引射系数大，但低工况的做功能力不足。因此，理论上存在最优的定压运行工况选择。

(3) 分析了 10MW 蓄热式压缩空气储能系统的定压工况，考虑了含射气抽气器压缩空气储能系统（新系统）及不含射气抽气器压缩空气储能系统（旧系统）。对于新系统，分别考虑了 T1 缸排气和 T2 缸排气两种情况，根据第二章的射气抽气器数学模型，计算得到了不同工作气体压力 P_p 条件下的最大引射系数 w_{max}，进而统计得到了相关参数，如第一阶段定压运行时间 t_1，第二阶段定压运行时间 $t_2 - t_1$，被卷吸低压气体总质量 M_e，总做功量 E，相关参数的最大值及对应的最优工作气体压力，以及单位储气罐气体质量的做功量 $A = E_{max}/(M_0 - M)$ 等参数。对于旧系统，其流量等于新系统的储气罐流量，统计了旧系统定压工况相关参数。计算结果表明，t_{2max}、M_{emax}、E_{max} 随定压工况 P_4 的增大而减小；单位储气罐气体质量的做功量 A 随 P_4 增加而增大；含射气抽气器时，做功总量的增幅 $(E_{max} - E_0)/E_0$ 随 P_4 增大而减小；新旧系统的总功增幅 $(E_{max} - EE)/EE$ 随 P_4 增大而减小。以 T1 缸为低压气源时，新旧系统总功增幅 $(E_{max} - EE)/EE$ 的最大值为 9.94%（对应 $P_4 = 3$MPa），最小值为 2.32%（对应 $P_4 = 7$MPa）；以 T2 缸为低压气源时，新旧系统总功增幅 $(E_{max} - EE)/EE$ 的最大值为 2.29%（对应 $P_4 = 3$MPa），最小值 0.59%（对应 $P_4 = 5$MPa）。相同定压工况（即 P_4 相同）时，以 T1 排气为低压气源时的单位储气罐空气质量的做功量 $[A = E_{max}/(M_0 - M)]$ 比以 T2 排气为低压气源时大。

因此，低压气源的最佳选择为 T1 缸排气，并且定压工况压力 P_4 不宜过小，否则造成单位储气罐气体质量的做功量过小；P_4 不宜过大，否则造成新旧系统总功增幅过小、定压工况时长过短。

第五章
压缩空气储能发电系统源网耦合

第一节 源 网 耦 合

一、微电网

微电网是指由分布式电源、储能装置、能量转换装置、负荷、监控和保护装置等组成的小型发配电系统，是一个可以实现自我控制、保护和管理的自治系统。微电网依靠自身的控制及管理功能实现功率平衡控制、系统运行优化、故障检测与保护、电能质量治理等功能。开发和延伸微电网能够充分促进分布式电源与可再生能源的大规模接入，实现对负荷多种能源形式的高可靠供给，是实现主动式配电网的一种有效方式，使传统电网向智能电网过渡。

在推进能源供给侧的结构性改革，引导可再生能源就地消纳的过程中，微电网在电网中所占的比例逐渐加大，并成为智能电网及能源互联网的重要组成部分。凭借微电网的运行控制和能量管理等关键技术，可以实现其并网或孤岛运行、降低间歇性分布式电源给配电网带来的不利影响，最大限度地利用分布式电源出力，提高供电可靠性和电能质量。将分布式电源以微电网的形式接入配电网，被普遍认为是利用分布式电源有效的方式之一。微电网典型结构如图 5-1 所示。

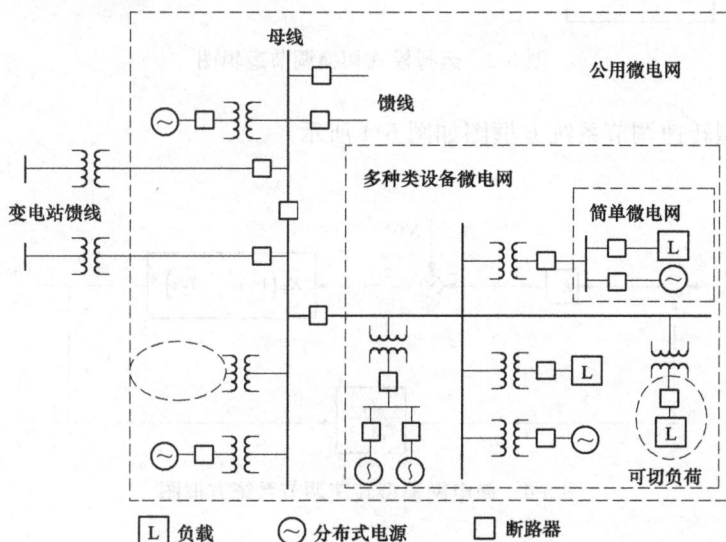

图 5-1 微电网典型结构

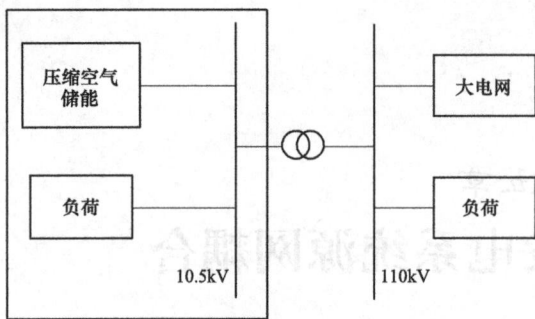

图 5-2 微电网简易模型

在此次模型中，压缩空气储能系统作为分布式电源和储能装置以及能量转换装置。根据微电网模型的概念，搭建可选择是否并大电网的电力系统与压缩空气储能系统耦合，微电网简易模型如图 5-2 所示。

相对于大电网内的同步发电机来讲，微电网容量微乎其微，因此在并网运行时，只向电网注入固定的有功功率及无功功率，无法控制并网点的电压和频率。而在微电网孤岛运行时，微电网内的电压和频率需要自行支撑。所以，针对微电网模型从并网模式到孤岛模式的切换（若大电网突然崩溃断路），需要将负荷调节转变为转速调节来控制发电机的频率。

对于并网运行到孤岛运行的切换，控制逻辑需要考虑以下几点。

（1）识别大电网的状态。

（2）自动将负荷调节转换为转速调节，发电机转速最后稳定至 3000r/min。运行模式切换调节逻辑图如图 5-3 所示，当辨识并网状态为"0"时，负荷调节切换为转速调节。

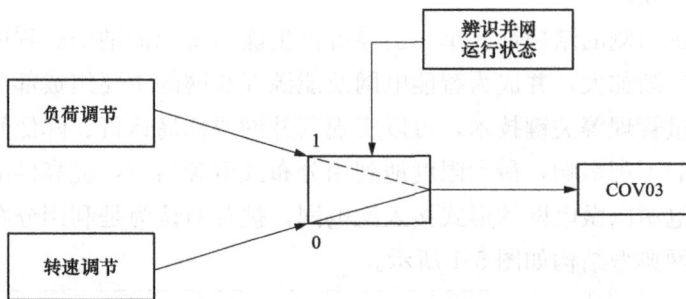

图 5-3 运行模式切换调节逻辑图

微电网模型转速调节系统方框图如图 5-4 所示。

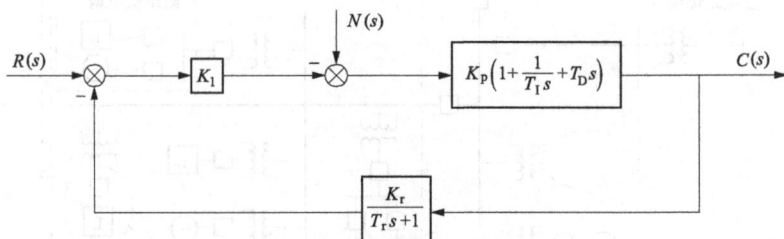

图 5-4 微电网模型转速调节系统方框图

具体转速系统方框图解析见表 5-1。

表 5-1　具体转速方框图解析

比例系数	K_1
PID调节	$K_P(1+1/T_I s + T_D s)$，K_P、T_I、T_D分别是比例系数、积分时间、微分时间
阀门信号至发电机转速过程	$K_r/(T_r s+1)$

在本系统中，$N(s)=0$，微电网模型转速调节的传递函数为

$$G(s) = \frac{C(s)}{R(s)} = \frac{K_1 K_P}{\dfrac{1}{1+\dfrac{1}{T_I s}+\dfrac{1}{T_D s}} + \dfrac{K_1 K_P K_r}{T_r s+1}} \tag{5-1}$$

二、机电耦合

同步发电机组的轴系是由原动机、发电机、励磁机的转子等用联轴器连接组成的同轴高速回转体，或弹性—惯性扭转振动系统。当机组正常运行时，轴系传递的扭转力矩作用于各个轴的断面上，其数值并不大，不会对轴系构成损坏。当发电机电磁转矩受到干扰，负荷突然变化，如突然短路、重合闸、误同步、失磁异步运行、失步震荡及次同步谐振时，就会引发轴系的扭转振动，即扭振。含有串补电容的输电系统也会引起电气系统的次同步谐振。当此谐振频率和汽轮发电机组轴系和电网间的相互作用而引起轴系扭振不稳定，造成轴的破坏，这就是机电耦合作用。

对于膨胀机—发电机组而言，在电力系统中，当负载突然发生变化或发生突然短路故障以及调整控制设备时，都将引起发电机的瞬变过程。发电机绕组的内部在瞬变过程中可能产生极大的机械应力，还可能产生很大的电磁转矩，引起剧烈的扭振以及转速升高现象。但是，在现场实际机组上进行汽轮机组轴系扭振的研究存在一定的局限性，特别是在电网冲击下进行机电耦合的作用的研究更具有一定的危险性。

为了检测膨胀机—发电机组和电力系统的机电耦合作用，对膨胀机—发电机组在电网突然短路的强大冲击下，发电机转速的调节进行仿真。甩负荷转速调节逻辑如图 5-5 所示，

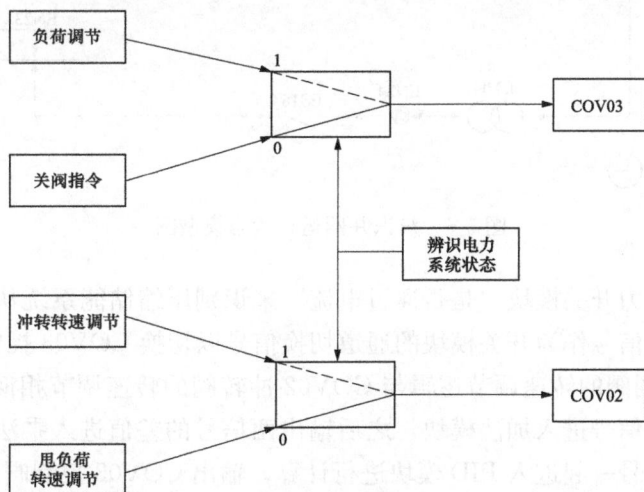

图 5-5　甩负荷转速调节逻辑

当辨识到电力系统状态为 "0" 时，对 COV02 和 COV03 阀门的控制分别切换至甩负荷转速调节和迅速关阀调节。甩负荷转速调节传递函数与微电网模型转速调节类似。

第二节 源网耦合模型

一、微电网模型

根据微电网概念，运用专用仿真平台软件中的电力模块搭建模型。微电网模型有两种模式，一是并网模式；二是孤岛运行模式，在此模式中，压缩空气储能系统脱离大电网后，需要拥有能够维持微电网恒压恒频的能力。

根据微电网模型的并网运行切换至孤岛运行的机理，仿真软件的控制模块搭建模型如图 5-6 和图 5-7 所示。其中，孤岛运行的负荷设置为 1MW。在并网运行时，发电机负荷为 10MW，大电网突然断网使压缩空气储能进入孤岛运行模式。

在控制逻辑中，设计了 PID05 "孤网下转速控制回路"，当感知到开关 "CON2INFIGRID" 断开时，通过该回路调节 COV03 控制阀，将发电机转速维持在 3000r/min，即孤网频率稳定在 50Hz。搭建模型的原则是将突然进入孤岛运行的压缩空气储能发电机的转速稳定至额定转速。

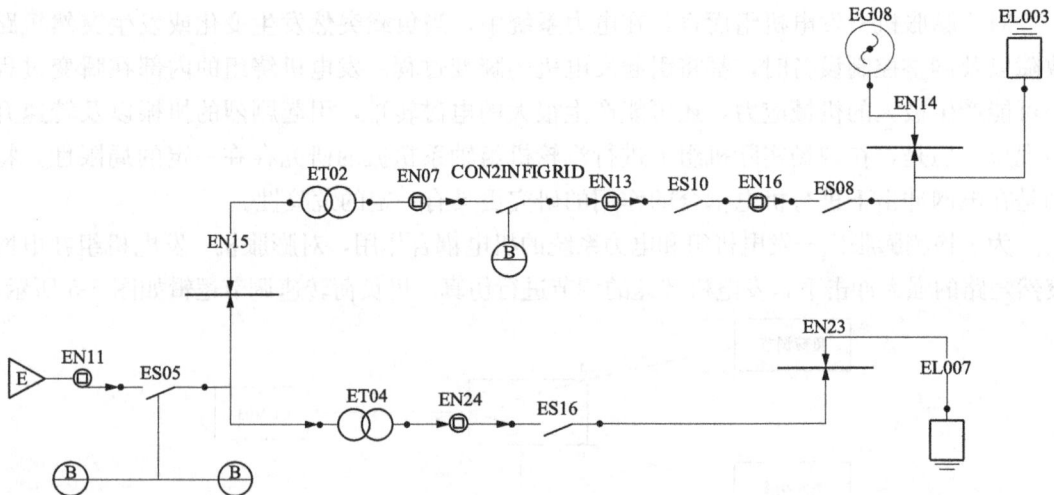

图 5-6 辨识并网运行状态模型图

首先，测量电力开关模块 "是否通过电流" 来识别压缩储能系统从并网运行到孤网运行的切换，测量信号作为开关模块的通道切换信号以切换 COV03 控制阀的转速调节。其次，COV03 控制阀的转速调节逻辑与 COV02 冲转阀的转速调节相似。发电机实际转速信号与额定转速信号进入加法模块，之后输出两信号的差值进入乘法模块。乘比例系数的信号与设定信号一起进入 PID 模块进行计算，输出 COV03 控制阀的阀门开度信号，之后阀门接受指令以调节发电机转速。同时，并网状态信号作为转速调节 PID "是否跟

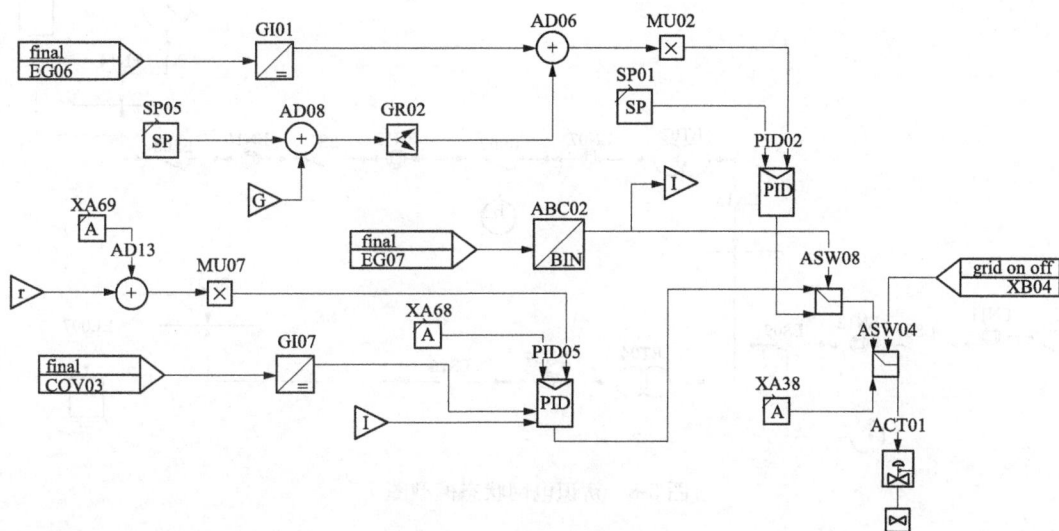

图 5-7 转速调节切换模型图

踪实际阀门开度"信号。并网状态为真时，此时 COV03 控制阀投入负荷调节，转速调节 PID 模块"跟踪实际阀门开度信号"，即 PID 的输出值为实际阀门开度信号；当并网状态为假时，投入转速调节，同时"跟踪实际阀门开度信号"为假，阀门开度信号以跟踪信号为初始值计算得到。这是为了避免在切换 COV03 控制阀调节逻辑时，负荷调节信号和转速调节信号不同，导致阀门开度大幅度跳跃。

二、机电耦合模型

对发电—膨胀机机组在电网短路冲击下的机电耦合作用进行仿真，控制逻辑需要有两个环节：

（1）辨识电力系统断路状态并迅速关闭 COV03 控制阀；

（2）切换 COV02 冲转阀转速调节使发电机转速最后稳定在额定转速。

根据实现在电网冲击下发电机转速的调节，运用仿真软件的控制模块搭建模型。电网冲击之前，将压缩空气储能系统的负荷是 5MW。以实际工程为标准，发电机转速最高为 3150r/min。对于此系统而言，发电机额定转速为 3000r/min。搭建模型过程如图 5-8～图 5-11 所示。

通过电力开关模块"是否通过电流"来识别压缩储能系统的电力系统状态，由二进制测量模块得到的信号进入 C0V02 和 C0V03 阀门的调节逻辑。对于 COV03 控制阀，要实现阀门在较短的时间内关闭；对于 COV02 冲转阀，需实现发电机转速的调节。如图 5-10 所示，电网状态信号分别作为 A 和 B 开关模块的通道切换信号，实现阀门开度信号为"0"达到迅速关闭 COV03 控制阀的指令输出和切换 COV02 冲转阀转速调节。

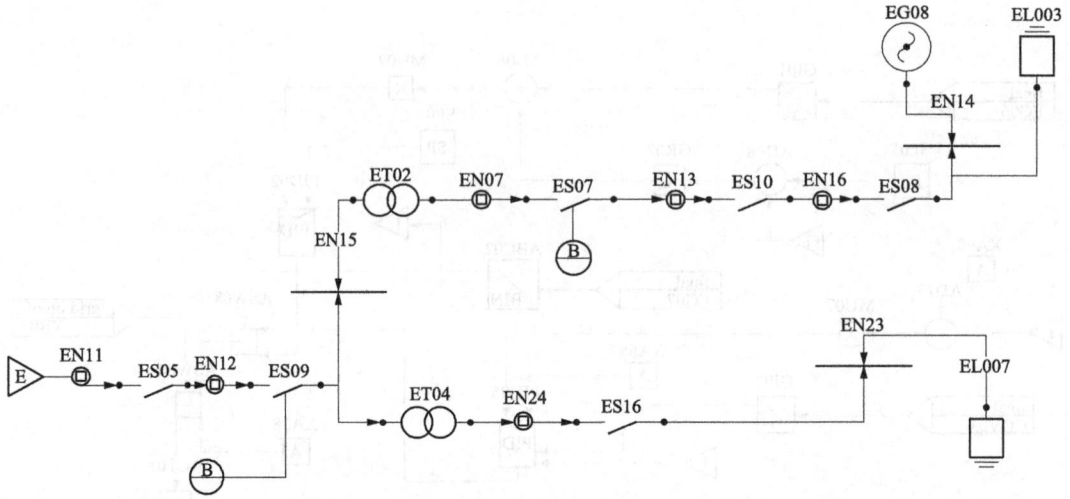

图 5-8 辨识电网状态模型图

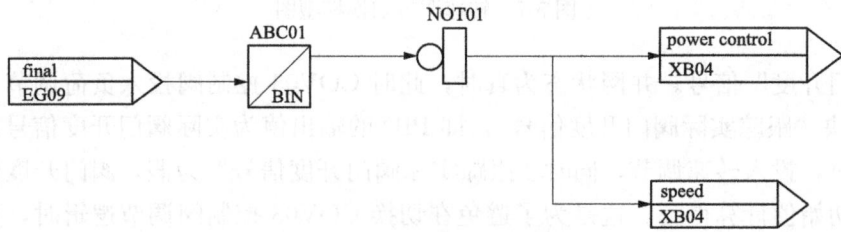

图 5-9 测量电网状态信号图

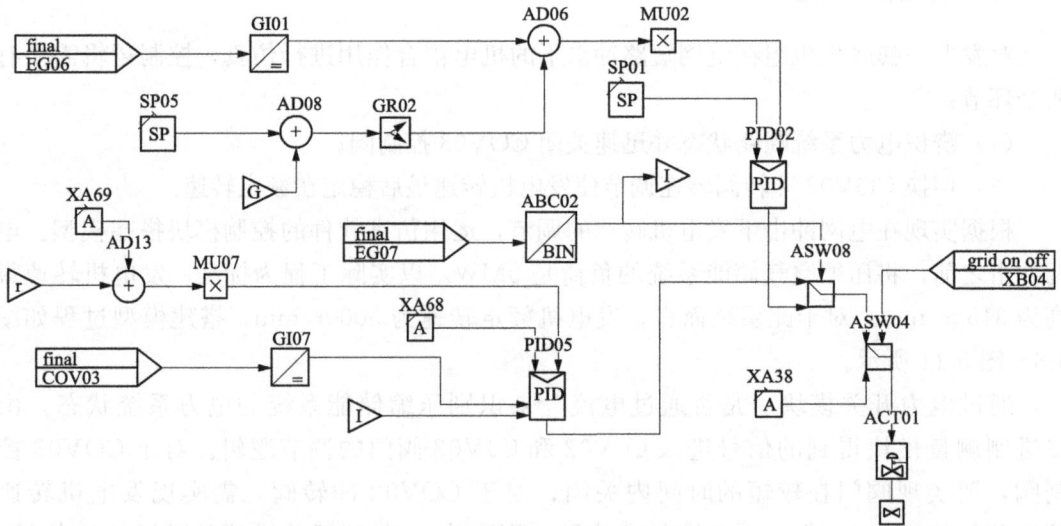

图 5-10 甩负荷关闭 COV03 阀门模型图

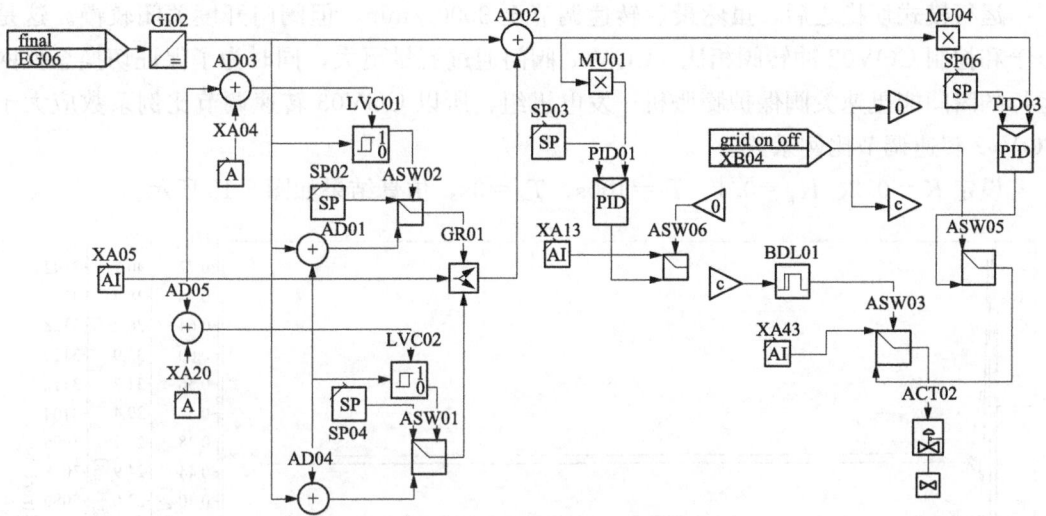

图 5-11　甩负荷 COV02 阀转速调节切换模型图

第三节　源网耦合动态特性

一、微电网模型动态特性

为了实现压缩空气储能系统从并网运行切换至孤网运行时的发电机转速调节，需要设定的控制参数有乘法模块的比例系数 K，PID 模块中的比例系数 K_P、积分时间 T_i、微分时间 T_d。为了调试参数，仿真发电机负荷在 10MW 的情况下由并网运行切换至孤网运行的发电机转速变化过程。

设定 $K=0.01$、$K_P=0.01$、$T_i=100s$、$T_d=0s$ 时，仿真结果如图 5-12 所示。

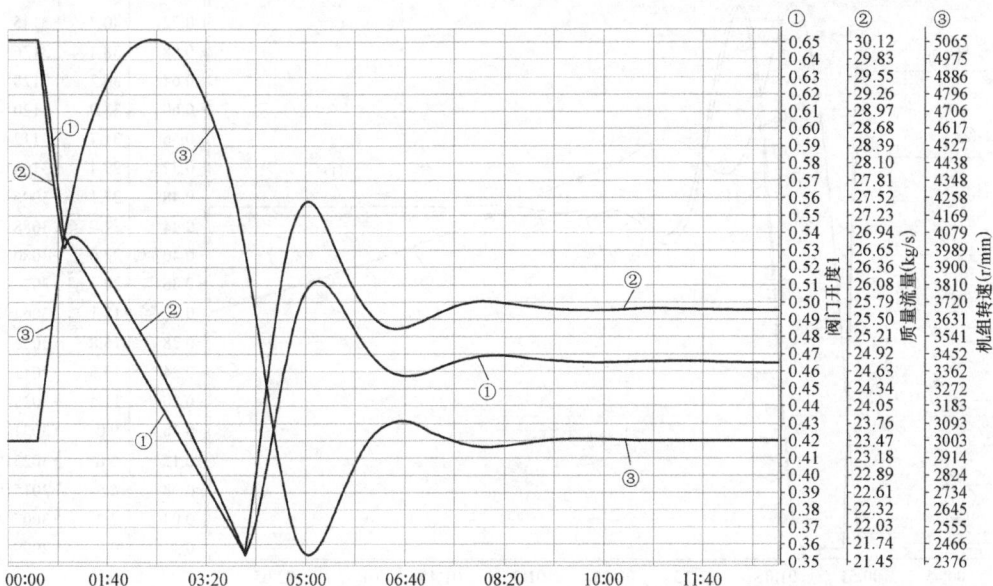

图 5-12　$K=0.01$、$K_p=0.01$、$T_i=100s$、$T_d=0s$ 时运行模式切换仿真图

155

　　运行模式切换之后，虽然最后转速调节至 3000r/min，但阀门开度关闭较慢。这是由于和控制 COV02 冲转阀相比，COV03 阀门通过流量更大，同时为了保证切换至孤网运行的瞬间能迅速关阀保护膨胀机—发电机组，所以 COV03 转速调节比例系数应大于 COV02 转速调节比例系数。

　　设定 $K=0.2$、$K_p=0.1$、$T_i=100s$、$T_d=3s$，仿真结果如图 5-13 所示。

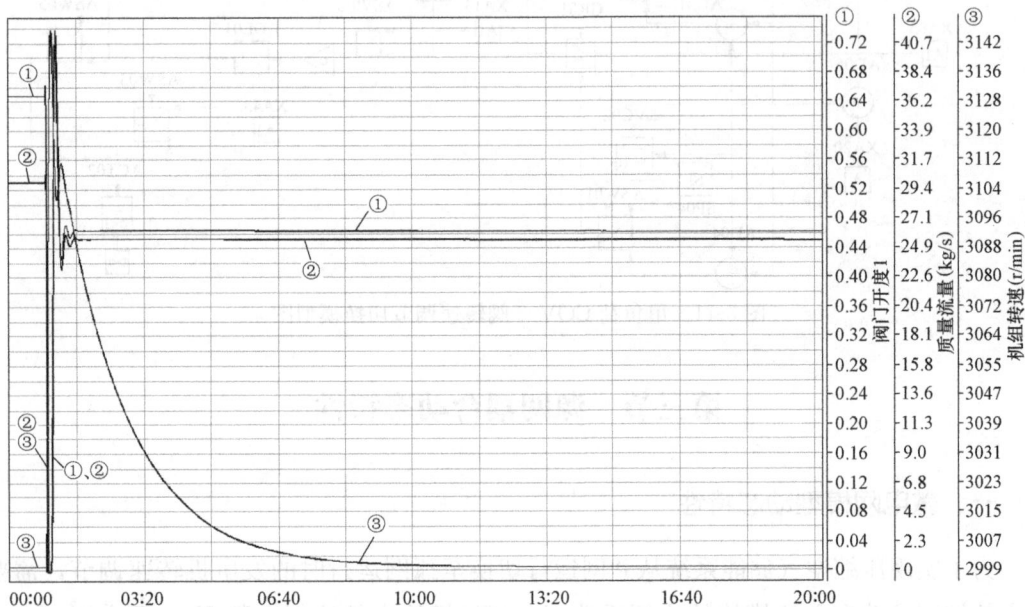

图 5-13　$K=0.2$、$K_p=0.1$、$T_i=100s$、$T_d=3s$ 时运行模式切换仿真图

　　发电机转速调节到 3000r/min，用时 19min。前 2min 的仿真结果如图 5-14 所示。

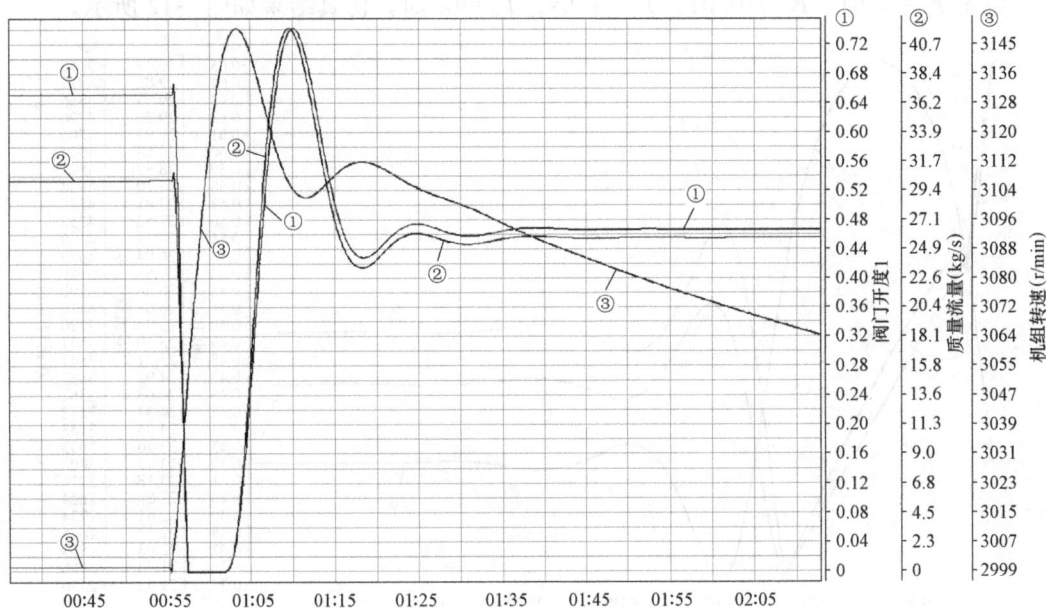

图 5-14　$K=0.2$、$K_p=0.1$、$T_i=100s$、$T_d=3s$ 时运行模式切换前 02：20 仿真图

当运行模式切换至孤网运行，COV03 阀门开度从 63% 关至 0，用时 1s，这是为了避免发电机转速升至 3150r/min，需要减少通过流量为膨胀机减少动力。当发电机转速升至最高转速 3149r/min 开始下降时，阀门开度慢慢增加至 74% 后下降至 43%，之后阀门开度变化较小。这是由于 COV03 控制阀阀门通过流量较大，虽然开度变化小，但流量通过变化相对大，所以之后开度变化较小，运用了 18min 阀门微调。

在不同的 PID 参数设置下进行了测试，如图 5-15 所示，过渡过程的参数见表 5-2。

表 5-2　　　　　　　　　不同控制参数下过渡过程的各种数据

参数名称	$K=1$、$K_p=0.05$、$T_i=100s$、$T_d=5s$	$K=1$、$K_p=0.01$、$T_i=100s$、$T_d=5s$	$K=1$、$K_p=0.0025$、$T_i=100s$、$T_d=5s$	$K=1$、$K_p=0.000\,025$、$T_i=100s$、$T_d=5s$
最高转速	3196	3182	3189	转速飞升 无法稳定
到达最高转速的时间（s）	19	16	16	—
稳定转速	3058	3000	3000	—
到达稳定转速的时间	7min	7min44s	7min40s	—
稳定后的功率	1.07	1.07	1.07	1.07
到达稳定功率的时间（s）	14	14	14	14
气门能否稳定	否	是	是	动作太慢
稳定后的气门开度（%）		8	8	

在不同的 PID 参数设置下进行测试，可以得到以下几点。

（1）在气门关闭期间，转速上升较大，可达 3128r/min。这一飞升转速主要由功率—负载不平衡度、气门关闭时间、机组转动惯量、系统剩余气体容积等因素决定。

（2）控制参数的设置对于转速过渡过程是否振荡、过渡过程的时间长短、最终能否稳定都有重要影响。

二、机电耦合模型动态特性

为了实现压缩空气储能系统在甩负荷工况下的发电机转速调节，需要设定的控制参数有乘法模块的比例系数 K，PID 模块中的比例系数 K_p、积分时间 T_i。分别进行了甩 5MW 和 10MW 的仿真实验，仿真发电机负荷在甩负荷后的转速过渡过程。

并网状态下，冲转阀 COV02 关闭。识别到甩负荷后，主阀 COV03 关闭，控制系统进入转速控制模式，冲转阀 COV02 在转速回路控制下逐渐开出，将转速稳定在 3000r/min。

甩负荷后，COV03 控制阀阀门开度由 52% 关闭至 0，用时 0.2s，如图 5-16 所示。

在不同的 PID 参数设置下，分别进行了甩 5MW 和 10MW 的仿真实验，发电机转速变化情况分别如图 5-17 和图 5-18 所示。

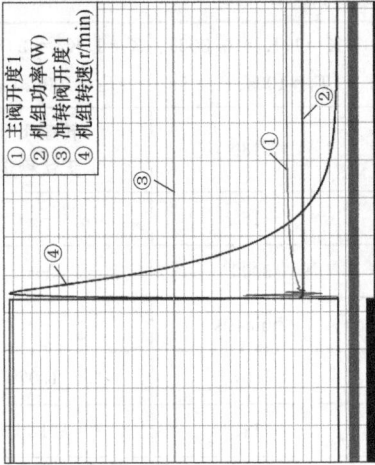

(a) $K=1$、$K_p=0.05$、$T_i=100s$、$T_d=5s$

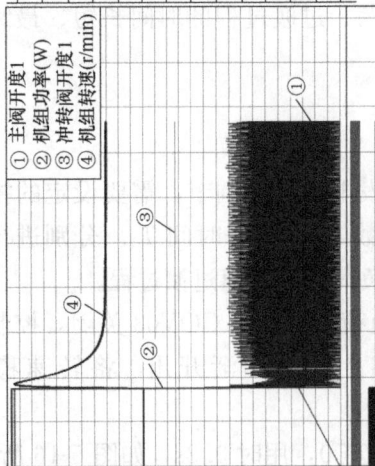

(c) $K=1$、$K_p=0.0025$、$T_i=100s$、$T_d=5s$

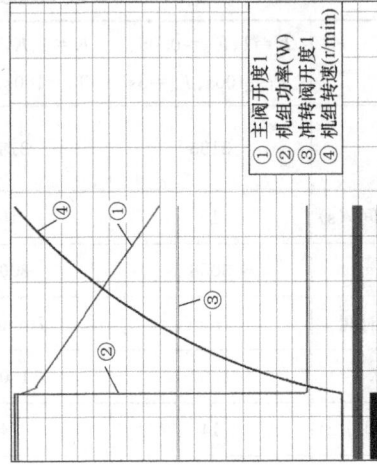

(b) $K=1$、$K_p=0.01$、$T_i=100s$、$T_d=5s$

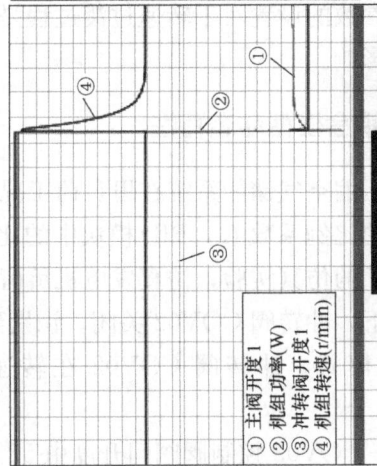

(d) $K=1$、$K_p=0.000\ 025$、$T_i=100s$、$T_d=5s$

图 5-15　不同整制参数下的过渡过程

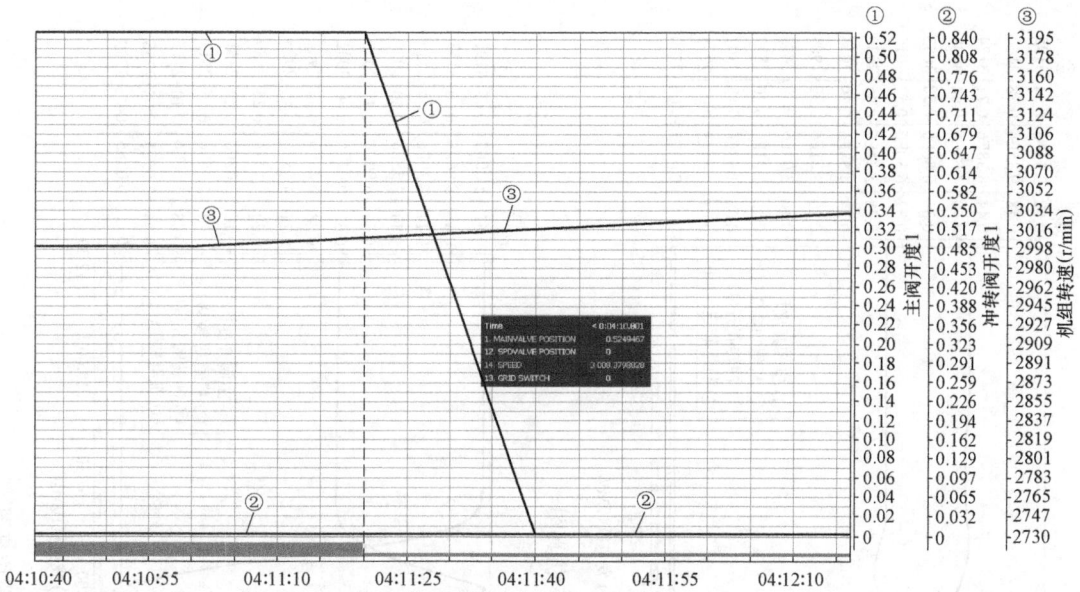

图 5-16　COV03 控制阀阀门控制过程

不同控制参数下的甩负荷指标见表 5-3。

表 5-3　　　　　　　　　　　不同控制参数下甩负荷指标

参数	甩负荷转速 PID 参数	单位	甩 5MW 指标	甩 10MW 指标
最高转速	$K=0.1$、$K_p=0.01$、$T_i=100s$	r/min	3081	3199
	$K=0.1$、$K_p=0.05$、$T_i=100s$	r/min	3081	3199
最高转速时间	$K=0.1$、$K_p=0.01$、$T_i=100s$	r/min	10	12
	$K=0.1$、$K_p=0.05$、$T_i=100s$	r/min	10	12
稳定时间	$K=0.1$、$K_p=0.01$、$T_i=100s$	r/min	1262	1210
	$K=0.1$、$K_p=0.05$、$T_i=100s$	r/min	409	262

由上述数据，可以得到以下几点。

（1）机组的最高转速主要由甩负荷前的功率、机组转动惯量、系统剩余气体容积等因素决定。

（2）控制参数的设置对于转速过渡过程是否振荡、过渡过程的时间长短、最终能否稳定都有重要影响。

(b) 发电机负荷10MW

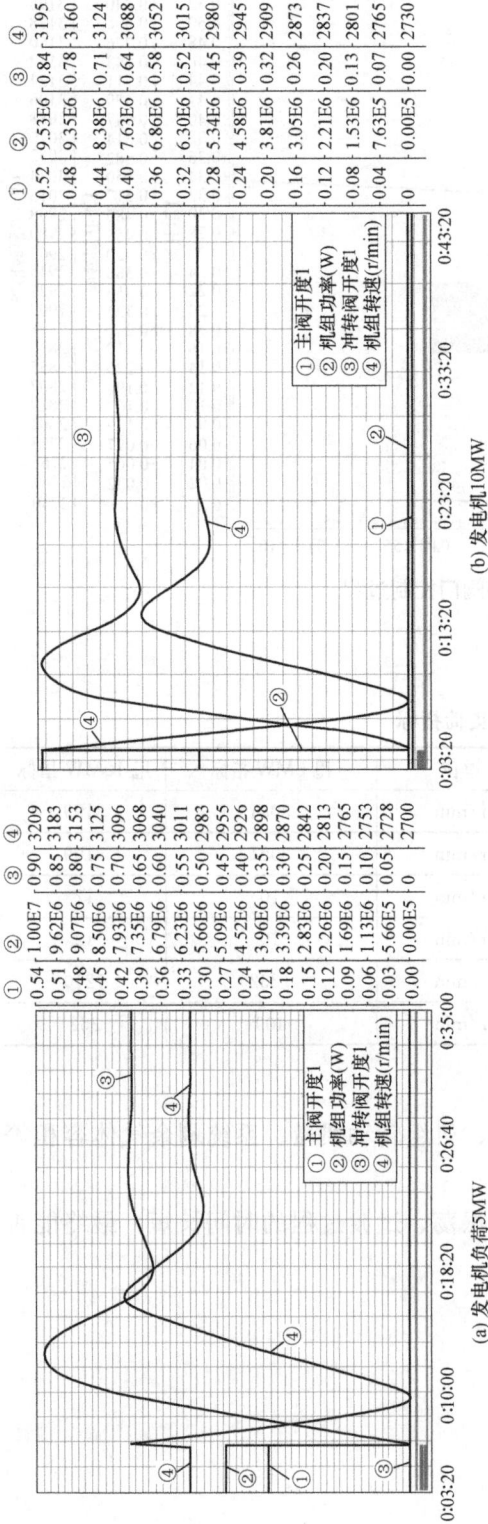

图 5-17 $K=0.1, K_p=0.01, T_i=100s$ 时甩负荷仿真图

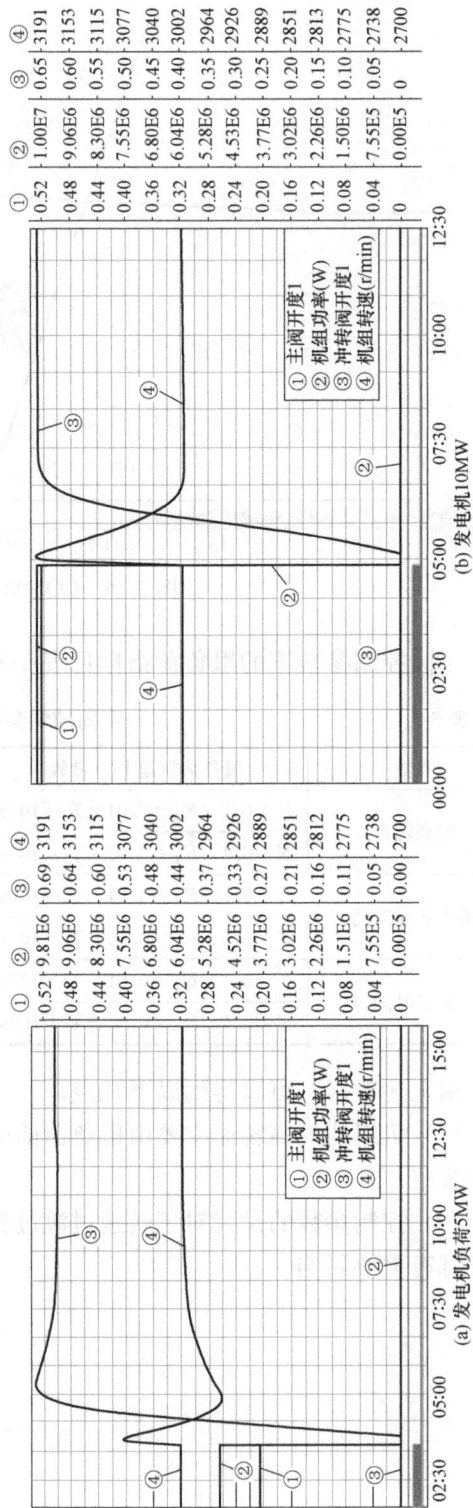

(a) 发电机负荷5MW

(b) 发电机甩负荷10MW

图 5-18 $K=0.1, K_p=0.05, T_i=100s$ 时甩负荷仿真图

(a) 发电机负荷5MW

第六章

压缩空气储能发电系统并网及测试

第一节　适用标准及并网点的选择

关于压缩空气储能接入配电网适用的标准，应从全局的角度进行综合考量，应从总论、可研、设计、基建及试运、生产等几个阶段进行考虑。目前没有专门的标准和导则。

储能类系统接入配电网的标准仅有《电化学储能系统接入配电网技术规定》（NB/T 33015—2014）系列。该标准规定了接入 10(20)kV 及以下电压等级配电网的电化学储能系统。但压缩空气储能与电化学储能在储能原理、运行方式、运行特性上均有重大差异，不适用该标准。考虑到压缩空气储能通过同步发电机发电、位于负荷中心附近，更接近分布式电源的定义。根据《分布式电源接入电网运行控制规范》（NB/T 33010—2014），分布式电源指："接入 35kV 及以下电压等级、位于用户附近、就地消纳为主的电源，包括同步发电机、异步发电机、变流器等"，建议将压缩空气储能作为分布式电源性质的储能系统来对待，在没有专门标准出台之前，可以参考《分布式电源接入配电网技术规定》（NB/T 32015—2013）系列标准。

压缩空气储能接入配电网适用的文件及标准具体如下：

《电网运行规则（试行）》（电监会 22 号令〔2006 年〕）

GB/T 12325—2008《电能质量　供电电压偏差》

GB/T 15543—2008《电能质量　三相电压不平衡》

GB/T 15945—2008《电能质量　电力系统频率偏差》

GB/T 19862—2016《电能质量　监测设备通用要求》

GB/T 28566—2012《发电机组并网安全条件及评价》

GB/T 30370—2013《火力发电机组一次调频试验及性能验收导则》

GB/T 31464—2015《电网运行准则》

GB 50150—2016《电气装置安装工程电气设备交接试验标准》

GB 50613—2010《城市配电网规划设计规范》

DL/T 596—1996《电气设备预防性试验规程》

DL 755—2001《电力系统安全稳定导则》

DL/T 5729—2016《配电网规划设计技术导则》

NB/T 32015—2013《分布式电源接入配电网技术规定》

NB/T 33011—2014《分布式电源接入电网测试技术规范》

NB/T 33010—2014《分布式电源接入电网运行控制规范》

NB/T 33013—2014《分布式电源孤岛运行控制规范》

SD 131—1984《电力系统技术导则》

城市供电电源接入配电网方式应遵循分层、分区、分散接入的原则。接入配电网的电厂应根据送出容量、送电距离、电网安全以及电网条件等因素论证后确定。电厂接入电网的电压等级、电厂规模、单机容量和接入方式应符合所在城市配电网的需要。

分布式电源应以就近消纳为主。需要并网时，应进行接入系统研究，接入方案应报有关主管部门审批后实施。

分布式电源接入电网后，不应从电网吸收无功，否则应配置合理的无功补偿装置。

因此，在压缩空气储能系统可研阶段，应委托设计单位开展压缩空气储能系统电源接入系统（含一、二次方案）方案设计，进行配电线路设计校核和电网稳定计算，确定接入配电网的电压等级，并根据电网实际情况，确定并网点，编制接入系统设计报告。

电力二次系统应当遵循"统一标准、统一设计、统一采购、统一建设、统一运行、统一升级"的原则，建设一体化电网运行智能系统。统一规划、统一设计，并与电力一次系统的规划、设计和建设同步进行。电网使用者的二次设备和系统应当符合电网二次系统技术规范。对于二次系统的设备选型，应当与电网匹配。

涉及电网运行的接口技术规范，由调度机构组织制定，并报电力监管机构备案后施行。拟并网设备应当符合接口技术规范。

在采购与电网运行相关或者可能影响电网运行特性的设备前，业主方应当组织包括调度机构在内的有关机构和专家对技术规范书进行评审。

压缩空气储能发电系统非常特殊，从压缩机工作储能的角度，属于大用户；从膨胀机释能的角度，属于电源。在规划设计阶段，应从两个角度开展工作。前期从大用户并网的角度，由业主委托工程咨询单位开展《用户接入系统方案》的设计和编制，待电网企业（省电力公司或地市供电局）组织评审并对《用户接入系统方案》作出批复后，在由业主委托工程咨询单位编制《供电工程可行性研究报告》并得到评审通过。

以上阶段，均属于规划设计的基础工作，后续的并网点选择、线路设计施工、设备选型、电源侧工程设计等，均以此为基础。

根据发电厂在系统中的地位和作用，不同规模的发电厂应分别接入相应的电压网络，应当合理分层，将不同规模的发电厂和负荷接到相适应的电压网络上；应当合理分区，电源与受端系统行程供需基本平衡的区域。

按照"位于负荷中心附近"的定位，压缩空气储能面对的电网一般为 110kV 以下的配电网。根据《配电网规划设计技术导则》（DL/T 5729—2016）规定，配电网指从电源侧（输电网、发电设施、分布式电源等）接受电能，并通过配电设施就地或逐级分配给各类用户的电力网络。110~35kV 电网为高压配电网，10(20、6)kV 电网为中压配电网，220V/380V 电网为低压配电网。

根据 DL/T 5729—2016 第 10.2.7 条推荐，6~50MW 的电源宜相应接入 20~110kV 电网。所以，10MW 的压缩空气储能宜接入 35kV 电网。另外，应合理选择接入点，控制短路电流和电压水平。应对接入的配电线路载流量、变压器容量进行校核，对接入的母线、线路、开关等进行短路电流和热稳定校核，必要时进行动稳定校核。接入单条线路的电源总容量不应超过线路的允许容量；本级配电网的电源总容量不应超过上一级变压器的额定容量以及上一级线路的允许容量。

第二节　并　网　管　理

如果将压缩空气储能看做电源，则其并网管理包括签订并网意向协议书、批复接入系统方案、签订并网协议书、签订购售电合同、签订并网调度协议五个阶段。如果将压缩储能设备看做用户，则需要用户接入系统方案审查与批复、签订并网意向协议书、签订并网调度协议三个阶段。

考虑到压缩空气储能的储能属性及运行方式与抽水蓄能类似，建议将压缩空气储能系统的并网按照抽水蓄能来对待和处理。

一、压缩储能环节

对于压缩空气储能系统的压缩储能环节，其自电网取电，由电动机驱动压缩机及相应辅机，得到满足要求的压缩空气，是典型的用电环节，因此，其并网管理按照用户并网管理执行。

考虑到压缩机的容量较大，建议先按照当地电网"35kV 及以上用户并网管理内容与方法"的规定进行办理。根据前面的分析，这里仅讨论压缩机容量在 20 000kVA 以上，接入 35kV 专线、专变的电力用户的并网管理流程。

一般来说，对于用电报装容量（含最终容量）达到 20 000kVA 及以上的，应建设用户专线及专用变电站，并采用 35kV 及以上电压等级供电。用户专用变电站的接入系统方式宜采用终端站形式，而且必须配置无功补偿装置。以上规定，在项目可研阶段，应充分考虑。

对于 35kV 及以上用户的并网管理，主要分为"用户接入系统方案审查与批复""并网意向性协议签订""并网调度协议签订"三个阶段，压缩空气储能系统压缩储能用电环节并网管理流程如图 6-1 所示。

1. 用户接入系统方案审查与批复

在以上流程中，"用户接入系统方案审查与批复"至关重要。一方面，这是后续工作的控制性节点，只有《用户接入系统方案》得到批复，方能开展后续工作；另一方面，在该方案中，将基本确定接入系统的一、二次方案设计、与电网相关的设备选型等关键因素，对于尽早开展设备选型和招标有重要作用。因此，委托有资质的单位尽早开展《用户接入系统方案》的编制，尽早开展评审工作，对于顺利推动工程实施有重要帮助。

在项目立项之初，应委托具备工程咨询资质的单位开展接入系统（含一、二次方案）方案设计，应根据国家行业标准、相关接入系统方案技术指导书、内容深度规定及

```
                    ┌──────────────────────┐
                    │    用户提出用电申请      │
                    └──────────┬───────────┘
                               │
                    ┌──────────┴───────────┐
                    │ 用户委托工程设计咨询单位   │
                    │ 编制《用户接入系统方案》    │
                    └──────────┬───────────┘
                               │
                    ┌──────────┴───────────┐
                    │ 地市(州)供电局组织评审     │
                    │ 《用户接入系统方案》       │
                    └──────────┬───────────┘
                               │
                    ┌──────────┴───────────┐
                    │      评审通过           │
                    └──────────┬───────────┘
                               │
              ┌────────────────┴────────────────┐
    ┌─────────┴──────────┐          ┌───────────┴──────────┐
    │ 地市(州)供电局         │          │ 地市(州)供电局          │
    │ 下达批复意见           │          │ 报省公司备案            │
    └─────────┬──────────┘          └──────────────────────┘
              │
    ┌─────────┴──────────────────┐
┌───┴──────────────┐  ┌──────────┴──────────┐
│ 用户委托工程咨询单位编制 │  │ 用户与地市供电局签订     │
│《供电工程可行性研究报告》 │  │《用户并网意向性协议》     │
└──────────────────┘  └──────────┬──────────┘
                                 │
                      ┌──────────┴──────────┐
                      │ 用户与地市供电局签订     │
                      │《用户并网调度协议》      │
                      └─────────────────────┘
```

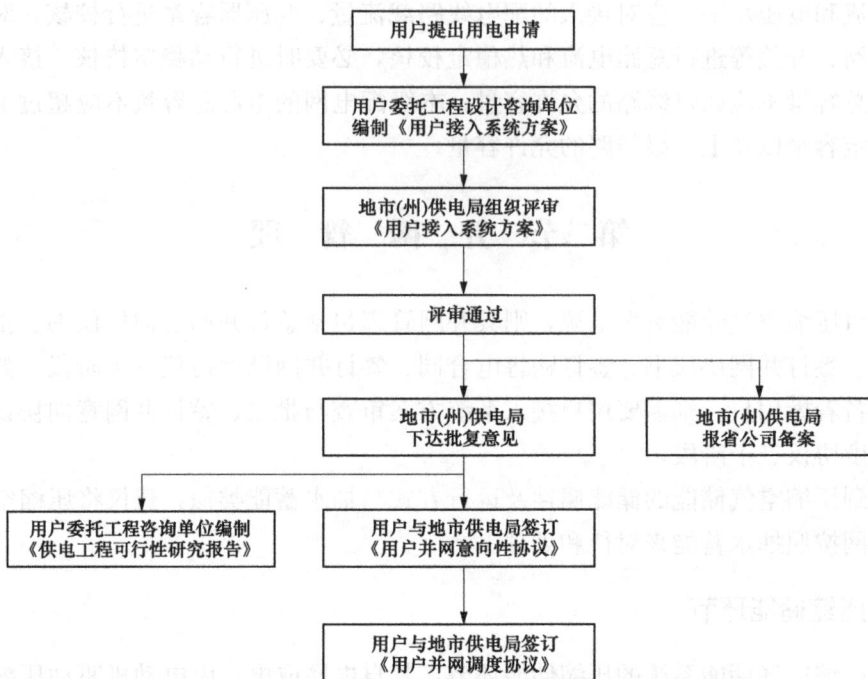

图 6-1　压缩空气储能系统压缩储能用电环节并网管理流程

报告编制和评审业务指导书等文件的要求，编制《用户接入系统方案》。

对于 35kV 接入系统方案，由地市供电局审批，审批通过后，由地市供电局下达批复意见并报省公司备案。在批复意见中，将明确变电站的性质、供电负荷容量、负荷等级、供电电压等级、具体的接入方案以及投资主体等。工程建设的主体框架剧本确定。

另外，考虑到压缩空气储能发电系统的特殊性，建议本阶段的接入系统方案设计与发电系统的输电规划和电源接入系统方案设计同步进行。

2.并网意向性协议签订

对于 35kV 的用电户，直接由地市供电局与用户签订并网意向性协议。协议包括双方责权、投资界面、计划投产时间、接入系统批复方案及下一阶段工作内容、深度及进度要求。

3.并网调度协议签订

在签订并网协议后、并网运行前，由地市供电局系统运行部门（调度部门）与用户签订并网调度协议。

至此，作为用电户的压缩环节完成了并网管理的相关流程，可以开展工程建设及后续并网运行。

二、膨胀发电环节

对于压缩空气储能系统的膨胀发电环节，由储气罐内的压缩空气在膨胀机中做功，驱动同步发电机发电，膨胀发电环节的并网管理按照新建电源并网管理执行。

梯级水电站、核电站或大型风电集群、涉及跨省区输电的电源项目、规划总装机规模超过 300 万 kW 的大型电源需要开展输电规划研究。考虑到压缩空气储能发电系统在现阶段容量一般不大，因此不需要开展电源输电规划研究工作。

与本章第一节相同，本文讨论的压缩空气储能发电系统定位于"不需要国家核准、接入 35kV 电压等级、装机容量在 10MW"。

对于 35kV 及以上用户的并网管理，主要分为"立项与审批""签订并网协议书""签订并网调度协议及购售电合同"三个阶段。

压缩空气储能系统膨胀发电环节并网管理流程如图 6-2 所示。

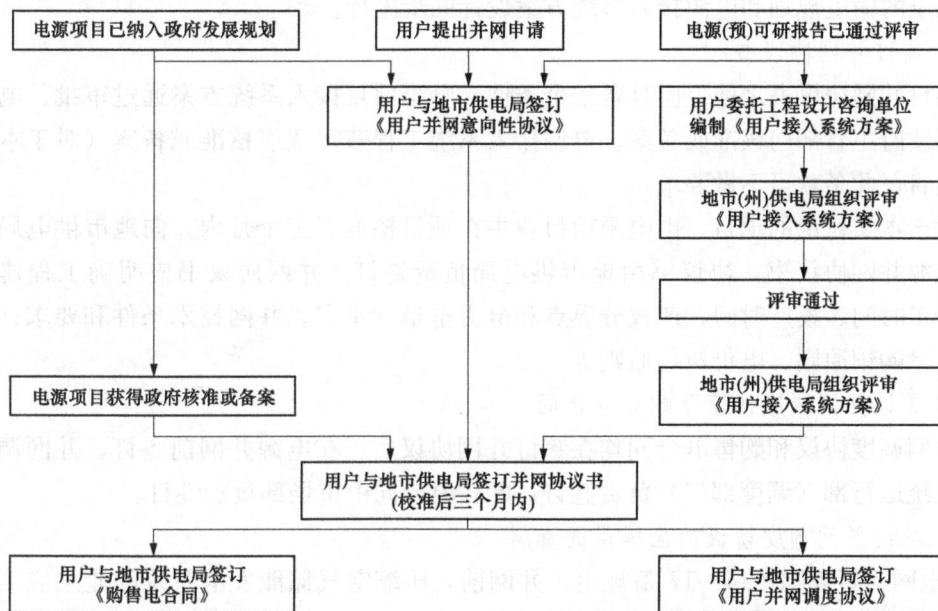

图 6-2　压缩空气储能系统膨胀发电环节并网管理流程

1. 立项与审批

在本阶段，工作应分三条主线并行开展：项目获得政府核准或备案、与供电局签订并网意向性协议、用户接入方案评审及获得批复。在这三条主线中，"项目获得政府核准或备案"对并网协议书由时间影响，可以充分做好前期沟通，手续最后办理；"与供电局签订并网意向性协议"难度最小，但为了《接入系统方案》评审的顺利推进，可早日办理；"用户接入方案评审及获得批复"耗时最长，其中包含了"电源预可研报告的编制和评审""接入系统方案的编制和评审""供电局下达批复意见"等众多环节，"用户接入方案评审及获得批复"应该要尽早开展，加强沟通，努力推进。

从图 6-2 来说，当业主有电源投资意向后，应早日努力将电源项目纳入政府电力发展规划，并组织完成电源预可研报告的编制和评审。

对于本文讨论的电源等级，在完成上述工作后，与地市供电局签订并网意向协议书。协议书将明确电源建设规模、计划开工时间、投产时间和接入系统工程投资主体等。并网意向协议书范本见附录。

"用户接入方案评审及获得批复"耗时最长，环节最多。在项目立项之初，应委托具备工程咨询资质的单位开展接入系统（含一、二次方案）方案设计，应根据国家行业标准、相关接入系统方案技术指导书、内容深度规定及报告编制和评审业务指导书等文件的要求，编制《用户接入系统方案》。

对于本文讨论的 35kV 接入系统方案，由地市供电局审批，审批通过后，由地市供电局下达批复意见并报省公司备案。需要注意的是，电源接入系统方案批复原则上两年内有效，若两年内未取得核准，需重新办理审批手续。

另外，考虑到压缩空气储能发电系统的特殊性，建议本阶段的接入系统方案设计与发电系统的输电规划和电源接入系统方案设计同步进行。

2. 签订并网协议书

签订并网协议书之前，应具备三个条件：电源项目接入系统方案通过审批、电源项目获得政府主管部门核准或备案、电源接入系统工程获得政府核准或备案（对于本文讨论的项目，此条款可不做要求）。

对于本文讨论的项目，由电源项目业主在项目核准后三个月内，向地市供电局申请签订电源并网协议书，协议书由地市供电局负责签订。并网协议书应明确工程建设规模、开工时间、投产时间、产权分界点和电力电量计量点、并网技术条件和要求、上网电力电量购销原则、电价执行原则等。

3. 签订并网调度协议及购售电合同

并网调度协议和购售电合同均在签订并网协议后、在电源并网前签订。并网调度协议由系统运行部（调度部门）负责签订，购售电合同由市场部负责签订。

4. 签订并网调度协议前应提供的资料

《电网运行规则》14～17 条规定，并网前，压缩空气储能发电系统的业主应当按照要求向调度机构提交并网调度所必需的资料。资料齐备的，调度机构应当按照规定程序向拟并网方提供继电保护、安全自动装置的定值和调度自动化、电力通信等设备的技术参数。调度机构应当对拟并网的新设备启动并网提供有关技术指导和服务，适时编制新设备启动并网调度方案和有关技术要求，并协调组织实施。拟并网方应当按照新设备启动并网调度方案完成启动准备工作。压缩空气储能发电系统的二次系统应当完成与调度机构的联合调试、定值和数据核对等工作，并交换并网调试和运行所必须的数据资料。调度机构应当根据国家有关规定、技术标准和规程，组织认定拟并网方的并网基本条件。拟并网方不符合并网基本条件的，调度机构应当向拟并网方提出改进意见。

在提交并网申请时，业主应向电网提交的资料如下（需要在并网启动过程中实测的参数可在机组并网后 5 日内提交）。

（1）潮流、稳定计算和继电保护整定计算所需的发电机（包括调速器、励磁系统）、主变压器等主要设备技术规范、技术参数及实测参数（包括主变压器零序阻抗参数）。

（2）与电网运行有关的继电保护及安全自动装置图纸（包括发电机、变压器整套保护图纸）、说明书，电力调度管辖范围内继电保护及安全自动装置的安装调试报告。

（3）与甲方有关的电站调度自动化设备技术说明书、技术参数以及设备验收报告等文件，电站远动信息表（包括电流互感器、电压互感器变比及遥测满刻度值），电站电能计量系统竣工验收报告，电站计算机系统安全防护有关方案和技术资料。

（4）与甲方通信网互联或有关的通信工程图纸、设备技术规范以及设备验收报告等文件。

（5）机组励磁系统及 PSS 装置（设计、实测参数）、低励限制、失磁、失步保护及动态监视系统的技术说明书和图纸。

（6）其他与电网运行有关的主要设备技术规范、技术参数和实测参数。

（7）现场运行规程。

（8）电气一次接线图。

（9）机组开、停机曲线图和机组升、降负荷的速率，机组 AGC、AVC、一次调频有关参数和资料。

（10）厂用电保证措施。

（11）机组调试计划、升压站和机组启动调试方案。

（12）电站有调度受令权的值班人员名单、上岗证书复印件及联系方式。

（13）运行方式、继电保护、自动化、通信专业人员名单及联系方式。

第三节　电源侧的技术要求

一、设备要求

按照《电网运行规则》第二十条的规定，发电机组并网应当具备下列基本条件。

（1）新投产的电气一次设备的交接试验项目完整，符合有关标准和规程。

（2）发电机组装设符合国家标准或者行业标准的连续式自动电压调节器；100MW以上火电机组、核电机组，50MW以上水电机组的励磁系统原则上配备电力系统稳定器或者具备电力系统稳定器功能。

（3）发电机组参与一次调频。

（4）参与二次调频的 100MW 以上的火电机组，40MW 以上非灯泡贯流式水电机组和抽水蓄能机组原则上具备自动发电控制功能，参与电网闭环自动发电控制；特殊机组根据其特性确定调频要求。

（5）发电机组具备进相运行的能力，机组实际进相运行能力根据机组参数和进相试验结果确定。

（6）拟并网方在调度机构的统一协调下完成发电机励磁系统、调速系统、电力系统稳定器、发电机进相能力、自动发电控制、自动电压控制、一次调频等调试，其性能和参数符合电网安全稳定运行需要；调试由具有资质的机构进行，调试报告应当提交调度机构，调度机构应当为完成调试提供必要的条件。

（7）发电厂至调度机构具备两个以上可用的独立路由的通信通道。

（8）发电机组具备电量采集装置并能够通过调度数据专网将关口数据传送至调度

机构。

（9）发电厂调度自动化设备能够通过专线或者网络方式将实时数据传送至调度机构。

继电保护、安全自动装置、调度自动化、电力通信等电力二次系统设备应当符合调度机构组织制定的技术体制和接口规范。电力二次系统设备的技术体制和接口规范报电力监管机构备案后施行。

接入电网运行的电力二次系统应当符合《电力二次系统安全防护规定》和其他有关规定。

发电机组的参数选择、继电保护（发电机失磁、失步保护、频率保护、线路保护等）、自动装置（自动励磁调节器、电力系统稳定器、稳定控制装置、自动发电控制装置等）的配置和整定必须与电力系统相协调。

压缩空气储能各设备应具有产品合格证以及相关安全认证，其设备供应商应提供产品技术参数、功能说明、型式试验报告、例行试验报告等相关技术文件。在设备选型时，应尽可能提前考虑电网的要求，防止出现电网不允许入网的情况。

压缩空气储能的防雷接地装置的设计和建设应满足《建筑物防雷设计规范》（GB 50057—2010）、《交流电气装置的接地设计规范》（GB/T 50065—2021）、《交流电气装置的过电压保护和绝缘配合》（DL/T 620—1997）等标准的要求。并应在厂区主接地网施工完成后，及时开展主接地网工频接地电阻测试。

CAES 并网点设备的绝缘强度应满足《电气装置安装工程　电气设备交接试验标准》（GB 50150—2016）的规定，并网点各回路交直流电缆绝缘应满足《额定电压 1kV 到 35kV 挤包绝缘电力电缆及附件 第 1 部分：额定电压 1kV 和 3kV 电缆》（GB/T 12706.1—2020）和《额定电压 1kV 到 35kV 挤包绝缘电力电缆及附件 第 2 部分：额定电压 6kV 和 30kV 电缆》（GB/T 12706.2—2020）的规定。

关于电能计量装置，应符合《电能计量装置技术管理规程》（DL/T 448—2016）的要求，计量装置应通过技术监督授权单位的校验并在有效期内。

根据《分布式电源接入电网运行控制规范》（NB/T 33010—2014）第 6.4 条规定，配置有逆功率保护的电源，逆功率保护应在 2s 内将电源与电网断开。

二、性能指标要求

1. 电能质量

压缩空气储能系统并入配电网，可参考《分布式电源接入配电网技术规定》（NB/T 32015—2013），对电能质量（含谐波、电压偏差、电压波动和闪变、电压不平衡度）、功率控制和电压调节、机组启停、运行适应性、安全、继电保护与安全自动装置、通信与信息系统、电能计量、并网检测进行要求，按照要求进行设备选型、功能设计、现场调试及检测验收。

应在公共连接点处装设 A 级电能质量在线监测装置，监测参数包括电压偏差、频率偏差、三相电压不平衡度、谐波、间谐波、闪变、电压暂降暂升及短时中断等，监测历史数据应至少保存一年。装置的电气性能应满足要求，具体按照《电能质量监测设备通用要求》（GB/T 19862—2016）的要求执行。

电源接入公共连接点的谐波注入电流应满足《电能质量 公用电网谐波》（GB/T 14549—1993）的要求，以 35kV 为例，基准短路容量为 250MVA，二次谐波电流允许值为 15A。

当电源接入后，所接入公共连接点的电压偏差应满足《电能质量 供电电压偏差》（GB/T 12325—2008）的规定，即："35kV 及以上供电电压正、负偏差绝对值之和不超过标称电压的 10%"。

关于电压波动和闪变，电源接入后，所接入公共连接点的电压波动和闪变值应满足《电能质量 电压波动和闪变》（GB/T 12326—2008）的要求。电压波动限值与负荷波动情况有关。以 35kV 电压等级、电压变动频度 r 小于 10 次/h 为例，电压波动限值 d（电压均方根值曲线上相邻两个极值电压之差对标称电压的百分数）为 3%。对于 35kV 电压等级，在 168h 内，长时间闪变限值为 1。其他更具体的要求，参见《电能质量 公用电网谐波》（GB/T 14549—1993）。

根据《电能质量 三相电压不平衡》（GB T 15543—2008）的规定，电网正常运行时，负序电压不平衡度不超过 2%，短时（指 3s～1min）不得超过 4%；接于公共连接点的每个用户引起该点负序电压不平衡度允许值为 1.3%，短时（指 3s～1min）不超过 2.6%。

关于频率偏差，根据《电能质量 电力系统频率偏差》（GB/T 15945—2008）的规定，电力系统正常运行条件下的频率偏差限值为 ±0.2Hz。当系统容量较小时，偏差限值可以放宽到 ±0.5Hz。冲击负荷引起的频率偏差限值一般也为 0.2Hz，虽然根据冲击负荷的性质和大小及系统容量可以有所变动，但应保证附近电力网的稳定运行和正常供电。

压缩空气储能系统是较为特殊的系统，从电网的角度，在压缩储能时可以看做电力用户，在膨胀驱动发电时可以看作电源。因此，不论是储能期间压缩设备的运转、抑或发电机启动期间辅助设备的启动，还是并网运行期间电力的输出，都不能对接入的配电网带来冲击，不应影响该区域配电网的电能质量。

2. 功率控制和电压调节

根据《分布式电源接入配电网技术规定》（NB/T 32015—2013）的要求，压缩空气储能应具有有功功率调节能力，输出功率的偏差及功率变化率应符合调度机构批准的运行方案。因此，在压缩空气储能试运和示范工程试运行期间，应针对压缩空气储能各设备的机械、电气特性和辅助系统能力，制定压缩空气储能的安全稳定运行边界，研究压缩空气储能的功率控制精度、最大功率、最小功率及最大功率变化率，作为该类型储能系统的型式试验数据。在此基础上，由调度机构结合电网稳定运行要求，下发机组的有功功率控制精度和最大变化速率。

压缩空气储能应该能够贡献无功，应能够参与电网的电压调节。通过同步发电机输出电能，同步发电机的功率因数应在 0.95（超前）～0.95（滞后）范围内连续可调，并能参与并网点的电压调节。因此，在压缩空气储能试运和示范工程试运行期间，应研究压缩空气储能的无功功率调节能力，作为该类型储能系统的型式试验数据。在此基础上，由电网调度机构结合电网稳定运行要求，设定电压调节方式、参考电压和电压调差率等参数。

3. 发电机组启停

《分布式电源接入配电网技术规定》（NB/T 32015—2013）之 6.1 条规定：当并网点频率偏差超过 ±0.2Hz 时，分布式电源不应启动。但对于同步发电机输出电能的压缩空气储能系统，应在膨胀机允许的运转频率范围内，更多地为电网调频调压做出贡献。建议此处参考膨胀机允许的运转频率范围。

《分布式电源接入配电网技术规定》（NB/T 32015—2013）之 6.1 条规定：当并网点电压偏差超过 GB/T 12325 时，分布式电源不应启动。根据 GB/T 12325—2008 的规定："35kV 及以上供电电压正、负偏差绝对值之和不超过标称电压的 10%"。以并网点电压为 35kV 为例，按照假设正负偏差对称，则允许分布式电源启动的电压范围在 33.25～36.75kV 之间。

对于采用同步发电机的压缩空气储能，应配置自动同期装置。自动同期装置应满足电网的要求，应在并网前开展自动同期装置功能试验（即"假同期试验"），考察同期装置性能。

与分布式电源相似，压缩空气储能系统发电系统启停时应执行调度机构的指令。

4. 电压运行适应范围

《分布式电源接入配电网技术规定》（NB/T 32015—2013）之 7.1.21 条规定，当并网点考核电压在 $0.85U_0$～$0.2U_0$ 之间不脱网，其中：在 $0.2U_0$ 应能坚持 0.625s，如果电压在 1.275s 内从 $0.2U_0$ 恢复到 $0.85U_0$，机组不能脱网，分布式电源低电压穿越要求如图 6-3 所示。

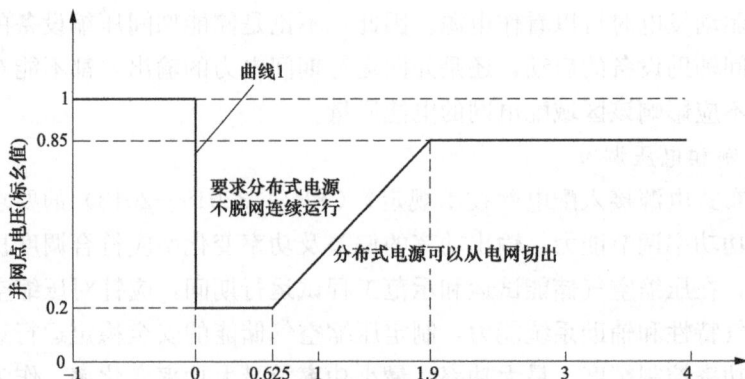

图 6-3　分布式电源低电压穿越要求

对于该规定，一方面应考察发电机电气部分的设备选型、已有设备能否满足要求；另一方面要详细梳理其他辅机（如油泵、给水泵、电动门、气动门电磁阀）对供电电压的要求，应该要求上述辅助设备也具备低电压穿越能力。在可研规划、设备选型期间应予以高度的重视该工作。

5. 频率运行适应范围

《分布式电源接入配电网技术规定》（NB/T 32015—2013）之 7.2.2 条规定，通过 35kV 并网的同步发电机类型分布式电源，在 $f < 48Hz$ 时，应至少运行 60s；在 $48Hz \leqslant f < 49.5Hz$ 时，应至少运行 10min；在 $49.5Hz \leqslant f \leqslant 50.2Hz$，应连续运行；在 $50.2Hz < f \leqslant 50.5Hz$ 时，按照调度要求降负荷；$f > 50.5Hz$ 时，立即脱网，在得到调度允许后方可并网。

从电源的角度，应根据以上规定，对压缩空气储能的膨胀机和同步发电机的机械特性做出要求。在示范工程研究期间，考虑到膨胀机是高速运转设备，应结合以上要求，研究膨胀机的运行频率区间，如果确实无法满足以上要求，应在制定压缩空气储能相关标准时加以修改。

在继电保护、安全自动装置、通信与信息等方面，压缩空气储能完全可以参考分布式电源的要求，由设计单位做出规划和设计选型。

考虑到本文讨论的压缩空气储能主要用于负荷中心附近的调频调峰和重要用户的保障，建议对于此类压缩空气储能，应要求具备孤岛运行功能，便于负荷中心供电的快速恢复。

6. AGC 性能指标

对于水电厂和火电厂，均要求直流采样功率变送器精度至少达到 0.2 级，交流采样三相有功功率测量精度至少达到 0.5 级，频率测量允许误差不大于 0.001Hz。

目前国家标准和行业标准并未对压缩空气储能发电系统的 AGC 性能提出要求。参考相关技术规范，主要类型机组 AGC 指标见表 6-1。

7. 一次调频性能指标

目前国家标准和行业标准并未对压缩空气储能发电系统的一次调频性能提出要求。参考相关技术规范，主要类型机组一次调频性能指标见表 6-2。

表 6-1　　　　　　　　　　　　主要类型机组 AGC 指标

指标 ＼ 机组类型	燃煤机组	循环流化床机组	燃气机组	燃油机组	水电机组
调节速率（%/min）	≥1	1	≥2	3	50
响应时间（s）	60				20
调节精度（稳态）（%）	≤3	1	≤3	1	≤3
调节精度（动态）（%）	≤5		≤5		≤5
可调容量（%）	≥50				>80
响应延时（s）	直吹式≤90 中储式≤60		≤30		≤30

续表

指标 \ 机组类型	燃煤机组	循环流化床机组	燃气机组	燃油机组	水电机组
反向延时（s）	直吹式≤180 中储式≤120		≤60		≤30
AGC功能可用率（%）	≥98		≥98		≥98
AGC功能投入率（%）	≥90		≥90		≥90
AGC控制合格率（%）	≥95		≥95		≥95

注 1. AGC功能可用率：机组AGC功能可用时间与并网运行时间的百分比。

2. AGC功能投入率：机组AGC功能投入时间与机组处于AGC调节范围内的并网运行时间的百分比。

3. AGC控制合格率：机组AGC控制合格时间或合格时段的时间总和与AGC功能投入时间的百分比。

4. 调节精度（稳态）：机组AGC命令执行完后，机组实际出力和目标值的误差与机组容量的百分比。

5. 调节精度（动态）：机组AGC命令执行过程中，机组实际出力和目标值的误差与机组容量的百分比。

表 6-2 主要类型机组一次调频性能指标

指标 \ 机组类型		火电机组	水电机组	核电机组
转速不等率（%）		≤5	≤4	≤5
调速系统迟缓率（液调）	单机容量≤10万kW	<0.4		
	单机容量10万~20万kW	<0.2		
	单机容量>20万kW	<0.1		
调速系统迟缓率（电调）	单机容量≤10万kW	<0.15		
	单机容量10万~20万kW	<0.1		
	单机容量>20万kW	<0.07		
一次调频死区（Hz）		≤±0.033	≤±0.05	≤±0.066
响应滞后时间（s）		≤3	≤8	≤3
稳定时间（s）		<60	<60	<60
达到75%目标负荷的时间（s）		≤15		
达到90%目标负荷的时间（s）		≤30（燃气机组≤15）		
负荷变化幅度	20万kW及以下机组	≥±10%	100%	≥±5%
	20万~50万kW机组	≥±8%		
	50万kW以上机组	≥±6%		

注 1. 一次调频响应滞后时间：当电网频率变化达到一次调频动作值到机组负荷开始变化所需的时间。

2. 一次调频稳定时间：机组参与一次调频过程中，在电网频率稳定后，机组负荷达到稳定所需的时间。

8. 励磁系统性能指标

目前国家标准和行业标准并未对压缩空气储能发电系统的励磁系统性能提出要求。参考相关技术规范，主要类型机组励磁系统性能指标见表6-3。

表6-3 主要类型机组励磁系统性能指标

机组类型 指标	火电机组	水电机组	核电机组
电压响应时间	2个单位/s	2个单位/s	
电压响应时间（快速励磁系统）	上升时间≤0.08s；下降时间≤0.15s		
自并励系统延迟时间（s）	≤0.03	≤0.03	
发电机机端电压精度	优于1%	优于1%	
年强迫停运率（%）	≤0.5	≤0.5	

9. 调峰性能指标

目前国家标准和行业标准并未对压缩空气储能发电系统的调峰性能提出要求。参考相关技术规范，对其他类型机组的指标要求见表6-4。

表6-4 主要类型机组调峰性能指标

机组类型 指标	燃煤机组	生物质机组	燃气机组	燃油机组	水电机组	核电机组
基本调峰范围	100%~50%	100%~50%	100%~0%	100%~0%		100%~最小技术出力
深度调峰范围	<50%	<50%				
启停调峰	停运后72h再次启动					

10. 调速系统性能指标

考虑到压缩空气储能系统配置同步发电机，发电机转速为1500r/min或3000r/min，与火力发电厂的汽轮机基本相同。为了保证转速控制性能，推荐采用《火力发电厂汽轮机控制系统验收测试规程》（DL/T 656—2006）作为转速控制的验收标准，同时，参考《汽轮机调节控制系统试验导则》（DL/T 711—1999）和《火力发电建设工程机组甩负荷试验导则》（DL/T 1270—2013）。调速系统性能指标包括转速控制、超速保护、功率控制三个方面。

转速控制功能主要包括自动升速功能、自动高速过临界功能、自动配合同期功能和甩负荷后转速控制功能。转速控制应具备的功能见表6-5，针对本书的转速控制标准见表6-6。

超速保护功能指当机组发生超速时应采取的动作。超速保护功能包含超速保护控制功能和超速保护跳闸功能。

表 6-5 转速控制应具备的功能

功能名称	功能简述	功能要求
自动升速功能	按照设置的目标转速和升速率，自动控制，升速到目标转速	(1) 自动控制； (2) 自零转速到超速保护转速的全程； (3) 稳态偏差和超调满足要求
自动高速过临界功能	在升速过程中，当进入转子的临界转速区间时，自动切换为预设的过临界升速率，快速冲过临界区	(1) 自动控制； (2) 自动切换过临界升速率
自动配合同期功能	能根据自动同期装置的指令调节发电机转速，保证发电机自动并网，并自动接带初负荷	(1) 能与同期装置接口； (2) 能按照同期装置的指令调节转速； (3) 能自动接带初负荷
甩负荷后转速控制功能	甩负荷后自动进入转速控制，并将转速稳定在额定转速	(1) 能将转速稳定在额定转速； (2) 不掉闸

表 6-6 针对本书的转速控制标准

参数名称	单位	标准
稳定转速与设定转速的偏差	%	<±0.1（折算到发电机±1.5r/min）
最大升速率升速时的转速超调量	%	<0.2（折算到发电机 3r/min）

超速保护控制功能即 OPC，指在机组甩负荷的同时，或转速超过预设值时，自动关闭调节门，防止转速达到超速跳闸保护动作值，然后逐渐开出，调节并维持机组在额定转速下运行。OPC 动作值一般设计为 103%额定转速，但具体应由膨胀机和发电机转子制造单位通过校核计算确定。OPC 动作时的转速与设定转速的偏差应<±2r/min。按照《发电机组并网安全条件及评价》（GB/T 28566—2012）要求，对于超速限制控制系统（OPC）控制处理周期，提出如下要求：采用硬件的动作回路，响应时间不大于20ms，采用软件系统的，处理周期不大于 50ms。

按照《发电机组并网安全条件及评价》（GB/T 28566—2012）要求，机组应完成甩负荷试验，试验结果符合要求。

超速保护跳闸功能即 OPT，指转速达到机组超速这段保护动作值时，能发出信号，迅速关闭主气门和调节门，使机组安全停机。OPT 动作值一般设计为 110%额定转速，但具体应由膨胀机和发电机转子制造单位通过校核计算确定，在校核计算时，还应考虑汽门关闭后的转速飞升。OPT 动作时的转速与设定转速的偏差应<±2r/min。

功率控制功能包括自动调节功率功能、无扰切换功能、负荷指令多源输入功能和限制功能。

自动调节功率功能指不论机组处于何种功率控制方式，只要处于功率闭环调节，控制系统均应能够按照给定的负荷指令和变负荷率改变负荷给定值，使机组改变负荷，且实际负荷与负荷指令的稳态偏差应小于额定负荷的±0.5%。

无扰切换功能指按照机组的不同运行方式可以进行控制回路的切换，切换过程中不得引起扰动。

负荷指令多源输入功能指机组的负荷指令可以由运行人员给定，也可以由其他控制回路（如自动发电系统 AGC、协调控制系统 CCS 等）确定。

限制功能指应设置最大、最小负荷和负荷变化率，控制系统应能将负荷和负荷变化率限制在最大、最小值内，针对本书的功率控制标准见表 6-7。

表 6-7　　　　　　　　　　　　针对本书的功率控制标准

参数名称	单位	标准
稳定功率与功率指令的偏差	%	＜±0.5％（本书为±0.05MW 或 50kW）
最大负荷变化率	MW/min	制造厂或系统设计单位提供
最大负荷	MW	制造厂或系统设计单位提供
最小负荷	MW	制造厂或系统设计单位提供

11.《发电机组并网安全条件及评价》相关指标

并网运行发电厂应加强并网运行安全技术管理，保证并网运行发电机组满足《发电机组并网安全条件及评价》（GB/T 28566—2012）要求。

第四节　应完成的测试项目概述

从测试范围分，项目应完成的测试项目主要分为设备级和系统级；从测试目的分，主要分为交接试验、设备入网测试和涉网试验三种；从测试时间段划分，主要分为机组冲转前的静态试验、空负荷下试验和并网后试验三类。

本章将按照交接试验、设备入网测试和涉网试验进行概括性描述，在后续章节，将对试验内容做具体陈述。

本章涉及的测试/试验，其试验报告根据不同的试验性质，应尽早提交给电网调度部门。静态下的交接试验，报告应在启动前提交；启动及并网后的试验，报告应在并网后 6 个月内提交。

一、交接试验

按照《电网运行规则》第二十条的规定，新投产的电气一次设备的交接试验项目完整，符合有关标准和规程。

交接试验指电气设备安装竣工后的验收试验。新安装的电气设备必须经过试验合格，才能办理竣工验收手续。

1. 交接试验的目的

（1）检验制造单位生产的电气设备质量是否合格。

（2）检验电气设备在安装过程中是否受到损坏，安装质量是否符合规程要求。

（3）检验新安装的电气设备是否满足投入电力系统运行的技术条件要求。

这样，在电气设备投入运行后，如果出现问题也便于分清责任，找出具体原因。电气设备交接试验报告必须存档保存,为以后运行、检修和事故分析提供基础性参考数据。

2. 交接试验

应按照《电气装置安装工程电气设备交接试验标准》(GB 50150—2016)在现场进行,试验对象主要包括同步发电机、变压器、开关等设备。

对于发电机,应开展发电机交流耐压试验、直流耐压试验、定子绕组绝缘电阻及吸收比测量、定子绕组直流电阻测量、转子绕组绝缘测量、转子绕组的直流电阻测量、转子通风试验等;

对发电机出口离相母线,应开展绝缘电阻测量、交流耐压试验;

对发电机中性点接地变压器,应开展绝缘电阻测量、变比测量、绕组直流电阻测量;

对变压器,应开展绕组变形试验、感应耐压试验、局部放电试验;

对断路器,应开展工频交流耐压试验;

对电流互感器,应开展工频交流耐压试验;

对全厂接地网,应开展主接地网工频接地电阻测试;

在完成设备交接试验意外,还应对计量设备开展实验室检定或现场检定。主要包括电容式电压互感器(CVT)、TA、TV角差、变比差测试,关口互感器误差测量。

二、设备入网测试

1. 设备入网测试组成

设备接入电网的测试项目与接入电网技术规定一脉相承。参考《分布式电源接入电网测试技术规范》(NB/T 33011—2014)的规定,适用于压缩空气储能系统的条款,可以参照执行,不适用的,应在本文第 3 部分讨论的基础上,通过示范工程研究,得到压缩空气储能设备特有的接入电网测试技术标准。

与分布式电源相似,压缩空气储能系统的设备要接入电网,同样应完成型式试验、例行试验、现场试验和定期试验这四大类测试项目。型式试验指的是在设计完成后,对试制出来的新产品进行的定型试验,用于设备定型或现场改造后,是对新产品性能的整体测试,试验更加严格和苛刻,将给出产品能否满足设计要求的结论。型式试验的试验项目比例行试验项目多,包括所有的完整的项目,一般采用模拟电网装置开展试验。例行试验是在国家标准或行业标准的规定下进行的试验,包括出厂试验、现场进行的交接试验以及运行中定期进行的试验,因此例行试验也成为预防性试验。例行试验将给出产品能否满足国家或行业要求的结论。这两类试验均由制造厂完成,重要设备的试验由业主见证。现场试验用于现场接入电网前,定期试验用于设备投运后,这两类试验由有资质的试验单位完成。以上所有试验报告均需交调度备案。

以下是接入 10～35kV 电网的同步发电机式分布式电源的电网接口测试项目及压缩空气储能系统测试建议,压缩空气储能系统测试项目建议见表 6-8。本书主要对在现场开展的测试进行讨论。

表 6-8 压缩空气储能系统测试项目建议

序号	测试项目	型式试验	例行试验	现场测试	测试建议
1	高低温试验	✓	✓		参照执行
2	电压响应试验	✓	✓		参照执行
3	频率响应试验	✓	✓		参照执行
4	同期试验	✓	✓		参照执行
5	有功功率试验	✓	✓	✓	参照执行
6	功率因数试验	✓	✓	✓	参照执行
7	逆功率保护试验	✓			建议开展现场测试
8	非全相运行试验	✓			参照执行
9	故障后恢复并网试验	✓	✓	✓	参照执行
10	谐波试验	✓			参照执行
11	电压闪变试验	✓			参照执行
12	工频耐压试验	✓	✓		参照执行
13	冲击耐压试验	✓			参照执行
14	电磁兼容试验	✓			参照执行
15	自动化和通信装置功能试验	✓	✓	✓	参照执行
16	连续运行试验	✓	✓		参照执行
17	并/离网试验	✓	✓		参照执行
18	低电压穿越试验	✓	✓		参照执行

2. 测试和试验设备的要求

测试和试验设备应有一定的标度分辨率，使所取得的数值等于或高于被测量准确度等级的 1/5，基本误差应不大于被测量准确度等级的 1/4。

当测试采用真实电网时，电网谐波应小于电能质量系列标准规定的谐波允许值的 50%；电网稳态电压变化幅度不得超过正常电网的 ±1%；电压偏差应小于标称电压的 ±3%；频率偏差应小于 ±0.01Hz；三相电压不平衡度应小于 1%，相位偏差应小于 ±3°；中性点不接地的电网，中性点位移电压应小于相电压的 1%。

考虑到采用真实电网开展测试难度较大，某些型式试验和例行试验可以采用模拟电网进行。但是，模拟电网除了应满足上述真实电网的指标要求外，其额定容量应大于被测电源系统的额定容量；模拟电网装置应具有在一个周波内进行 ±0.1% 额定频率（即 0.05Hz）的调节能力；具有在一个周波内进行 ±3% 额定电压的调节能力。

3. 现场试验

应在通过型式试验、例行试验、现场调试并取得电网调度部门允许后，方可进行与电网接口的现场测试。应在压缩空气储能与电网接口完成现场安装之后、投入运行之前开展现场试验。

（1）工频耐压试验。

在系统安装期间完成。根据《分布式电源接入电网测试技术规范》（NB/T 33011—

2014），控制元件、自动化和通信元件按照《电气装置安装工程电气设备交接试验标准》（GB 50150）进行，同步发电机按照《高电压试验技术》（GB/T 16927）系列标准进行。在采用同步发电机的压缩空气储能中，应对发电机、断路器、变压器开展耐压试验。

（2）自动化和通信装置功能试验。

在系统安装期间完成。按照《远动终端设备》（GB/T 13729）执行，包括直流输入总误差试验、工频交流输入量基本误差试验、状态量（开关量）输入试验、遥控试验、事件顺序记录站内分辨率试验、工频交流输入量的影响量试验、脉冲输入试验、信号响应时间试验、与主站通信正确率试验、与两个主站通信试验、开关/刀闸闭锁逻辑试验、备用电源自动投入测试。

（3）并网试验。

即同步发电机组的同期试验，主要考察机组电压同期和频率同期的能力。对于配置同步发电机的 CAES，具体过程与同步发电机的同期相同。在进行本试验之前，应完成自动同期装置的假同期试验，考察同期装置的性能。

（4）有功功率试验。

在系统并网后完成。用于测试压缩空气储能发电机组调节有功功率的能力。调节机组的输出功率，从 75%→10%→30%→50%→80%→100%，稳定连续运行 5min 后，调节机组功率，从 100%→80%→50%→30%→10%，记录发出命令的时间、达到的功率值和达到时间。根据《分布式电源接入电网运行控制规范》（NB/T 33010—2014）的要求：达到的功率值和达到时间应满足调度机构的要求。

对于压缩空气储能，应通过示范工程，在考虑压缩空气储能系统主机—辅机安全边界的基础上，研究得到压缩空气储能发电机组的功率变化能力（含最大功率、最小功率和功率变化速度），通过与调度机构的协商，参考相关技术规范，制定膨胀机—发电机组有功功率试验的调节幅度和调节速度。

（5）功率因数试验。

在系统并网后完成。用于测试压缩空气储能发电机组调节功率因数的能力。调节机组的有功功率为 80% 额定功率，调节无功功率，使其功率因数分别为超前 0.95、超前 0.98、1.0、滞后 0.98 和滞后 0.95，记录发出命令的时间、达到的功率因数值和达到时间。在《分布式电源接入电网运行控制规范》（NB/T 33010—2014）中，暂未对无功功率值的调节精度和响应时间作出规定。

对于压缩空气储能，因为同样采用同步发电机和励磁系统接入电网，建议参照执行。

（6）故障后恢复并网试验。

在系统并网后完成。主要用于测试电网故障后，分布式电源在规定时间内恢复并网的性能。对于 10～35kV 的分布式电源，应在得到调度机构发出并网指令后方可执行。所以，对于配置同步发电机的压缩空气储能，该试验主要考察的是膨胀机—发电机组的甩负荷性能，即：离网后应能维持额定转速，励磁系统应能维持机端电压，在得到调度机构并网指令后，能够迅速并网。

对于压缩空气储能，建议按照汽轮机组的甩负荷试验导则开展本试验，在试验过程中，主要记录发电机组的最高转速、转速的过渡过程和时间、机端电压的过渡过程和时间。

(7) 离网试验。

在系统并网后完成。根据《分布式电源接入电网测试技术规范》（NB/T 33011—2014），要求断开并网开关 5s 后重新合上并网开关。

对于配置同步发电机的压缩空气储能，考虑到接入电压等级不高，压缩空气储能发电机组在接入电网的容量占比相对较大，不能将离网试验看作传统同步发电机组的甩负荷试验。应该按照调度要求，尽可能降低发电出力后，再断开并网开关，尽量减小对电网的扰动。

(8) 连续运行试验。

在系统并网后完成。根据《分布式电源接入电网测试技术规范》（NB/T 33011—2014），要求在 80% 额定功率以上连续运行 72h。应加强与调度的沟通，争取得到负荷支持。

对于压缩空气储能，应结合设计的储能—释放能力，在示范工程研究中，得到系统 80% 额定功率连续运行的最大运行时间。

三、涉网试验

按照《电网运行规则》第二十条的规定，拟并网方在调度机构的统一协调下完成发电机励磁系统、调速系统、电力系统稳定器、发电机进相能力、自动发电控制、自动电压控制、一次调频等调试，其性能和参数符合电网安全稳定运行需要；调试由具有资质的机构进行，调试报告应当提交调度机构，调度机构应当为完成调试提供必要的条件。

第五节　机组冲转前应完成的测试项目

静态下应完成的试验主要包括：设备单体交接试验、现场开展的设备入网测试静态试验、涉网功能的静态试验。

一、静态下设备单体交接试验

1. 发电机相关试验

发电机直流耐压试验、发电机交流耐压试验、发电机定子绕组绝缘电阻及吸收比测量、发电机定子绕组直流电阻测量、发电机转子绕组绝缘测量、发电机转子绕组的直流电阻测量、发电机转子通风试验等；新安装或大修后的发电机投入运行前应经下列试验合格。

(1) 发电机直流耐压试验。进行直流耐压试验的主要目的是判断发电机定子绕组绝缘质量。

1）应具备的条件如下。

a. 发电机本体工作全部结束，清理、检查完毕，处于干燥状态。

b. 被试品的常规试验全部完成且试验结果合格，若被试品有缺陷及异常，应消除缺陷后再进行试验。

c. 试验前，被试品表面应擦拭干净，将被试品的非被试相可靠接地。

d. 发电机转子、发电机出口电流互感器、所有的测温元件应短路接地。

e. 绝缘试验前后应对定子绕组充分放电。

2）试验项目及步骤如下。

a. 测量定子绕组各相绝缘电阻的不平衡系数不应大于 2。

b. 试验电压按照《电气装置安装工程电气设备交接试验标准》（GB 50150—2016）的要求为：$U_n = 3U_n$，时间 1min。

c. 定子绕组加压相应首尾短接，非加压相短路接地；发电机转子绕组短路接地，发电机所有测温元件均短路接地。发电机电流互感器二次绕组均短路接地。

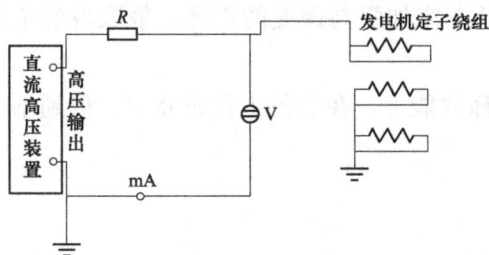

图 6-4　直流耐压接线图

d. 对定子绕组分相进行直流耐压试验，直流耐压接线图如图 6-4 所示。

e. 接入被试设备做直流耐压试验，并按每级 0.5 倍额定电压，分 $0.5U_2$、$1U_2$、$1.5U_2$、$2U_2$、$2.5U_2$、$3U_2$ 五个阶段升高电压，每阶段停留 1min，并记录总电流值，若无异常则匀速降压至零并断开电源开关，充分对地放电后，对其余二相进行直流耐压试验。在此过程中有关试验人员应加强对被试设备的监护，一旦发现异常或过流保护动作自动切断电源时，应将调压器迅速降至零，并同时按分闸钮断开电源。

f. 当出现下列情况时，试验负责人可要求停止试验并分析原因：

a）电压表指示摆动很大。

b）发现有绝缘烧焦气味或冒烟。

c）若电压升高到某一阶段，出现放电声。

d）充电现象不明显。

e）微安表指示急剧增加。

g. 试验完成后，应先经过电阻放电，然后再用铜线直接放电接地，以免损坏设备。

h. 耐压试验过程中，发电机内外应无放电和闪络发生，则直流耐压试验通过。试验后用摇表对定子绕组进行绝缘测试，其绝缘电阻和试验前所测数据不应有明显差别。

3）质量控制。

a. 在试验过程中，若由于空气湿度式表面脏污等的影响，引起表面滑闪放电，不应视被试品为不合格，应对被试品表面进行清洁，烘干等处理后，再进行试验判断。

b. 试验过程中控制加压线长度，以提高品质因数，试验中若发现电压、电流表指针摆动或电压表指示突然下降、电流表指示突然上升或突然下降，都是被试品击穿的象征。

c. 试验设备、被试品有异常声响、冒烟、冒火等，应立即降下电压，拉开电源，在高压侧挂上接地线后，再查明原因，方可进行试验。

d. 加压时，电压匀速逐步递增，升到要求的试验电压。

e. 升压时及升压过程中应相互呼唱，升压过程中不仅要监视电压表的变化，还应监视电流表的变化。

f. 升压时，严格按照每级 0.5 倍额定电压，分 $0.5U_n$、$1U_2$、$1.5U_2$、$2U_2$、$2.5U_2$、$3U_2$ 五个阶段升到试验电压。

g. 试验过程中，应派人监视被试设备有无放电声及闪络发生。

（2）发电机交流耐压试验。

进行交流耐压试验的主要目的是判断发电机定子绕组绝缘质量。

1）应具备的条件。

a. 发电机本体工作全部结束，清理、检查完毕，处于干燥状态。

b. 被试品的常规试验全部完成且试验结果合格，若被试品有缺陷及异常，应消除缺陷后再进行试验。

c. 试验前，被试品表面应擦拭干净，将被试品的非被试相可靠接地。

d. 发电机转子、发电机出口电流互感器、所有的测温元件应短路接地。

e. 发电机直流耐压试验和泄漏试验合格。

2）试验项目及步骤。

a. 测量定子绕组各相绝缘电阻的不平衡系数不应大于 2。

b. 试验电压按照《电气装置安装工程电气设备交接试验标准》（GB 50150—2016）的要求为：$U_n=(1000+2U_n)\times0.8$，时间 1min。

c. 定子绕组加压相应首尾短接，非加压相短路接地；发电机转子绕组短路接地，发电机所有测温元件均短路接地。发电机电流互感器二次绕组均短路接地。

d. 对定子绕组分相进行交流耐压试验，交流耐压接线图如图 6-5 所示。

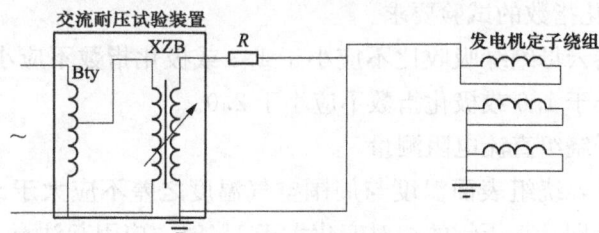

图 6-5　交流耐压接线图

e. 接入被试设备做交流耐压试验，升压到耐压值，耐压 1min，若无异常则匀速降压至零并断开电源开关，充分对地放电后，对其余二相进行耐压。在此过程中有关试验人员应加强对被试设备的监护，一旦发现异常或过流保护动作自动切断电源时，应将调压器迅速降至零，并同时按分闸钮断开电源。

f. 当出现下列情况时，试验负责人可要求停止试验并分析原因：

a) 电压表指示摆动很大。

b) 发现有绝缘烧焦气味或冒烟。

c) 被试发电机内部有放电声。

3) 质量控制。

a. 在试验过程中，若由于空气湿度式表面脏污等的影响，引起表面滑闪放电，不应视被试品为不合格，应对被试品表面进行清洁，烘干等处理后，再进行试验判断。

b. 试验过程中控制加压线长度，以提高品质因数，试验中若发现电压、电流表指针摆动或电压表指示突然下降、电流表指示突然上升或突然下降，都是被试品击穿的象征。

c. 试验设备、被试品有异常声响、冒烟、冒火等，应立即降下电压，拉开电源，在高压侧挂上接地线后，再查明原因，方可进行试验。

d. 加压时，电压匀速逐步递增，升到要求的试验电压。

e. 升压时及升压过程中应相互呼唱，升压过程中不仅要监视电压表的变化，还应监视电流表的变化。

f. 升压时，要均匀升压，不能太快，升至规定试验电压时，开始计算时间，时间到后，缓慢均匀地将电压降至零。然后断开试验电源，做好安全措施，不允许不降压就先跳开电源开关。

g. 试验过程中，应派人监视被试设备有无放电声及闪络发生。

（3）发电机定子绕组绝缘电阻及吸收比测量。

额定电压为 1000V 以上者，采用 2500V 绝缘电阻表，量程不低于 10 000MΩ。

1) 绝缘电阻的试验要求。

a. 绝缘电阻值根据厂家规定，一般在相近试验条件（温度、湿度）下，绝缘电阻不能低于历年正常值的 1/3，否则应查明原因。

b. 各相或各分支绝缘电阻值的差值不应大于最小值的 100%。

2) 吸收比或极化指数的试验要求。

沥青浸胶及烘卷云母绝缘吸收比不应小于 1.3 或极化指数不应小于 1.5；环氧粉云母绝缘吸收比不应小于 1.6 或极化指数不应小于 2.0。

（4）发电机定子绕组直流电阻测量。

应在冷态下测量，绕组表面温度与周围空气温度之差不应大于±3℃；汽轮发电机相间（或分支间）差别及其历年的相对变化大于 1% 时，应引起注意。

试验要求：在校正了由于引线长度不同而引起的误差后相互间差别以及与初次（出厂或交接时）测量值比较，相差不得大于最小值的 1.5%。超出要求者，应查明原因。

（5）发电机转子绕组绝缘测量。

采用 1000V 绝缘电阻表测量。

对于 300MW 以下的隐极式电机，当定子绕组已干燥完毕而转子绕组未干燥完毕，如果转子绕组的绝缘电阻值在 75℃ 时不小于 2kΩ，或在 20℃ 时不小于 20kΩ，允许投入运行。

试验要求：

绝缘电阻值在室温时一般不小于 0.5MΩ。

（6）发电机转子绕组的直流电阻测量。

应在冷态下测量。

试验要求：与初次（交接或大修）所测结果比较，其差别一般不超过 2%。

2. 发电机中性点接地变压器相关试验

应开展发电机中性点接地变压器绝缘电阻测量、发电机中性点接地变压器变比测量、发电机中性点接地变压器绕组直流电阻测量。

试验前，发电机本体，发电机离相母线，发电机中性点接地变压器安装全部完成。试验前，被试品表面应擦拭干净，清洁。设备测试项目见表 6-9。

表 6-9 设备测试项目

设备名称	测试项目
发电机中性点接地变压器	绝缘电阻测量
	变比测量
	绕组直流电阻测量

质量验收标准按《电气装置安装工程电气设备交接试验标准》（GB 50150—2016）的相关要求。发电机出口离相母线试验电压值应按出厂试验电压的 80% 进行。

在试验过程中，若由于空气湿度式表面脏污等的影响，引起表面滑闪放电，不应视被试品为不合格，应对被试品表面进行清洁，烘干等处理后，再进行试验判断。被试品表面瓷套釉层绝缘损坏、老化或有裂纹，应视为不合格。试验过程中控制加压线长度，以提高品质因数，试验中若发现电压、电流表指针摆动或电压表指示突然下降、电流表指示突然上升或突然下降，都是被试品击穿的象征。试验设备、被试品有异常声响、冒烟、冒火等，应立即降下电压，拉开电源，在高压侧挂上接地线后，再查明原因，方可进行试验。试验过程中，确保被设备表面干净、清洁。升压时及升压过程中应相互呼唱，升压过程中不仅要监视电压表的变化，还应监视电流表的变化。升压时，要均匀升压，不能太快，升至规定试验电压时，开始计算时间，时间到后，缓慢均匀地将电压降至零。然后断开试验电源，做好安全措施，不允许不降压就先跳开电源开关。试验过程中，应派人监视被试设备有无放电声及闪络发生。试验前后用 5000V 绝缘电阻表对被试设备进行绝缘电阻测量，试验前后的绝缘电阻应无明显差别。

3. 变压器相关试验

应开展变压器绕组变形试验、变压器感应耐压试验、变压器局部放电试验。电力变压器在运行过程中不仅承受工频电压作用，而且还要承受内、外过电压作用。为了保证变压器的安全运行，必须对主、纵绝缘施加规定的电压考核绝缘水平。通过对变压器进行感应耐压试验带局部放电，可检查变压器出厂后在运输、安装过程中有无绝缘损伤，绝缘是否达到相关标准的规定，使变压器能安全、可靠、顺利投运。

（1）变压器绕组变形试验。

目的在于通过对变压器绕组线圈进行变形试验分析，将现场试验频谱特性与数据作原始资料保存，为以后判断变压器绕组是否变形提供依据。

1）应具备的条件。

a. 试验前变压器安装完成，常规试验完成且试验项目合格。

b. 试验前变压器处于不带电状态，高压、低压侧与系统的连接线全部脱开。

c. 试验前变压器高、低压侧与系统脱离，变压器套管、器身清洁，试验现场应无异物。

2）试验项目及步骤。

a. 应用频响分析法检测线圈频谱特性，并作三相之间的相互比较。

b. 变压器各侧绕组相间测量接线见表 6-10。

表 6-10　　　　　　　　　　变压器各侧绕组相间测量接线

高压侧			低压侧		
相别	注入端	输出端	相别	注入端	输出端
A	O	A	a	a	c
B	O	B	b	b	a
C	O	C	c	c	b

3）质量控制。

a. 为了避免测试过程中，外界噪声的影响，尽量选择在中午进行该试验。

b. 测试的波形、数据，现场与变压器的出厂试验报告进行对比分析。

c. 与变压器出厂试验报告不应有明显的差异，否则应查找、分析原因。

4）质量验收标准。

按照《电力变压器绕组变形的频率响应分析法》（DL/T 911—2016）的附录 A，其中相关系数与变压器绕组变形程度的关系见表 6-11。

表 6-11　　　　相关系数与变压器绕组变形程度的关系（仅供参考）

绕组变形程度	相关系数 R
严重变形	$R_{LF}<0.6$
明显变形	$1.0>R_{LF}\geqslant0.6$ 或 $R_{MF}<0.6$
轻度变形	$2.0>R_{LF}\geqslant1.0$ 或 $0.6\leqslant R_{MF}<1.0$
正常绕组	$R_{LF}\geqslant2.0$ 和 $R_{MF}\geqslant1.0$ 和 $R_{HF}\geqslant0.6$

注　1. R_{LF} 为曲线在低频段（1~100kHz）内的相关系数。

2. R_{MF} 为曲线在低频段（100~600kHz）内的相关系数。

3. R_{HF} 为曲线在低频段（600~1000kHz）内的相关系数。

（2）变压器感应耐压试验及局部放电试验。

一般将感应耐压试验与局部放电试验同时进行。

1) 应具备的条件。

a. 试验前变压器的常规试验项目已完成，变压器油检验合格，并且静止时间超过 24h，试验前对变压器本体进行放气，变压器套管电流互感器二次绕组短路并接地，变压器挡位在 1 挡位上。

b. 试验前变压器高、低压侧与系统脱离，变压器套管、器身清洁，试验现场应无异物。

c. 距被试品 30m 左右的专用三相电源，且试验电源必须提供 500A 的工作电源，并且在试验过程中，其他设备的电源不能和其混用。

d. 试验前变压器高压侧油气套管应加装均压罩。

2) 试验项目及步骤。

a. 变压器长时感应耐压带局部放电测量试验的加压程序如图 6-6 所示。

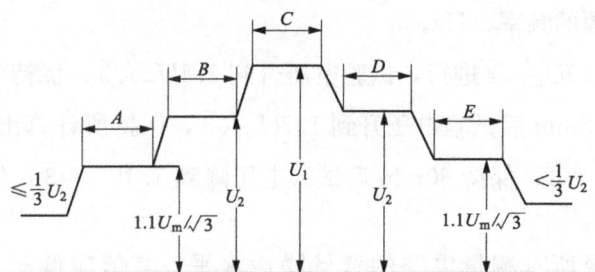

图 6-6　变压器长时感应耐压带局部放电测量试验的加压程序

b. 局部放电量在 $U_2 = 1.5 U_m/\sqrt{3}$ 长时试验期间，局部放电量的连续水平不大于 500pC；在 $U_1 = 1.7 U_m/\sqrt{3}$ 下，视在电荷量的连续水平不大于 100pC。

c. 变压器局部放电试验接线（被试相 A）如图 6-7 所示，采用变频电源分相试验，中性点直接接地，即单相加压、单相试验，用变频电源直接对变压器低压侧进行激磁，使相对地和相间电压达到试验电压的要求。

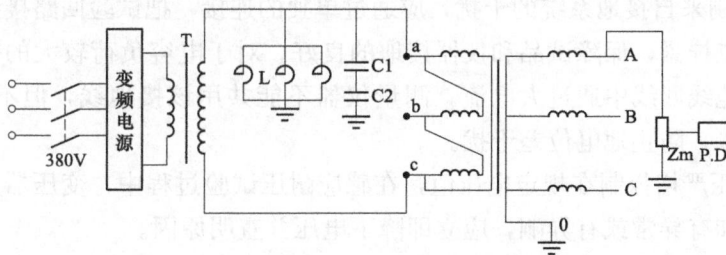

图 6-7　变压器局部放电试验接线（被试相 A）

T—激磁变；L—并联补偿电抗器；Zm—耦合电容器具；P.D—局放测量仪

d. 局部放电方波校正：从高压侧套管线端对地之间注入方波直接校正，根据被试变压器允许的放电强度，调节方波发生器输出固定放电量，调节局部放电示波器宽带放大器的增益，使示波器出现适合的脉冲高度。

e. 拆除方波测量回路，对变压器进行升压和局放测量。

f. 加压时间步骤如图 6-6 所示，高压侧对地电压值为 $U_1=1.7U_m/\sqrt{3}$、$U_2=1.5U_m/\sqrt{3}$。应在下测量局部放电视在电荷量。在电压 U_2 的第一阶段中应读取并记录一个读数，对该阶段不规定其视在电荷量。在 U_2 的第二个阶段期间，应连续观察局部放电水平，并每隔 5min 记录一次。在 U_2 下，局部放电不呈现持续增长的趋势，偶然出现的较高幅值的脉冲可不计入，在 $1.1U_m/\sqrt{3}$ 下，视在放电量的连续水平不大于 100pC。当试验电源频率小于 100Hz 时图 6-6 中 C 段耐压为 1min，当试验频率大于 100Hz 时耐压时间 t 按式（6-1）确定，但加压时间不小于 15s。

$$t = 120 \times \frac{50}{f} \qquad (6\text{-}1)$$

式中　t——试验电压持续时间，s；

　　　f——试验电源的频率，Hz。

g. 试验电压按 $1.7U_m/\sqrt{3}$ 进行，试验电压升到 $1.1U_m/\sqrt{3}$，保持 5min 后试验电压升到 $1.5U_m/\sqrt{3}$，保持 5min 后试验电压升到 $1.7U_m/\sqrt{3}$，保持所计算出的感应耐压时间后试验电压降到 $1.5U_m/\sqrt{3}$，保持 30min 后试验电压降到 $1.1U_m/\sqrt{3}$，保持 5min 后电压逐渐降到 0 后切断电源。

h. 试验前，记录所有测量电路的背景噪声水平，其值应低于规定的视在放电量的 50%。

i. 在整个试验时间内应连续观察放电波形，并按每 5min 记录放电量，放电量的读取，以相对稳定的最高重复脉冲为准，偶尔发生的较高脉冲可忽略，但幅值特别大的应查明是外部干扰还是内部不稳定放电，并做好记录。

3）质量控制。

a. 为了避免变压器套管端部的尖端电晕放电对测量的干扰，在变压器高压侧各相套管顶部装设均压帽。

b. 为了抑制来自接地系统的干扰，应通过单独的连接，把试验回路接到适当的接地点，并对接地点拧紧，保障试品和仪器接地的良好。对于电容负荷较大的被试品，采用非对称加压，地线回线中通过大电流，测量仪器不能共用该接地线，但不能各自接地，必须做电位连接，防止地电位差干扰。

c. 试验电压严格控制在规定电压值，在感应耐压试验过程中，变压器周围应派有专门人员监听，如有异常或有异响，应立即降下电压并查明原因。

4）质量验收标准。

a.《电气装置安装工程电气设备交接试验标准》（GB 50150—2016）第 8.0.14 条的要求。

b. 试验电压不产生忽然下降。

c. 在 $U_2=1.5U_m/\sqrt{3}$ 下的长时试验期间，局部放电量的连续水平不大于 500pC。

d. 在 U_2 下，局部放电不呈现持续增加的趋势，偶然出现的较高幅值的脉冲可以不计入。

e. 在 $1.1U_m/\sqrt{3}$ 下，视在电荷量的连续水平不大于 100pC。

4. 断路器工频交流耐压试验

(1) 应具备的条件。

1) 仪表经校验合格并有合格证。

2) 试验设备经通电空载试验合格。

3) 试验前，应了解被试品出厂试验电压，试验前断路器、电流互感器安装完成。

4) 被试品的常规试验全部完成且试验结果合格，若被试品有缺陷及异常，应消除缺陷后再进行试验。

5) 试验前，被试品表面应擦拭干净，将被试品的外壳和非被试品可靠接地。

6) 被试品为新注油或充六氟化硫气体的设备，静置时间应不少于 24h。

7) 将被试电流互感器的二次绕组短路接地，断路器的直流控制电源断开。

(2) 试验步骤。试验原理接线图如图 6-8 所示。

1) 试验电压值为出厂试验电压值的 80%。

2) 被试电流互感器与断路器连接在一起进行交流耐压试验。

3) 试验前用 5000V 绝缘电阻表对被试设备一次侧进行绝缘测试，其绝缘电阻应大于 1000MΩ。

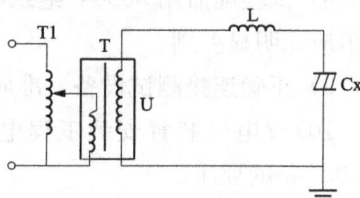

图 6-8　耐压试验接线原理图
T1—调压器；T—试验变压器；
L—高压电抗器；Cx—被试品

4) 对试验设备进行空升，电压应升至试验电压。

5) 试验加压时，应逐步递增，先升到相电压停留 5min，再升至设备最高运行电压停留 3min，然后再升到规定试验电压下试验 1min，然后快速降压至零。试验电压及加压时间图如图 6-9 所示。

6) 对断路器进行断口交流耐压时，应逐步递增，先升到相电压停留 5min，再升至设备最高运行电压停留 3min，然后再升到规定试验电压下试验 1min，然后快速降压至零。

7) 耐压试验过程中，被试设备无放电和闪络发生，则耐压试验通过。

8) 试验后用 5000V 绝缘电阻表对被试设备进行绝缘测试，其绝缘电阻和试验前所测数据不应有明显差别。

(3) 质量控制。

1) 在试验过程中，若由于空气湿度式表面脏污等的影响，引起表面滑闪放电，不应视被试品为不合格，应对被试品表面进行清洁，烘干等处理后，再进行试验判断。被试品表面瓷套釉层绝缘损坏、老化或有裂纹，应视为不合格。

2) 试验过程中控制加压线长度，以提高品质因数，试验中若发现电压、电流表指针摆动或电压表指示突然下降、电流表指示突然上升或突然下降，都是被试品击穿的象征。

3) 试验设备、被试品有异常声响、冒烟、冒火等，应立即降下电压，拉开电源，

图 6-9　试验电压及加压时间图

在高压侧挂上接地线后，再查明原因，方可进行试验。

4）加压时，电压匀速逐步递增，在相电压停留 5min，对设备进行老练，清出毛刺和杂质。

5）升压时及升压过程中应相互呼唱，升压过程中不仅要监视电压表的变化，还应监视电流表的变化。

6）升压时，要均匀升压，不能太快，升至规定试验电压时，开始计算时间，时间到后，缓慢均匀地将电压降至零。然后断开试验电源，做好安全措施，不允许不降压就先跳开电源开关。

7）试验过程中，应派人监视被试设备有无放电声及闪络发生。

8）试验前后用 5000V 绝缘电阻表对被试设备进行绝缘电阻测量，试验前后的绝缘电阻应无明显差别。

9）正确连接测试设备，准确记录测试数据。

10）《电气装置安装工程电气设备交接试验标准》（GB 50150—2016）第 10.0.6、12.0.4 条的要求。

11）试验电压值应按出厂试验电压的 80% 进行。

12）电压等级 66kV 及已策划的油浸式互感器交流耐压前后宜各进行一次绝缘油色谱分析。

5. 全厂接地网相关试验

全厂接地网相关试验包括：主接地网工频接地电阻测试，跨步电压、接触电势及主设备的导通测试。通过对有效接地系统的接地装置进行工频接地电阻、跨步电压，接触电势及主设备的导通测试，检查主接地网的接地电阻、跨步电压，接触电势及主设备的导通是否能满足设计和规程《电气装置安装工程电气设备交接试验标准》（GB 50150—2016）第 25.0.2、25.0.3、25.0.4 条的要求。以保证工作人员的人身安全和电气设备安全可靠地运行。测试范围一般包括整体主接地网系统。

（1）应具备的条件。

1）主接地网系统施工全部完成，如果是分块做的地网，所有分块接地网的接地电阻测试合格。

2）所有分块接地网必须全部连成一个整体，所有接地深井施工完成且全部与主接地网连在一起。

3）由于土壤湿度对接地电阻的影响很大，因此不宜在下雨后测量接地电阻，应在天气晴朗（一般在一周以上）的气候条件下进行。

（2）试验项目及步骤。

1）主接地网接地电阻测试。

a. 接地电阻的测试采用直线法，接地系统接地电阻测试电极布置图如图 6-10 所示。

电流极与被试接地装置边缘之间的距离 d_{13}，一般取接地装置最大对角线长度 D 的 4~5 倍，当距离放线有困难时，在土壤电阻率均匀地区 d_{13} 可取 $2D$，在土壤电阻率不均匀地区可取 $3D$，以使其间的电位分布出现一平缓区段。在一般情况下，电压极到接地网的距离为电流极到接地网的距离的 50%~60%。测量时，电压极应在被试接地装置与电流极的连线方向移动三次，每次移动的距离为 d_{13} 的 5% 左右，当三次测试的结果误差在 5% 以内即可。

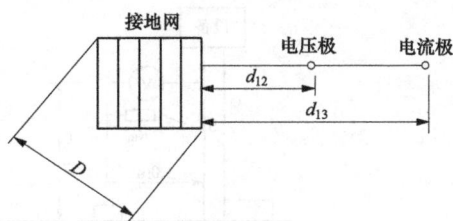

图 6-10　接地系统接地电阻测试电极布置图

b. 采用接地系统测量工频接地电阻，小电流法测量接地网工频接地电阻接线图如图 6-11 所示。

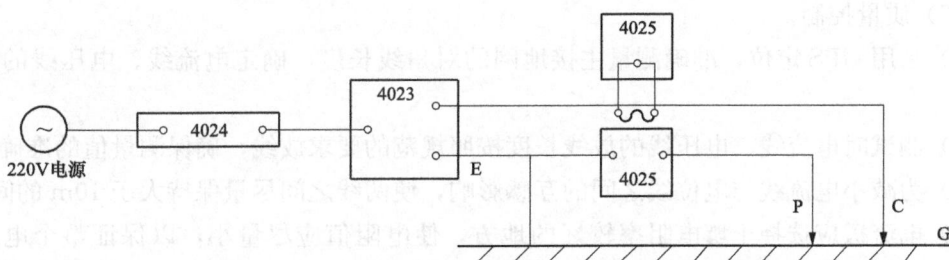

图 6-11　小电流法测量接地网工频接地电阻接线图

4024—大功率信号源；4023—耦合变压器；4025—可调频万用表；
C—电流极；P—电压极；E—接地；G—接地装置

c. 在测试过程中，如不知回路电阻为多少，则在 4023 耦合变压器的阻值挡位选择 10Ω。

d. 选择 50Hz 上下对称的两个频率进行测量，如 48Hz 和 52Hz，然后取两频率下测得的电阻值的平均值为地网工频接电阻，运用式（6-2）计算。

$$R_{50} = (R_{48} + R_{52})/2 \tag{6-2}$$

2）跨步电压及接触电位测试。

a. 测量跨步电压及接触电位的原理接线如图 6-12 所示，模拟人的两脚的金属板是用半径为 0.1m 的圆板或 0.125m×0.125m 的长方板。为了使金属板与地面接触良好，把地面平整，撒一点水，并在每一块金属板上放置 15kg 重的物体。在电压表 V 的两端子上并接电阻 R_{m}（1500Ω），则电压表 V 的测量值分别为与通过接地装置的测试电流对应的跨步电压值。

b. 在接地装置的边缘测量跨步电压，在运行人员常接触的设备（隔离开关、接地开关、构架等）测量接触电位。

c. 测量值用式（6-3）推算出实际的跨步电压及接触电位。

$$U = U\frac{I_{\max}}{I} \tag{6-3}$$

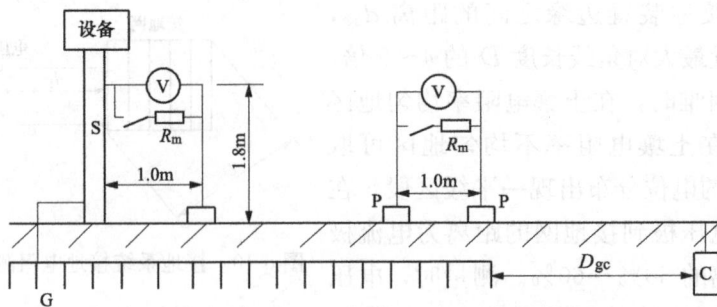

图 6-12 测量跨步电压及接触电位的原理接线

S—电力设备构架；G—接地装置；V—高输入阻抗电压表；

P—模拟人脚的金属板；R_m—模拟人体的电阻；C—测量用电流极

（3）质量控制。

1）采用 GPS 定位，准确测量主接地网的对角线长度，确定电流线、电压线的放线长度。

2）测试时电流线、电压线的放线长度按照规范的要求放线，确保测量值的准确。

3）为减小电流线与电位线之间的互感影响，使两线之间尽量保持大于 10m 的间距。

4）电流极应选择土壤电阻率较好的地方，使电阻值应尽量小，以保证整个电流回路阻抗足够小，设备输出的试验电流足够大。

5）如电流极电阻偏高，可尝试采用多个电流极并联或向其周围泼水的方式降低电阻。

6）电压极应紧密而不松动地插入土壤中 20cm 以上，以保证与土壤紧密接合。

7）测量接地网的接地电阻，应断开直接引入构架上的架空地线，保证测量值的准确。

（4）质量验收标准。

1）《电气装置安装工程电气设备交接试验标准》（GB 50150—2016）第 25.0.2～25.0.4 条的要求。

2）接地网的各相邻设备接地线之间的电气导通直流电阻不宜大于 0.05Ω。

3）接地阻抗值应符合设计文件规定，设计文件没有规定时，$Z \leqslant 2000/I$ 或 $I > 4000A$，$Z \leqslant 0.5\Omega$。

4）该接地装置所在区域有效接地系统的最大单相接地短路电流不超过 35kV 时，跨步电位差一般不宜大于 80V，一个设备的接触电位差不宜明显大于其他设备。

5）在 110kV 及以上有效接地系统和 6～35kV 低电阻接地系统发生单相接地或同点两相接地时，测试区域接地装置的跨步电位差不应超过式（6-4）的计算数值。

$$U_s = \frac{174 + 0.17\rho_f}{\sqrt{t}} \qquad (6-4)$$

式中 U_s——跨步电压，V；

ρ_f——人脚站立处地表面的土壤电阻率，Ω·m；

t——接地短路（故障）电流的持续时间，s。

6. 计量装置相关试验

在完成设备交接试验外，还应对计量设备开展实验室检定或现场检定。主要包括CVT、TA、TV角差、变比差测试，关口互感器误差测量。

二、静态下设备入网测试

静态下现场完成的设备入网测试主要包括工频耐压试验和自动化和通信装置功能试验两类。

1. 工频耐压试验

在系统安装期间完成。根据《分布式电源接入电网测试技术规范》（NB/T 33011—2014），控制元件、自动化和通信元件按照《电气装置安装工程电气设备交接试验标准》（GB 50150—2016）进行，同步发电机按照《高电压试验技术》（GB/T 16927）系列标准进行。在采用同步发电机的压缩空气储能中，应对发电机、断路器、变压器开展耐压试验。

2. 自动化和通信装置功能试验

在系统安装期间完成。按照《远动终端设备》（GB/T 13729—2019）执行。

三、涉网功能的静态试验

涉网功能的静态试验主要包括：原动机调节控制系统静态试验、自动发电功能（AGC）静态试验（无 AGC 功能的完成调度通信和静态调节）、一次调频功能静态试验、原动机及调速系统参数测试的静态试验。

1. 原动机调节控制系统静态试验

（1）转速测量环节测试。

用信号发生器在 DEH 柜的转速卡输入端加同步发电机额定转速（本书中以毕节储能示范工程配置的同步发电机为例，设定为 1500r/min）的转速信号，投入一次调频，将转速模拟信号从 1500r/min 阶跃到 1505r/min 进行扰动。以 1000Hz 的采样频率，记录转速信号、频差的变化。

1）DEH 控制回路工作周期测试。

a. 转速回路周期检测。

a）检测方法：在 DEH 系统中，通过转速卡采集到的三路转速信号，经过三取二逻辑判断后，再与设定的转速相比较通过 PID 调节器送出控制指令。本试验可通过测量转速发生阶跃变化到输出指令变化之间的动作时间差来测量转速回路的响应时间，转速控制回路周期检测示意图如图 6-13 所示。

b）测试步骤：检查 DEH 系统中 DPU 的控制周期、控制软件中相关的三路转速信号检测、转速三取二逻辑、转速闭环控制回路、转速 PID 调节器在同一控制器下。为方便测试，只接入两路转速信号（转速 A、转速 B），并将转速三取二逻辑中的转速 C 定义为转速 A 或转速 B。运行 DEH 逻辑并投入转速闭环控制回路。做测试时，先设定一个

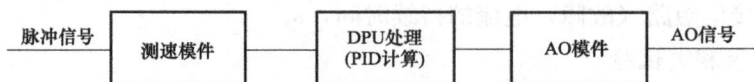

图 6-13　转速控制回路周期检测示意图

给定转速（转速 PID 调节器的 SP），通过信号发生器直接加脉冲信号（信号幅值为 7V，方波，对应给定转速设定值 SP）到两块转速卡，将示波器的一个探头接其中一路脉冲信号，一个探头接 AO 板的输出信号。突然改变脉冲大小，在示波器上设置第一路探头的脉冲触发条件，同时 DPU 检测到转速的变化后，经过内部逻辑处理，AO 的输出也变化。测量脉冲触发到 AO 的时间间隔。

b. 功率回路周期检测。

a）检测方法：在 DEH 系统中，通过 AI 卡件采集到的三路功率信号，经过三取二逻辑判断后，再与设定的功率相比较通过 PID 调节器送出控制指令。本试验可通过测量功率发生阶跃变化到输出指令变化之间的动作时间差来测量功率回路的响应时间，如图 6-14 所示。

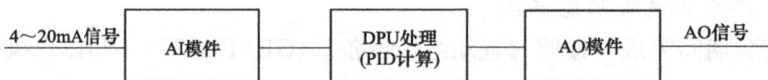

图 6-14　功率控制回路周期检测示意图

b）测试步骤：检查 DEH 系统中 DPU 的控制周期、控制软件中相关的三路功率信号检测、功率三取二逻辑、功率闭环控制回路、功率 PID 调节器在同一控制器下。为方便测试，只接入两路功率信号（功率 A、功率 B），并将功率三取二逻辑中的功率 C 定义为功率 A 或功率 B。运行 DEH 逻辑并投入功率闭环控制回路。做测试时，先设定一个给定功率（功率 PID 调节器的 SP）通过信号发生器直接加 4～20mA 信号（对应给定功率设定值 SP）到两块 AI 卡，将示波器的一个探头接其中一路 AI 信号（并接 1 个 1kΩ 的电阻），一个探头接 AO 板的输出信号（并接 1 个 1kΩ 的电阻）。突然改变 4～20mA 信号的输入大小，同时 DPU 检测到功率的变化后，经过内部逻辑处理，AO 的输出也变化。测量 4～20mA 信号的输入变化经过内部逻辑处理触发到 AO 的时间间隔。

c. DEH 控制器工作周期检测。

a）试验方法：在 DEH 系统中，通过 DI 卡件采集到开关量信号，经过 DPU 一个简单的逻辑运算后送出一个开关量信号，这样，可通过测量开关量输入信号的变化到开关量输出指令变化之间的动作时间差来测量控制器的响应时间，DEH 控制器周期检测示意图如图 6-15 所示。

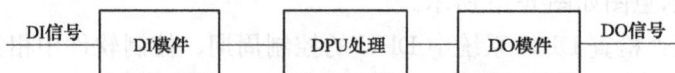

图 6-15　DEH 控制器周期检测示意图

b）试验方法：在 DEH 系统中，通过 AI 卡件采集到 4～20mA 输入信号，经过 DPU 一个简单的逻辑运算后送出一个模拟量输出信号，这样，可通过测量模拟量输入发生阶跃变化到模拟量输出指令变化之间的动作时间差来测量控制器的响应时间。

c）DI-DO 的响应时间测试步骤：检查 DEH 系统中 DPU 的控制周期、控制软件中 DI/DO 信号及逻辑在同一控制器下。用 DI 信号做条件编写一段简单逻辑，通过 DPU 处理后送到 DO 板，使 DO 信号发生变化。将示波器的一个探头接 DI 信号，一个探头接 DO 板的输出信号，用短接线给 DI 板加一信号，同时 DPU 检测到 DI 信号的变化后，经过内部逻辑处理，DO 的输出也变化。测量 DI 信号的输入变化经过内部逻辑处理触发到 DO 的时间间隔。

d）AI-AO 的响应时间测试步骤：检查 DEH 系统中 DPU 的控制周期、控制软件中 AI/AO 信号及逻辑在同一控制器下。用 AI 信号做条件编写一段简单逻辑，通过 DPU 处理后送到 AO 板，使 AO 信号发生变化。将示波器的一个探头接其中一路 AI 信号（并接 1 个 1kΩ 的电阻），一个探头接 AO 板的输出信号（并接 1 个 1kΩ 的电阻）。突然改变 4～20mA 信号的输入大小，同时 DPU 检测到 AI 信号的变化后，经过内部逻辑处理，AO 的输出也变化。测量 4～20mA 信号的输入变化经过内部逻辑处理触发到 AO 的时间间隔。

2）继电器保护回路响应时间检测。

试验方法：通过测量油开关合闸的开关量输入信号的变化到电磁阀动作的电压变化之间的动作时间差来测量继电器保护回路的响应时间。

（2）机组挂闸和脱扣试验。

1）机组挂闸。

2）机组手动打闸试验。

3）低压跳闸试验（如果有）。

机组挂闸，当气动调节门压缩空气的气压降到一定程度时，低气压保护动作，调节气门关闭。

（3）阀门行程标定及线性比对试验。

1）阀门行程标定：逐个测量 DEH 控制的各阀门的全行程数值，将测得的数据与制造厂提供的数据比较，两者之间应吻合，并在阀门合适位置标记全开、全开位置。

2）阀门全开、全关线性测试。

按照给定的曲线，使调节气门从全开到全关，全关后约停 10s，再反向使调节气门从全关到全开试验，记录整个关闭和开启过程，通过微机测试系统和现场实际测量阀杆记录并打印给定曲线和调节气门动作曲线，两条曲线应相吻合，基本无滞后。

（4）气门关闭时间测定。

机组挂闸，将主气门和调节气门全开，按下集控室紧急跳闸按钮打闸，使机组跳闸，各阀门迅速关闭，测定其关闭时间。

（5）启动、停机仿真试验。

为检验 DEH 的各项功能和逻辑，在机组启动前必须进行机组启动、停机过程的仿真试验，模拟机组从冲转到带满负荷以及从满负荷到发电机解列机组停机的全过程。

在机组进行启动仿真试验时可按阶段模拟进行以下静态试验：

1）遮断电磁阀试验。

2）超速限制功能检查。

3）超速遮断功能检查。

4）主气门、调节气门严密性试验。

5）阀门活动试验。

2. 自动发电功能（AGC）静态试验（无 AGC 功能的完成调度通信和静态调节）

AGC 功能试验主要是为了为验证机组各模拟量调节系统的有关参数和 AGC 逻辑，考核机组能否与调度机构（以下简称调度）能量管理系统（EMS）准确地交换 AGC 有关控制信息，调整各个环节的控制参数，验证相应控制逻辑的正确性，确认机组参与 AGC 调节的安全功能是否满足并网发电相关规范要求，并测试机组 AGC 负荷调节范围、调节速度和调节精度，确保机组 AGC 功能能正常投入运行。

（1）AGC 接口信息测试。

1）目的：检测机组 DCS 控制系统与 RTU 之间、电厂与调度之间模拟量、开关量的收发情况和正确性。

2）注意事项：本测试可在机组停机期间开展，调度侧配合完成相关测试。

3）方法。

在控制系统开环的条件下，采用强制信号的方法，在 DCS 侧分别向 RTU 输送 0％、25％、50％、75％、100％模拟量信号，同时在 RTU 侧记录接收到的信息；在 DCS 侧分别向 RTU 发送逻辑"0"和"1"开关量信号，同时在 RTU 侧记录接收到的信号；在 RTU 侧分别向 DCS 发送逻辑"0"和"1"，在 DCS 侧记录接收到的信号；在 RTU 侧向 DCS 发送遥调指令，在 DCS 侧记录接收到的信号。

要求模拟量信号精度为 0.25％，从 DCS 信号输出到 RTU 和从 RTU 信号输出到 DCS 接收稳定的时间应在 5s 以内，若精度无法满足要求，可在 DCS 侧通过信号调整的方法，使 RTU 接收到的信号精度满足要求。RTU 接收到的开关量信号必须与 DCS 发送的完全一致，DCS 收到的开关量信号必须与 RTU 发送的完全一致，从 DCS 信号输出到 RTU 接收到的时间和从 RTU 信号输出到 DCS 接收到的时间应在 2s 内。

4）步骤。

a. 检查确认机组 AGC 功能处于开环状态。

b. 调度在 AGC 操作界面上人工依次发送 0％、25％、50％、75％、100％遥调指令设定值，压缩空气储能电站（以下简称电厂）逐一核实 RTU 接收和发送至 DCS 各测点数据；同时调度逐一核实 DCS 回送至 RTU，RTU 上送调度 EMS 的返回值是否与发送一致。

c. 调度在 EMS 界面上、电厂在 RTU 测点上观察电气采样输出的机组有功出力（P1）和 DCS 采样输出的机组有功出力（P2）是否与实际出力相符以及两者的误差情况，观察 DCS 采样输出的机组频率是否与实际频率相符。

d. 调度在 AGC 维护界面上、电厂在 DCS、RTU 测点上分别检查机组运行上、下限。

e. 调度在 AGC 维护界面上、电厂在 DCS、RTU 测点上分别检查机组上升、下降响应速率。

f. 电厂在 DCS 上模拟机组 AGC 允许/禁止和 AGC 投入/退出信号，调度在 EMS 界面上、电厂在 RTU 测点上观察 DCS 发送的信号是否正确。

g. 电厂在 DCS 上模拟机组负荷增闭锁和减闭锁信号，调度在 EMS 界面上、电厂在 RTU 测点上观察 DCS 发送的信号是否正确。

h. 电厂在 DCS 上模拟机组一次调频动作/静止、投入/退出信号，调度在 EMS 界面上、电厂在 RTU 测点上观察 DCS 发送的信号是否正确。

i. 电厂在 DCS 上模拟机组 OPC 投入/退出、OPT 投入/退出、发电机运行/解列、发电机备用/失备信号，调度在 EMS 界面上、电厂在 RTU 测点上观察 DCS 发送的信号是否正确。

j. 电厂在 DCS 上模拟机组 PSS 投入/退出信号，调度在 EMS 界面上、电厂在 RTU 测点上观察 DCS 发送的信号是否正确。

（2）AGC 开环静态调试。

1）AGC 定值、参数核对。

a. 目的：依据调度下发的电厂机组 AGC 定值单，核对 AGC 相关定值和控制参数。

b. 注意事项：本测试可在机组停机期间开展，调度、厂内分别自行测试。

c. 方法：核对调度 AGC 主站数据库中电厂机组建模参数；核对电厂远动系统、机组 DCS 控制系统中 AGC 功能组态参数。

d. 步骤。

a）调度在 EMS 界面上按定值单核实有功功率调节死区、正常运行上限、正常运行下限、正常调节速率、最大调节速率、正常调节幅度（调节步长）和最大调节幅度。

b）电厂在远动系统和 DCS 控制系统上按定值单核实 AGC 定值参数。

2）其他安全性测试。

a. 目的：检测电厂侧装置异常发生后，保证整个机组指令接收、传输系统的容错功能。

b. 注意事项：本测试在机组停机期间开展，调度侧配合测试。

c. 方法：在电厂侧模拟投入 AGC 远方控制，模拟远动装置掉电、机组功率量测数据异常、机组内部异常、频率量测越限等故障，检测机组容错功能。

d. 步骤。

a）检查机组 AGC 负荷控制模式回路逻辑，确保机组处于停运状态，确保试验期间远动装置的启停不对其他电气回路构成影响。

b）在控制组态中设置"远动装置故障""AGC 目标信号坏点"，机组主动退出远控 AGC 运行方式的逻辑，并完成相应的静态开环试验，确保该项功能正确无误。

c）模拟机组在 AGC 方式下运行，与电气专业配合，相继重启两台远动装置。检查远动装置重启和通信中断时，不向 DCS 误发遥调功率指令，即 AGC 指令不变，是否发出告警提示。

d）模拟投入 AGC，同时中断两台远动装置与 DCS 的数据通信。检查通信中断时，不向 DCS 误发遥调指令，即 AGC 指令不变，并发出告警提示。

e）通知调度，投入机组 AGC 运行，断开远动装置和 DCS 硬接线（AGC 指令目标接线）。检查机组是否退出 AGC 功能，并发出告警提示。

f）模拟机组功率信号测点（电气、DCS）异常，查看机组 AGC 是否主动退出，并进入本地运行方式，是否发出告警提示。

g）模拟机组在 AGC 方式下运行，模拟由于电厂内部的原因（如 DEH 故障），导致机组退出功率控制，查看机组是否能够主动退出 AGC 远方控制运行模式，是否发出告警提示。

h）模拟机组在 AGC 方式下运行，并切除一次调频回路，用信号发生装置在频率通道上加入 50±0.5Hz 的模拟量信号，查看机组 AGC 是否主动退出，是否发出告警提示。

（3）控制方式切换测试。

1）目的：检测机组在各种运行方式下的切换的安全性。

2）注意事项：本测试在机组停机期间开展，调度侧配合测试。

3）方法：模拟投入 AGC 远方控制，先后将机组功率控制方式切换到调度 AGC 方式、将调度 AGC 方式切换到机组功率控制方式，检测切换的安全性。

4）步骤：机组功率控制方式切换到调度 AGC 方式，检测调度指令和机组出力之差超过门槛值和小于门槛值的实际结果，门槛值根据定值表设置。

3．一次调频功能静态试验

（1）应具备的条件。

1）完整的一次调频功能试验包括静态试验和动态试验。静态试验是在停机状态下进行。

2）机组润滑油和控制用气系统工作正常。

3）DEH 已经正常投入使用。DEH 中的一次调频逻辑正确且符合要求，当一次调频动作以后，DEH 应根据电网的频率或汽机转速差，经过死区和不等率处理后得出一次调频负荷给定叠加在机组负荷指令上，作为机组的给定负荷。

4）机组 TSI 检测系统完好，数据显示正确，机组各保护系统投入，工作正常。

（2）试验内容。

一次调频静态试验与调速系统参数测试的某些项目相同，可以与调速系统参数测试同步进行。

1）切除闭环控制逻辑检查验证。

在 DEH 转速反馈通道上加 1500r/min 的转速模拟信号，模拟机组的并网状态，转速给定为 1500r/min，机组一次调频功能投入，一次调频速度变动率 δ 设为 4.5%，保持一次调频限幅。

在 DEH 工程师站，调整阀位到 80%，再将转速模拟信号由 1500r/min 阶跃提升到

1509r/min，待系统稳定后，再将转速模拟信号阶跃恢复到 1500r/min；

以 1000Hz 的采样频率，记录下整个过程中以下参数的变化情况：模拟转速信号，频差信号，阀位指令，阀位反馈。

2）控制系统频差调节系数（速度变动率）和迟缓率测试。在 DEH 端子柜加 1500r/min 的转速模拟信号，并模拟机组的并网状态。步骤如下。

Step1 在操作员站将阀位指令置到 100%；

Step2 在工程师站，将转速模拟信号由 1500r/min 以 1Hz/s 的速度缓慢提升，此时调门行程应缓慢下降，到调门全关时，再将转速模拟信号以 1Hz/s 的速度缓慢恢复到 1500r/min；

Step3 重复进行 Step2；

Step4 在操作员站将总阀位指令置到 0%；

Step5 在工程师站，将转速模拟信号由 1500r/min 以 1Hz/s 的速度缓慢下调，此时调门行程应缓慢上升，到调门全开时，再将转速模拟信号以 1Hz/s 的速度缓慢恢复到 1500r/min；

Step6 重复进行 Step5；

Step7 以 1000Hz 的采样频率，记录下整个过程中以下参数的变化情况：模拟转速信号，阀位指令，阀位反馈。

3）一次调频调节死区测试，步骤如下。

Step1 用信号发生器在 DEH 端子柜加 1500r/min 的转速模拟信号，投入一次调频，模拟机组并网，模拟机组负荷在 8MW；

Step2 DEH 功率回路 PID 投入自动；

Step3 将转速模拟信号分别从 1500r/min 阶跃升到 1500.9、1501、1501.1r/min，进行扰动。检查频差发出响应的扰动转速；

Step4 以 1000Hz 的采样频率，记录整个过程中一次调频转速偏差、阀位、DEH 负荷控制回路 PID 输出值、DEH 负荷控制回路 PID 输入值、转速模拟信号、频差功率的变化曲线。

4．原动机及调速系统参数测试的静态试验

（1）静态试验内容。

静态试验主要包括以下项目：转速测量环节参数测试、一次调频调节死区测试、转速偏差放大倍数测试、功率测量环节测试、DEH 功控回路 PID 参数校核测试、调门动作速度测试、控制系统频差调节系数和迟缓率测试、切除闭环控制逻辑检查验证（转速反馈通道动态特性测试）。

（2）静态试验应具备的条件。

1）确保机前压缩空气压力，油温、油压等参数在正常运行范围。

2）应做好机组进气隔离措施。

3）机组具备挂闸条件，调节系统调试完毕具备试验条件。

4）润滑油、调节用气系统（包括蓄能器）工作正常。

（3）转速测量环节参数测试。

用信号发生器在 DEH 柜转速卡输入端加 1500r/min 的转速模拟信号，投入一次调频，将转速模拟信号从 1500r/min 阶跃到 1505r/min 进行扰动。以 1000Hz 的采样频率，记录转速信号、频差的变化曲线。

（4）一次调频调节死区测试，测试方法如下。

1）用信号发生器在 DEH 柜转速卡输入端加 1500r/min 的转速模拟信号，投入一次调频，模拟机组并网，模拟机组负荷在 8MW。

2）投入功率控制回路。

3）将转速模拟信号分别从 1500r/min 阶跃到 1500.9、1501、1501.1、1501、1500、1499.1、1499、1500r/min，进行扰动。

4）以 1000Hz 的采样频率，记录整个过程中模拟转速、阀位的变化曲线。

（5）转速偏差放大倍数测试，测试方法如下。

1）用信号发生器在 DEH 柜转速卡输入端加 1500r/min 的转速模拟信号，投入一次调频，模拟机组并网，模拟机组负荷在 8MW。

2）投入功率控制回路。

3）将转速模拟信号从 1500r/min 阶跃到 1504r/min 进行扰动，以 1000Hz 的采样频率，记录转速模拟信号、频差、功率控制 PID 输入信号的变化曲线。

（6）功率测量环节测试。

本测试在机组首次解列期间进行。当机组首次并网带负荷暖机结束，手动解列时，记录发电机出口断路器合位信号、DEH 系统接收到的发电机功率的变化过程。

（7）功率控制回路 PID 参数测试，测试方法如下。

1）用信号发生器在 DEH 柜转速卡输入端加 1500r/min 的转速模拟信号，投入一次调频，模拟机组并网，模拟机组负荷在 8MW。

2）功率控制回路 PID 投入自动。

3）将功率控制回路 PID 单独设置为比例环节，比例系数保留原始值，取消积分和微分作用。

4）将转速模拟信号阶跃到 1505r/min，进行扰动。

5）将功率控制回路 PID 单独设置为积分环节，积分系数保留原始值，取消比例和微分作用，重复第 4）步进行测试。

6）以 1000Hz 的采样频率，记录整个过程中转速模拟信号、阀位、功率控制回路 PID 输入值、功率控制回路 PID 输出值变化曲线。

7）测试结束后恢复比例、积分到原始值。

（8）调门动作速度测试。

1）试验方法：用信号发生器在 DEH 柜转速卡输入端加 1500r/min 的转速模拟信号，模拟并网；解除总阀位速率限制，保留调门的速率限制。

2）测试步骤。

a. 手动方式下，设置总阀位指令到 90%，各调节阀开启。

b. 将总阀位指令置 5%，调节阀迅速关闭。

c. 待系统稳定后，将总阀位指令置回 90%，调节阀重新开出。

d. 手动方式下，设置总阀位指令到 100%，调节阀开启。

e. 将总阀位指令置 0%，调节阀迅速关闭。

f. 待系统稳定后，将总阀位指令置回 100%，调节阀重新开出。

g. 手动方式下，设置总阀位指令到 50%。

h. 将总阀位指令置 55%，调节阀迅速开大。

i. 待系统稳定后，将总阀位指令置回 50%，调节阀迅速关小。

j. 以 1000Hz 的采样频率，记录总阀位指令和调门阀位反馈。

k. 测试结束后恢复总阀位给定速率限制。

（9）控制系统频差调节系数和迟缓率测试。

1）试验方法：修改一次调频逻辑，取消一次调频限幅，保留一次调频死区为 2r/min，在 DEH 端子柜加 1500r/min 的转速模拟信号，模拟机组并网，一次调频功能投入，闭锁超速保护。

2）实验步骤。

a. 手动方式下，设置总阀拉指令到 100%。

b. 将转速模拟信号由 1500r/min 缓慢提升，调门缓慢关闭。

c. 待调门全关后，将转速模拟信号缓慢恢复到 1500r/min。

d. 手动方式下，设置总阀指令到 0%。

e. 将转速模拟信号由 1500r/min 缓慢下调，调门缓慢开启。

f. 待调门全开后，将转速模拟信号缓慢恢复到 1500r/min。

g. 以 1000Hz 的采样频率，记录整个过程中以下参数的变化情况：模拟转速信号、阀位指令、阀位反馈。

（10）切除闭环控制逻辑检查验证（转速控制通道动态特性测试）。

1）试验方法：用信号发生器在 DEH 柜转速卡输入端加 1500r/min 的转速模拟信号，模拟机组并网，模拟 8MW 负荷，一次调频功能投入，检查一次调频死区为 2r/min，检查 DEH 一次调频速度变动率 δ 为 4.5%，功率控制回路 PID 参数保持设计值。

2）实验步骤。

a. 以手动方式调整阀位到 90%，然后切到自动方式下。

b. 将转速模拟信号由 1500r/min 阶跃提升到 1509r/min。

c. 待系统稳定后，恢复试验初始状态。

d. 以手动方式调整阀位到 10%，然后切到自动方式下。

e. 将转速模拟信号由 1500r/min 阶跃下降到 1496r/min。

f. 待系统稳定后，恢复试验初始状态。

g. 以 1000Hz 的采样频率，记录整个过程中以下参数的变化情况：模拟转速信号、一次调频转速偏差信号、阀位指令、阀位反馈。

第六节　空负荷阶段应完成的测试项目

一、空负荷阶段应完成的交接试验设备入网测试

空负荷阶段没有交接试验。

空负荷阶段应完成的设备入网测试主要是并网试验。即同步发电机组的同期试验，主要考察机组电压同期和频率同期的能力。对于配置同步发电机的压缩空气储能，具体过程与同步发电机的同期相同。

二、空负荷阶段应完成的涉网试验

空负荷阶段要完成涉网试验的空载试验，主要是励磁系统参数测试的空载部分。

1. 发电机空载特性试验

（1）试验目的：测量交流发电机空载情况下，给定参考电压、励磁电压、励磁电流和发电机电压的关系。

（2）试验条件。

发电机保持额定转速；发电机励磁系统完善可控、出口 TV 一、二次保险齐全、测量回路完好，发电机具备升压条件。

由外部临时电源向励磁变供电，将励磁变高压侧与分支母线连接临时断开并可靠隔离，选厂内 6kV 备用开关柜，从备用开关柜引接 6kV 高压电缆接至励磁变高压侧。

（3）试验准备：将发电机定子电压、励磁电压、励磁电流接入 WFLC 电量记录分析仪。

（4）试验方法：平稳调整发电机励磁电流使发电机电压升至 120% 额定电压，再降到最低。用电量记录分析仪测录转子电流及发电机电压上升和下降的曲线。

（5）安全注意事项：发电机电压不超过额定值的 120%，为防止发电机过激磁保护误动，发电机电压在 1.20 倍额定值停留记录时间尽量短。

2. 发电机空载转子时间常数测试

（1）试验目的：测量发电机空载转子时间常数。

（2）试验条件：发电机保持额定转速；发电机励磁系统完善可控、出口 TV 一、二次保险齐全、测量回路完好，发电机具备升压条件。由外部临时电源向励磁变供电。

（3）试验方法：在发电机空载条件下，采用突然拉开 6kV 临时励磁电源的方法，使发电机励磁电压消失，用电量记录分析仪测录发电机电压下降的曲线，计算发电机转子时间常数。

3. 大干扰阶跃试验

（1）试验目的：在空载条件下进行 20%（60%→80%、80%→60%）阶跃，可测得调节器最大、最小输出电压，校核 α_{max}、α_{min}。

（2）试验条件：发电机维持额定转速，使用自动励磁装置。在做该项试验时，由外

部临时电源向励磁变供电。

（3）试验方法：用自动励磁调节器调整发电机电压为 60％额定电压，进行 20％阶跃（上、下）试验，用电量记录分析仪测录发电机电压、转子电压和电流、调节器输出电压和电流。

4. AVR 比例放大倍数测量

（1）试验条件：本试验在发电机采用他励方式和自励方式下分别运行，采用自动方式。

（2）试验准备：将发电机定子电压、励磁电压、励磁电流接入电量记录分析仪。

（3）试验方法：用自动励磁调节器调整发电机电压为 40％额定电压，将励磁调节器 PID 的积分和微分功能均退出，使 PID 成为一个纯比例环节。缓慢手动增磁，调整发电机电压从 40％额定电压上升到 100％，用 WFLC 电量记录分析仪测录发电机电压、转子电压和电流、调节器输出电压和电流，同时记录给定电压。计算 AVR 系统比例放大倍数。

自励试验条件下进行的试验主要有上面提到的 AVR 比例放大倍数测试试验以及下面的小扰动阶跃试验。

5. 发电机空载 5％小干扰阶跃响应试验

（1）试验目的：测量励磁调节器调节品质。

（2）试验条件：发电机维持额定转速，在空载自励条件下使用自动励磁调节器试验。

（3）试验方法：在发电机采用自励方式运行后，用调节器自动方式调整发电机电压为 95％额定电压，进行 5％阶跃（上、下）试验，用 WFLC 电量记录分析仪测录发电机电压、转子电压和电流、调节器输出电压和电流。

第七节　并网后应完成的测试项目

一、并网后应完成的设备入网测试

1. 有功功率试验

在系统并网后完成。

用于测试压缩空气储能发电机组调节有功功率的能力。调节机组的输出功率，从 75％→10％→50％→100％→50％→10％，记录发出命令的时间、达到的功率值和达到时间。根据《分布式电源接入电网运行控制规范》（NB/T 33010—2014）的要求：达到的功率值和达到时间应满足调度机构的要求。

对于压缩空气储能，应通过示范工程，在考虑压缩空气储能系统主机—辅机安全边界的基础上，研究得到压缩空气储能发电机组的功率变化能力（含最大功率、最小功率和功率变化速度），通过与调度机构的协商，参考相关技术规范，制定膨胀机—发电机组有功功率试验的调节幅度和调节速度。

2. 功率因数试验

在系统并网后完成。

用于测试压缩空气储能发电机组调节功率因数的能力。调节机组的有功功率为80%额定功率，调节无功功率，使其功率因数分别为超前0.95、超前0.98、1.0、滞后0.98和滞后0.95，记录发出命令的时间、达到的功率因数值和达到时间。在《分布式电源接入电网运行控制规范》（NB/T 33010—2014）中，暂未对无功功率值的调节精度和响应时间作出规定。

对于压缩空气储能，因为同样采用同步发电机和励磁系统接入电网，建议参照执行。

3. 故障后恢复并网试验

在系统并网后完成。

该试验主要用于测试电网故障后分布式电源在规定时间内恢复并网的性能。对于10~35kV的分布式电源，应在得到调度机构发出并网指令后方可执行。所以，对于配置同步发电机的压缩空气储能，该试验主要考察的是膨胀机—发电机组的甩负荷性能，即：离网后应能维持额定转速，励磁系统应能维持机端电压，在得到调度机构并网指令后，能够迅速并网。

对于压缩空气储能，建议按照汽轮机组的甩负荷试验导则开展本试验，在试验过程中，主要记录发电机组的最高转速、转速的过渡过程和时间、机端电压的过渡过程和时间。

4. 离网试验

在系统并网后完成。

根据《分布式电源接入电网测试技术规范》（NB/T 33011—2014），要求断开并网开关5s后重新合上并网开关。

对于配置同步发电机的压缩空气储能，离网试验应当看作传统同步发电机组的甩负荷试验，建议该试验参考汽轮机组的甩负荷试验导则进行。

5. 连续运行试验

根据《分布式电源接入电网测试技术规范》（NB/T 33011—2014），要求在80%额定功率以上连续运行72h。

对于压缩空气储能，应结合设计的储能—释放能力，在示范工程研究中，得到系统80%额定功率连续运行的最大运行时间。

二、并网后应完成的涉网试验

1. AGC开环静态调试—调度指令安全校核功能测试

试验按《火力发电厂自动发电控制性能测试验收规程》（DL/T 1210—2013）进行。

（1）目的：检测调度指令安全校核功能。

（2）注意事项：本测试在机组运行期间开展，调度侧配合测试。

（3）方法：当机组启动完成、具备AGC投入条件后，在70%额定负荷投入机组功率控制方式或确认在功率控制方式运行，由调度下发指令操作：模拟调度端遥调指令异常情况，检验电厂端远动系统及 DCS 控制系统接收 AGC 异常遥调指令后相关闭锁逻辑及安全校核功能的正确性。

（4）步骤：

1）检查机组实际出力允许情况，确保 DCS 控制系统以及其他模拟量控制系统调节品质优良。

2）电厂运行人员在 AGC 操作画面上设置负荷上、下限值。其中负荷上下限根据定值表设置，机组允许的调节步长限制值在控制逻辑中的整定值根据定值表设置。

3）电厂试验人员与调度工作人员联系进行调度指令安全校核功能测试。

4）将机组出力稳定在 8MW 附近，并投入远方 AGC 运行方式。

5）与调度联系将 AGC 目标指令设置为超上限，如查看实际进入 DCS 控制系统的最终目标指令是否为机组实际出力值，并将结果记录表中。

6）与调度联系将 AGC 目标指令设置为超下限，查看实际进入 DCS 控制系统的最终目标指令是否为机组实际出力值，并将结果记录表中。

7）与调度联系将 AGC 目标指令设置为超调节步长，查看实际进入 DCS 控制系统的最终目标指令是否保持为机组实际出力值，并将结果记录表中。

8）与调度联系将 AGC 目标指令设置为 9MW，查看实际进入 DCS 控制系统的最终目标指令是否为 9MW，并将结果记录表中。

9）与调度联系将 AGC 目标指令设置为 7MW，查看实际进入 DCS 控制系统的最终目标指令是否为 110MW，并将结果记录表中。

10）整理数据记录，将试验数据上报调度进行评定。

2. AGC 功能动态试验

试验按《火力发电厂自动发电控制性能测试验收规程》（DL/T 1210—2013）进行。

（1）AGC 闭环动态调试。

大负荷阶跃响应测试及反向延时测定。

1）目的：测试调度 AGC 对机组进行大负荷动态变化的实际调节性能。

2）注意事项：本测试在机组运行期间开展，调度侧配合测试。

3）方法。

由调度在 AGC 操作界面上将电厂机组调度方式置为基点给定、不调节（BASEO）并按负荷变化曲线轨迹设置遥调指令（负荷变化曲线由调度下发电厂提供），测试机组在大负荷动态变化需求下的实际调节性能。

调度试验人员和电厂热控人员通过历史记录曲线，确定的机组 AGC 控制下升/降出力期间负荷响应纯迟延时间、机组实际负荷响应速度、机组负荷动态偏差和静态偏差以及其他控制系统的控制品质。若机组负荷响应纯迟延时间大于 90s，或机组实际负荷响应速度小于 1MW/min，或机组负荷最大动态偏差大于 $3\%P_n$，或机组负荷最大静态偏差大于 $1\%P_n$，或 MCS 其他控制系统的控制品质无法满足相关 AGC 技术规范，则需调整相关参数，待机组负荷响应速度提高后，重复阶跃响应部分试验。

调度试验人员和电厂热控人员通过历史记录曲线增减和减增负荷拐点，测定机组实际负荷响应反向延时时间。若机组实际负荷响应反向延时时间大于 3min，则需调整相关参数，待机组负荷响应速度提高后，重复反向延时部分试验。

4）步骤。

a. 调度在调度工作站 AGC 调度界面上设置电厂机组控制器的调度方式为基点给定、不调节（BASEO），设置基点值。

b. 调令电厂投入机组 AGC 允许。

c. 电厂检查 DCS 运行正常，机组允许远方控制信号为投入，确认全厂出力目标值。

d. 调度在调度工作站 AGC 调度界面上检查电厂机组"AGC 允许/禁止"遥信状态应为"AGC 允许"，遥调返回值。

e. 调令电厂投入机组 AGC（AGC 投入远方控制），电厂检查机组 AGC 投入远方控制信号为投入。

f. 调度在调度工作站 AGC 调度界面上检查电厂机组"AGC 投入/退出"遥信状态应为"AGC 投入"，观察、记录电厂机组响应遥调指令情况，机组负荷在基点值保持 10～20min。

g. 调度在调度工作站 AGC 调度界面上设置电厂机组基点值，观察、记录电厂机组响应遥调指令减出力情况。机组出力到达基点值后保持 10min。

h. 调度在调度工作站 AGC 调度界面上设置电厂机组基点值，观察、记录电厂机组响应遥调指令增出力情况。

i. 当机组出力接近基点值，调度立即在调度工作站 AGC 调度界面上设置电厂机组基点值，观察、记录电厂机组响应遥调指令减出力情况和反向延时时间。

j. 当机组出力接近基点值，调度立即在调度工作站 AGC 调度界面上设置电厂机组基点值，观察、记录电厂机组响应遥调指令增出力情况和反向延时时间。

k. 当机组出力接近基点值，调度立即在调度工作站 AGC 调度界面上设置电厂机组基点值，观察、记录电厂机组响应遥调指令减出力情况和反向延时时间。

l. 当机组出力到达基点值，调度立即在调度工作站 AGC 调度界面上设置电厂机组基点值，观察、记录电厂机组响应遥调指令增出力情况和反向延时时间。

m. 如条件许可，进行从基点值至最低可调负荷之间的 AGC 降负荷和升负荷试验各一次，检验机组负荷在 AGC 可控范围内是否全程可控。确定机组 AGC 可调范围、调节死区、响应时间、动态负荷偏差、负荷高/低限、负荷率、实际响应负荷率及辅机启停时间等参数。

（2）AGC 闭环试运行试验。

1）1h 连续调节试验。

a. 目的：测试电厂机组在自动跟踪、正常调节（AUTOR）调度方式下连续跟踪响应调度 AGC 根据区域控制偏差（ACE）分配的遥调指令的控制性能情况。

b. 注意事项：本测试在机组运行期间开展，调度侧配合测试。

c. 方法：将电厂机组调度方式设为自动跟踪、正常调节（AUTOR），投入机组

AGC，观察、记录机组跟踪响应及控制性能情况。

d. 步骤：

a）调度在调度工作站 AGC 调度界面上设置电厂机组控制器的调度方式为自动跟踪、正常调节（AUTOR）。

b）观察、记录电厂机组跟踪响应调度遥调指令的情况，连续运行 1h。

2）AGC 投入 24h 试运行。

a. 目的：在机组运行稳定可靠，AGC 功能测试正常的条件下，进入 24h 试运行。

b. 方法：将电厂机组调度方式设为自动跟踪、正常调节（AUTOR），进入 24h 试运行。

c. 步骤：调度在调度工作站 AGC 调度界面上设置电厂机组控制器的调度方式为自动跟踪、正常调节（AUTOR）。连续运行 24h。

3. 一次调频功能动态试验

试验按照《火力发电机组一次调频试验及性能验收导则》（GB/T 30370—2013）进行。

在机组负荷 8MW 阀位指令 80％下，将机组功率和参数控制稳定，在 DEH 系统中将一次调频频差计算回路与机组一次调频控制回路断开，在机组一次调频控制回路入口接入人工设置的频差信号（起始值为 0r/min）。

（1）功率控制方式下一次调频响应行为测试。

机组负荷 6MW（60％P_0），在功率控制方式下，改变 DEH 中的额定转速与实际转速差，使其分别为±1、±2、±4、±6r/min，记录机组有功功率和调门等参数的变化情况。当额定转速减实际转速的转速差为正时，调门应开大，机组负荷应当上升；当额定转速减实际转速的转速差为负时，调门应关小，机组负荷应当下降，其幅度大小由不等率决定，校核机组一次调频的响应行为，如果不满足规定的技术指标，则需要对调速系统的相关组态程序和控制参数进行修改。

将机组负荷分别调整到 7.5MW（75％P_0）和 9MW（90％P_0），重复进行上述试验。

（2）阀控方式下转速不等率校核。

机组负荷 6MW（60％P_0），在阀控方式下，改变 DEH 额定转速与实际转速差，使其分别为±1、±2、±4r/min，记录机组有功功率和调门等参数的变化情况。当额定转速减实际转速的转速差为正时，调门应开大，机组负荷应当上升；当额定转速减实际转速的转速差为负时，调门应关小，机组负荷应当下降，其幅度大小由不等率决定校核机组一次调频的响应行为，如果不满足规定的技术指标，则需要对调速系统的相关组态程序和控制参数进行修改。

将机组负荷分别调整到 7.5MW（75％P_0）和 9MW（90％P_0），重复进行上述试验。

（3）跟踪电网频率试验。

机组负荷 8MW（80％P_0）在功率控制方式下，跟踪电网频率试验。对电网频率（机组并网下的转速）、机组有功功率、膨胀机进气调门开度进行实时记录（将死区放到 0.5～1.0r/min），记录电网频率越过机组一次调频频率死区时调速系统动作情况。

4. 原动机及调速系统参数测试动态试验

试验按照《同步发电机原动机及其调节系统参数实测与建模导则》（DL/T 1235—2013）进行。

（1）动态试验基本试验条件。

1）机组经满负荷考验运行平稳，各运行参数在正常范围内。

2）机组变负荷特性良好，升降负荷平稳。

3）机组润滑油、调节用气系统工作正常，调节控制性能正常。

（2）带负荷试验项目及方法。

1）试验要求。

a. 功率控制回路投入；

b. 切除一次调频功能；

c. 切除 AGC 功能；

d. 试验期间，负荷变化范围为最小技术出力至 10MW；

e. 试验期间尽量维持定压运行，变负荷过程中进气参数尽量维持在额定值。

2）试验步骤。

a. 功率控制自动，负荷稳定在最小技术出力，进气压力温度维持在额定值。

b. 由运行人员调整将负荷缓慢提升，每上升 0.1MW 负荷稳定 3min。稳定期间维持机组进气压力温度在额定值，记录各参数。直到机组负荷到达 10MW。

c. 机组负荷到达 10MW 后稳定运行 5min。

d. 由运行人员调整将负荷缓慢下降，每下降 0.1MW 负荷稳定 3min，稳定期间维持机组进气压力温度在额定值，记录各参数。直到机组负荷到达最小技术出力。

e. 试验期间，进气压力温度应尽量维持在额定值。以 1s/次的采样频率，记录以下参数变化情况：机组负荷、阀位指令、阀位反馈、储气罐压力、机侧进气压力、各膨胀机进气压力、各膨胀机排气压力、压缩空气流量。

（3）阀门开度扰动测试。

1）试验要求。

a. 机组运行方式切换至阀控方式；

b. 一次调频功能退出；

c. AGC 功能退出；

d. 取消阀位的速率限制；

e. 试验负荷的变化范围约为 8MW±0.6MW。

2）注意事项。

a. 控制总阀位指令的阶跃量，原则上应使每次阶跃所引起的负荷变化大于 5% 的额定负荷变化；

b. 进气调节门开度发生阶跃时，储气系统进行适当调整，维持主气门前压缩空气的气压和温度稳定；

c. 阶跃之后应等待机组运行稳定后方可进行下一试验。

3）试验步骤。

a. 机组运行方式切换至阀控方式；

b. 一次调频功能退出；

c. AGC 功能退出；

d. 负荷稳定在 8MW，进气压力温度维持在额定值；

e. 取消阀位的速率限制；

f. 将阀位指令向上阶跃 5%；

g. 在气门阶跃期间，储气系统进行适当调整，维持主气门前压缩空气的气压和温度稳定；

h. 待机组稳定 2~3min 后，将负荷稳定在 8MW；

i. 总阀位指令向下阶跃 5%；

j. 在气门阶跃期间，储气系统进行适当调整，维持主气门前压缩空气的气压和温度稳定；

k. 以 1000Hz 的采样频率，记录下整个过程中以下参数的变化情况：机组负荷、阀位指令、阀位反馈、储气罐压力、机侧进气压力、各膨胀机进气压力、各膨胀机排气压力、压缩空气流量。

（4）负荷阶跃扰动试验。

1）试验要求。

a. AGC 功能退出；

b. 一次调频在投入状态，系统速度变动率设在 4.5%，调频死区设定为 ±1r/min；

c. 机组分别工作在阀控、功率控制方式下，试验过程中目标负荷不人为改变；

d. 试验前机组负荷稳定运行于 8MW，进气参数维持在额定值。

2）试验步骤

a. 阀控投入，负荷稳定在 8MW；

b. 强制额定转速保持 1500r/min 不变；

c. 由热工人员将实际转速由 1500r/min 改为 1508r/min，模拟实际转速从 1500r/min 阶跃升到 1508r/min，机组负荷将下降到 1MW 左右；

d. 在此过程中，不对储气罐进行调整；

e. 机组稳定后，将实际转速设回 1500r/min，模拟实际转速从 1508r/min 调回至 1500r/min。机组负荷恢复到 8MW 左右；

f. 将实际转速由 1500r/min 改为 1492r/min，模拟实际转速从 1500r/min 阶跃降到 1492r/min。机组负荷将上升到 1MW 左右；

g. 机组稳定后，将实际转速设回 1500r/min，模拟实际转速从 1492r/min 调回至 1500r/min，机组负荷随之恢复到 8MW 左右；

h. 功率控制方式下，重复上述试验；

i. 以 1000Hz 的采样频率，记录下整个过程中以下参数的变化情况：转速模拟信号、机组负荷、阀位指令、阀位反馈、储气罐压力、机侧进气压力、各膨胀机进气压力、各膨胀机排气压力、压缩空气流量。

5. 甩负荷试验

（1）试验目的。

甩负荷试验主要是考核 DEH 控制系统在甩负荷时的控制性能，即考验调节系统能否控制机组转速不超速，并能够维持空负荷运行，同时测取膨胀机甩负荷后的动态特性曲线以评定 DEH 及调节系统部套的动态品质。甩负荷试验是对机组主、辅设备动作灵活性及适应性的检验性试验，也是对各设备自动特性、联锁、保护、热工逻辑的进一步考验。

（2）试验记录与监测。

甩负荷试验的记录项目包括自动录波记录及手抄记录或 DAS 采样记录两部分。根据本机组实际情况，采用高速数据记录仪自动记录有关参数。

1）自动记录项目。

发电机残压、机组转速、发电机主开关跳闸信号、进气调门行程、OPC 动作信号、功率。

2）DAS 采样记录。

通过 DAS 系统或手抄记录的项目有：功率、转速、进气调门行程、进气压力与温度、阀位指令、阀位反馈、储气罐压力、机侧进气压力、各膨胀机进气压力/温度、各膨胀机排气压力/温度、压缩空气流量、发电机定子电压、发电机转子电流等参数。

甩负荷试验过程中应派专人在机头监视转速，做好事故处理的一切准备。其他监视项目：如胀差、轴向位移、振动、轴承金属温度、回油温度等。

（3）试验前应具备的条件。

1）汽机专业应具备的条件。

a. 润滑油系统、调节保安系统完全符合要求。

b. 各主辅设备无重大缺陷，操作机构灵活，运行正常。

c. 调节系统静态特性符合设计要求，各阀门校验试验合格，转速不等率热工设为 4.5%。

d. 除发变组故障跳汽机保护外所有停机保护、联锁及顺控经过确认，动作可靠。

e. 远方与就地手动停机试验合格，动作可靠。

f. 所有抽气逆止门联动正常，关闭迅速且无卡涩现象（根据现场条件决定）。

g. 各主气门与调节气门的自身关闭时间与总的关闭时间测定完毕且符合设计要求：调门关闭时间小于 0.5s，主气门的关闭时间小于 0.4s（根据现场条件决定）。

h. 发电机主开关跳闸联锁关系符合要求。

i. 危急遮断器动作整定值符合要求，其值为 109%～111%额定转速（根据现场条件决定）。

j. 电超速保护整定值符合要求，其值为 110%额定转速。

k. OPC 超速限制保护动作可靠，整定值符合要求，其值为 103％额定转速（根据现场条件决定）。

l. 主气门与调节气门严密性试验合格。

m. 危急遮断器动作可靠，机械超速试验合格。

n. 交、直流润滑油泵联锁动作正常。启动运行交流润滑油泵，检查油压正常。

o. 经空负荷及带负荷试验，主辅设备运转正常，各主要监视仪表指示正确。

2）电气专业应具备的条件。

a. 将厂用电切至启动备用变。

b. 励磁调节系统工作正常，发变组各项电气保护联锁能够可靠投入。

c. 发电机主开关、灭磁开关分合正常。

d. 系统周波正常，电网调度允许试验。

e. 热控专业应具备的条件。

f. DEH、ETS、TSI 等装置运行正常无故障。

g. 用于监测的主要监视仪表经校验准确，可靠投入。

h. DAS 系统运行正常，测点指示，事故追忆（SOE），趋势显示及曲线打印等功能工作正常。

i. 甩负荷试验的主要数据测点已与测试仪器逐一校对，连接好，处于随时测取状态。

（4）试验原则性方案。

甩负荷试验按常规法甩负荷试验进行。为了确保甩负荷试验安全顺利地进行，特制定如下几点原则及方案。

1）采用常规法甩负荷试验，即突然断开发电机出口主开关，机组与电网（或负荷）解列，甩去 50％负荷和 100％负荷，并测取调节系统的动态特性。

2）为确保甩负荷试验过程中厂用电源可靠，甩负荷前厂用电应切至启动备用变。

3）当甩 50％额定负荷后，转速动态超调量大于或等于 5％（根据现场条件决定）时，则应中断试验，不再进行甩 100％额定负荷试验。

4）当甩 50％额定负荷试验不成功时，即终止试验，分析原因。当甩 100％额定负荷试验不成功时，分析原因。

6. PSS 实测试验

试验按照《电力系统稳定器整定试验导则》（DL/T 1231—2013）进行。

（1）试验条件。

1）试验机组和励磁系统处于完好状态，调节器除 PSS 外，所有附加限制和保护功能投入运行。

2）与试验机组有关的继电保护投入运行。

3）励磁调节器制造厂家技术人员确认设备符合试验要求。

4）试验人员熟悉相关试验方法和仪器，检查试验仪器工作正常。

5）试验时，发电机组有功功率能保持在 9MW 以上。

6）试验时，励磁调节器单通道运行，另一套备用。

7）在试验前，应向厂家取得励磁系统传递函数模型（AVR、PSS）

（2）试验接线。

1）将发电机 TV 三相电压信号、A、B、C 三相电流信号以及发电机励磁电压、励磁电流信号接入波形记录仪，试验时记录发电机的电压、有功功率、发电机励磁电压、励磁电流信号。

2）将动态信号分析仪的白噪声信号接入励磁调节器的 TEST 输入端子。

（3）试验项目。

1）励磁系统无补偿特性测量。

在 PSS 输出信号叠加点输入白噪声信号（PSS 退出运行），用动态信号分析仪测量发电机端电压对于 PSS 输出信号叠加点的相频特性即励磁系统滞后特性。无补偿特性要分别在两套调节器中进行。

2）PSS 超前/滞后整定。

根据励磁系统无补偿特性和 PSS 的传递函数计算 PSS 相位补偿特性整定 PSS 参数。

3）有补偿特性试验。

在 PSS 投入运行的情况下，在 PSS 的信号输入端输入白噪声信号，用动态信号分析仪测量发电机电压对于 PSS 信号输入点的相频特性。校验 PSS 补偿特性的正确性（如果励磁调节器不能满足该试验功能，可按照励磁调节器制造厂家方法进行）。

4）PSS 临界增益测量。

逐步增加 PSS 的增益，观察发电机转子电压和无功功率的波动情况，确定 PSS 的临界增益。PSS 的实际增益取临界增益的 1/3～1/2。

5）电压给定阶跃试验。

在 PSS 投入、退出以及改成 PSS-1A 模型三种情况下进行发电机电压给定阶跃试验并录波，阶跃量根据发电机有功的波动情况进行调整，但一般不超过额定电压的 4%，比较 PSS 投入、退出以及改成 PSS-1A 模型三种情况下有功功率的波动情况，需要的话可对 PSS 的参数进行调整。

试验合格后，将最终的 PSS 参数写入另一套调节器。然后切换到另一套调节器运行，重复进行该项。

6）PSS 输出限幅试验。

将 PSS 的输出限幅值设置到一个比较低的数值，重新进行机端电压阶跃试验，检查 PSS 的输出被限制的情况。

7）PSS 自动投切功能检查。

将 PSS 的自动投切功率门槛设置到一个合适的水平，通过发电机功率的调节检查 PSS 自动投切的情况。

8）PSS 反调试验。

在 PSS 投入的情况下，按照运行时可能出现的最快调节速度进行原动机功率调节，观察发电机无功功率的波动即反调情况。

7. 励磁系统参数实测

发电机励磁控制系统对电力系统的静态稳定、动态稳定和暂态稳定性都有显著的影响。在电力系统稳定计算中采用不同的励磁系统模型和参数，其计算结果会产生较大的差异。因此需要能正确反映实际运行设备运行状态的数学模型和参数，使得计算结果真实可靠。

以前大部分电网采用 E_q' 恒定的发电机模型或与实际相差甚远的励磁系统模型和参数进行计算，随着我国电力系统全国联网和西电东送工程的实施，对电力系统稳定计算提出了更高的要求。新的稳定导则要求发电机采用精确模型，也要求在计算中采用实际的励磁系统模型和参数。

励磁系统模型参数测试动态试验包括发电机空载试验和负载试验两部分。

空载试验包括发电机空载励磁特性测试、发电机空载时间常数测量试验、比例放大倍数测量试验、发电机大干扰阶跃试验、发电机小干扰阶跃试验等；在发电机定速后并网前完成。该部分在前章已做描述。

负载试验包括发电机调差极性校核、调差系数校核和静差率测试等，在发电机并网后进行。

试验时对下列各电气量进行测量或录波。

（1）发电机定子三相电压，接入分析仪。

（2）发电机 A、C 相电流：取自调节器屏上，接入分析仪。

（3）发电机转子电压 U_{fd}：取自发电机转子，接入分析仪。

（4）发电机转子电流 I_{fd}：取自发电机转子（分流器信号），接入分析仪。

（5）他励试验条件下进行的试验。

具体步骤如下。

（1）调差极性校核。

1）试验条件：发电机并网运行，励磁自动方式；发电机有功功率为零（或较小），无功功率按照要求决定。

2）试验方法。

保持给定电压不变，逐步改变 AVR 调差系数。

分别在调差系数为－3％、－2％、－1％、0、1％、2％、3％时记录发电机无功功率、发电机电压等值。发电机无功功率、发电机电压应呈现下降趋势。

（2）调差系数校核。

1）试验条件：被试机组励磁调节器调差系数设置在－3％

2）试验方法：在发电机并网后，将发电机无功调到一个比较高的水平上，记录此时的无功和励磁系统给定值。然后通过测调差极性的方法使发电机无功降到一个较低水平，记录下此时的无功。随后调节励磁系统的给定，使发电机无功达到试验前的水平上，记录此时的给定电压。根据电压差与无功差计算调差系数。

（3）静差率测试。

将励磁系统调差系数设置为 0，随着发电机有功的增长，长时间保持励磁系统给定电压不变。记录发电机在不同有功和无功水平下的机端电压水平。本试验也可以采用甩无功负荷的试验方法进行。跳闸前将发电机无功调到 20Mvar 以上，突然切除发电机开关，记录跳闸前后发电机机端电压并计算励磁系统静差率。

8. 发电机进相试验

(1) 目的。

在确定保证发电机组安全稳定运行的前提下，测取发电机实际最大进相深度，从而达到指导生产运行的目的，为电网调度提供依据。

试验按照《同步发电机进相试验导则》(DL/T 1523—2016) 进行。

(2) 应具备的条件。

1) 电网电压限制。

试验中，要求保证电厂 35kV 母线电压不低于调度要求的电压，即当电厂 35kV 母线电压接近限制值时，一般应调整非试验机组的无功，以使进相试验不受此项限制。

2) 发电机定子电压限制和厂用电压限制。

a. 发电机定子电压不低于 90%额定电压。

为确保 35kV 母线电压不低于调度要求的电压，机组最终进相机端电压应在 0.95 左右，但由于主变漏抗以及高厂变负荷的影响，机端电压应该比 0.95 还要低一些。

b. 厂用母线电压不低于 90%额定电压。

实际试验中要重点监视该电压，在试验中对重要的异步电动机的电流也要予以监视，防止电动机损坏。

a) 发电机定子电流限制。发电机定子电流不超过 1.05 倍额定值。

b) 发电机端部允许温升限制。为保证发电机在进相试验中的安全，进相时按制造厂对发电机各部最高允许温度降低 10℃控制。以下是机组的设计允许值。

c) 发电机进相不做到失步，试验时应留有一定稳定余度，发电机功角不超过 70°。

d) 发电机失磁保护整定值。在这些限制条件中，发电机失磁保护按正式整定值投入，发电机励磁调节器 P-Q 限制曲线开放，待进相试验完成后，按实际进相深度整定 P-Q 限制曲线。

(3) 试验项目及步骤。

1) 试验前必须向调度汇报，得到许可后方可进行每一阶段的试验。

2) 试验只做机组带 50%P_e、75%P_e 和 100%P_e 下的进相深度测试。

3) 为了测试出机组的最大进相深度，在进相试验前，调整励磁系统的 P-Q 限制曲线，符合进相试验的要求。机组采用自动励磁方式的，双套自动励磁均投入，不退出发电机—变压器组的保护，试验中应及时调整电厂的无功电压，必要时通知调度调整 35kV 系统电压，保证试验过程中电厂电网的母线电压不低于调度要求的电压，使得机组能达到满足电网稳定条件、机组本身安全运行条件下的允许进相深度。

4) 试验发电机组并入系统，调整发电机有功至 50%P_e，机组滞相运行；在滞相稳定运行状况下，记录下各电气参数（发电机有功、无功，定子、转子电压电流，发电机端电压，35kV 母线电压，厂用母线电压）、内功率角及边段铁芯温度和额定入口、出口风温。

5）参数测完后，逐渐减小转子电流，使功率因数为 1 时，发电机各部温度稳定后（30~60min），再测量该工况下所测各项数据。

6）继续减小转子电流，递减到进相深度限制值，使发电机进入进相运行，在每种工况下待发电机各部温度稳定后，记录下各电气参数再测量所测各项数据；试验时，试验及运行人员要密切监视发电机各参数，不能超过发电机各限制条件，如有其中任一参数超过，应立即增加励磁，减少进相深度。

参 考 文 献

［1］ 裴雅晴. 500kW 压缩空气储能示范项目测控系统关键技术研究［D］. 河南大学，2015.

［2］ 余耀，孙华，许俊斌，等. 压缩空气储能技术综述［J］. 装备机械，2013，143（01）：68-74.

［3］ 陈海生. 压缩空气储能技术的特点与发展趋势［J］. 高科技与产业化，2011，181（06）：55-56.

［4］ 孔庆东. 发电、输变电工程接入系统设计报告编写指南［M］. 北京：中国电力出版社，2014.

［5］ 国家发展改革委. 可再生能源发展"十三五"规划发改能源〔2016〕2619 号［EB/OL］（2016-12-10）. http：//www. ndrc. gov. cn/zcfb/zcfbtz/201612/t20161216_830264. html.

［6］ 董旭柱，吴争荣，刘志文，等. 智能配电网研究热点［J］. 南方电网技术，2016，10（05）：1-9.

［7］ 文贤馗，张世海，邓彤天，等. 大容量电力储能调峰调频性能综述［J］. 发电技术，2018，39（6）：487-492.

［8］ 国际能源网. "三弃"电量近 1100 亿 kWh，损失 487 亿元！2017 年，水、火、风、光、核到底弃了多少电？［EB/OL］（2018-03-22）. http：//www. in-en. com/article/html/energy-2266640. html.

［9］ 郭祚刚，雷金勇，邓广义. 匹配新能源电能并网的压缩空气储能站性能研究［J］. 南方能源建设，2018，5（3）：26-32.

［10］ 张营，郭森闯，王兴国，等. 压缩空气储能系统汽轮机运行方式研究［J］. 汽轮机技术，2018，60（6）：471-474.

［11］ 郭欢，徐玉杰，张新敬，等. 蓄热式压缩空气储能系统变工况特性［J］. 中国电机工程学报，2018，39（5）：1366-1377.

［12］ Chen H, Cong T N, Yang W, et al. Progress in electrical energy storage system：A critical review［J］. Progress in Natural Science, 2009, 19（3）：291-312.

［13］ Guo H, Xu Y, Chen H, et al. Corresponding-point methodology for physical energy storage system analysis and application to compressed air energy storage system［J］. Energy, 2018, 143（15）：772-784.

［14］ Chen H, Tan C, Liu J, et al. Energy storage system using supercritical air［P］. International Patent Application NumberPCT/CN2010/001325（International Publicaiton Number WO2011/054169）.

［15］ Zunft S, Tamme R, Nowi A, et al. . Adiabatic compressed air storage power plants. An element for grid integration of wind power；Adiabate Druckluftspeicherkraftwerke. Ein Element zur netzkonformen Integration von Windenergie. Energiewirtschaftliche Tagesfragen, 2005, 55（7）：451-455.

［16］ Succar S, Williams R H. Compressed air energy storage：theory resources and applications for wind power. Princeton Environmental Institute Report, Available online：http：//www. princeton. edu/pei/energy/publications/texts/SuccarWilliams_PEI_CAES_2008April8. pdf［8 April 2008］.

［17］ Hartmann N, Vohringer O, Kruck C, et al. Simulation and analysis of different adiabatic compressed air energy storage plant configurations［J］. Applied Energy, 2012, 93：541-548.

［18］ Guo Z, Deng G, Fan Y, et al. Performance optimization of adiabatic compressed air energy storage with ejector technology［J］. Applied Thermal Engineering, 2016, 94：193-197.

［19］ 郑明秀，佟杨，王继洋. 蒸汽喷射器设计理论及其节能应用［J］. 自动化应用，2016，（08）：65-

66+68.

[20] El-Dessouky H, Ettouney H, Alatiqi I, et al. Evaluation of steam jet ejectors [J]. Chemical Engineering and Processing, 2002, 41 (6) 551-561.

[21] Chen L, Hu P, Zhao P, et al. A novel throttling strategy for adiabatic compressed air energy storage system based on an ejector [J]. Energy Conversion and Management, 2018, 158: 50-59.

[22] 文贤馗, 张世海, 王锁斌. 压缩空气储能技术及示范工程综述 [J]. 应用能源技术, 2018, (03): 43-48.

[23] 文贤馗, 张世海, 盛勇, 等. 压缩空气储能膨胀机进气阀严密性试验 [J]. 分布式能源, 2017, 2 (06): 26-30.

[24] 文贤馗, 陈雯, 钟晶亮, 等. 面向废弃能量收集的风电-压缩空气储能耦合发电系统 [J]. 节能, 2019, 38 (02): 107-110.

[25] 文贤馗, 李盼, 钟晶亮, 等. 基于喷气射流装置的压缩空气储能透平进气调节系统 [J]. 汽轮机技术, 2020, 62 (03): 173-175+208.

[26] 文贤馗, 李翔, 钟晶亮, 等. 压缩空气储能进气调节伺服系统研究 [J]. 电站系统工程, 2021, 37 (04): 66-68+71.

[27] 李盼, 杨晨, 陈雯, 等. 压缩空气储能系统动态特性及其调节系统 [J]. 中国电机工程学报, 2020, 40 (07): 2295-2305+2408.

[28] 文贤馗, 钟晶亮, 卿绍伟, 等. 含射气抽气器配气机构对蓄热式压缩空气储能系统释能功率的影响 [J]. 节能技术, 2020, 38 (03): 240-246.

[29] 文贤馗, 李翔, 钟晶亮, 等. 压缩空气储能发电调节系统性能测试 [J]. 自动化与仪器仪表, 2021, (04): 203-206.

[30] Wen X, Li X, Deng T, et al. Economic Analysis of AA-CAES Power Station [J]. Solid State Technology, 2020, 63 (3): 4539-4557.

[31] 文贤馗, 刘石, 李翔, 等. 先进压缩空气储能系统模拟与效率分析 [J]. 动力工程学报, 2021, 41 (09): 802-808.

[32] Qing S, Chen W, Hu Z, et al. Performance enhancement of a natural-gas-fired high-temperature thermoelectric generation system: Design, experiment and modelling optimization [J]. Journal of Power Sources, 2021, 493: 229704.

[33] Qing S, Wang Ya, Wen X, et al. Optimal working-parameter analysis of an ejector integrated into the energy-release stage of a thermal-storage compressed air energy storage system under constant-pressure operation: a case study [J]. Energy Conversion and Management, 2021 247: 114715.

[34] Li P, Yang C, Sun L, et al. Dynamic characteristics and operation strategy of the discharge process in compressed air energy storage systems for applications in power systems [J]. International Journal of Energy Research, 2020, 44 (8): 6363-6382.

[35] Bai J, Liu F, Xue X, et al. Modelling and control of advanced adiabatic compressed air energy storage under power tracking mode considering off-design generating conditions [J]. Energy, 2021, 218.

[36] Bhowmik P, Chandak S, Rout P K. State of charge and state of power management in a hybrid energy storage system by the self-tuned dynamic exponent and the fuzzy-based dynamic PI controller [J]. International Transactions on Electrical Energy Systems, 2019.

[37] Widjonarko, Soenoko R, Wahyudi S, et al. Design of air motor speed control system for small scale

compressed air energy storage using fuzzy logic [J]. IOP Conference Series: Materials Science and Engineering, 2019, 494 (1): 012025.

[38] 文贤馗, 刘石, 李翔, 等. 先进压缩空气储能系统模拟与效率分析 [J]. 动力工程学报, 2021, 41 (09): 802-808.

[39] 李扬, 张新敬, 宋健斐, 等. 压缩空气储能系统释能过程动态调控 [J]. 储能科学与技术, 2021, 10 (05): 1514-1523.

[40] 李广阔, 王国华, 薛小代, 等. 金坛盐穴压缩空气储能电站调相模式设计与分析 [J]. 电力系统自动化, 2021, 45 (19): 91-99.

[41] 王丹, 张甜甜, 吴嘉禾, 等. 大规模压缩空气储能系统发电方式与运行控制分析与构想 [J]. 电力系统自动化, 2019, 43 (24): 13-22.

[42] Jiang R, Qin F, Chen B, et al. Thermodynamic performance analysis, assessment and comparison of an advanced tri generative compressed air energy storage system under different operation strategies [J]. Energy, 2019, 186 (Nov. 1): 115862.1-115862.16.

[43] Long Xiang Chen, Peng Hu, Pan Pan Zhao, Mei Na Xie, Dong Xiang Wang, Feng Xiang Wang. A novel throttling strategy for adiabatic compressed air energy storage system based on an ejector [J]. Energy Conversion and Management, 2018, 158:

[44] Zhonghe Han, Senchuang Guo. Investigation of discharge characteristics of a tri-generative system based on advanced adiabatic compressed air energy storage [J]. Energy Conversion and Management, 2018, 176.

[45] Fu Hailun, He Qing, Song Jintao, Shi Xinping, Hao Yinping, Du Dongmei, Liu Wenyi. Thermodynamic of a novel advanced adiabatic compressed air energy storage system with variable pressure ratio coupled organic rankine cycle [J]. Energy, 2021, 227.

[46] 韩中合, 李威. 不同储气室和工质下 AA-CAES＋CSP 系统运行特性研究 [J]. 太阳能学报, 2021, 42 (07): 51-57.

[47] 周升辉, 何阳, 陈海生, 等. 喷射器强化压缩空气储能充能过程 [J]. 储能科学与技术, 2021, 10 (05): 1503-1513.

[48] 刘嘉豪, 王星, 张雪辉, 等. 压缩空气储能系统膨胀机调节级配气特性数值研究 [J]. 储能科学与技术, 2020, 9 (02): 425-434.

[49] 郭欢, 徐玉杰, 张新敬, 等. 蓄热式压缩空气储能系统变工况特性 [J]. 中国电机工程学报, 2019, 39 (05): 1366-1377.

[50] Jiang Runhua, Cai Zhuodi, Peng Kewen, Yang Minlin. Thermo-economic analysis and multi-objective optimization of polygeneration system based on advanced adiabatic compressed air energy storage system [J]. Energy Conversion and Management, 2021, 229.

[51] Li, Shihong Miao, Xing Luo, Binxin Yin, Ji Han, Jihong Wang. Dynamic modelling and techno-economic analysis of adiabatic compressed air energy storage for emergency back-up power in supporting microgrid [J]. Applied Energy, 2020, 261 (C).

[52] 蔡杰, 张世旭, 廖爽, 等. 考虑 AA-CAES 装置热电联储/供特性的微型综合能源系统优化运行策略 [J]. 高电压技术, 2020, 46 (02): 480-490.

[53] 薛小代, 刘彬卉, 汪雨辰, 等. 基于压缩空气储能的社区微能源网设计 [J]. 中国电机工程学报, 2016, 36 (12): 3306-3314.

[54] 严毅, 张承慧, 李珂, 等. 含压缩空气的微网复合储能系统主动控制策略 [J]. 电工技术学报,

2017, 32 (20): 231-240.

[55] 胡厚鹏. 分布式微电网中压缩空气储能系统的动态建模 [D]. 贵州大学, 2018.

[56] M. Ammal Dhanalakshmi, P. Deivasundari. Modular compressed air energy storage system for 5kW wind turbine: A feasibility study [J]. Clean Technologies and Environmental Policy, 2021 (pre-publish).

[57] Lucio Tiago Filho Geraldo, Andrés Lozano Vela German, da Silva Luciano José, Tonon Bitti Perazzini Maisa, Fernandes dos Santos Estefânia, Fébba Davi. Analysis and feasibility of a compressed air energy storage system (CAES) enriched with ethanol [J]. Energy Conversion and Management, 2021, 243.

[58] Abouzeid Said I., Yufeng Guo, Hao chun Zhang. Cooperative control framework of the wind turbine generators and the compressed air energy storage system for efficient frequency regulation support [J]. International Journal of Electrical Power and Energy Systems, 2021, 130.

[59] Xiaotao Chen, Xiaodai Xue, Yang Si, Chengkui Liu, Laijun Chen, Yongqing Guo, Shengwei Mei. Thermodynamic analysis of a hybrid trigenerative compressed air energy storage system with solar thermal energy [J]. Entropy, 2020, 22 (7).

[60] Rafał Hyrzyński, Paweł Ziółkowski, Sylwia Gotzman, Bartosz Kraszewski, Janusz Badur. Thermodynamic analysis of the Compressed Air Energy Storage system coupled with the Underground Thermal Energy Storage [J]. E3S Web of Conferences, 2019, 137:

[61] Xiaotao Chen, Tong Zhang, Xiaodai Xue, Laijun Chen, Qingsong Li, Shengwei Mei. A solar-thermal-assisted adiabatic compressed air energy storage system and its efficiency analysis [J]. Applied Sciences, 2018, 8 (8):

[62] 张华煜, 陈上, 朱彤, 等. 含有绝热压缩空气储能的分布式能源系统供能特性研究 [J]. 中国电机工程学报, 2018, 38 (S1): 142-150.

[63] Ghalelou Afshin Najafi, Fakhri Alireza Pashaei, Nojavan Sayyad, et al. A stochastic self-scheduling program for compressed air energy storage (CAES) of renewable energy sources (RESs) based on a demand response mechanism [J]. Energy Conversion and Management, 2016, 120 (JUL.): 388-396.

[64] 北极星储能网. 压缩空气储能技术综述 [EB/OL] (2018-03-26). https://news.bjx.com.cn/html/20180326/887692-1.shtml.

[65] 姬忠礼, 邓志安, 赵会军. 泵和压缩机 (第二版) [M]. 北京: 石油工业出版社, 2015.

[66] 丑一鸣, 段茂金. 活塞膨胀机 [M]. 北京: 机械工业出版社, 1982.

[67] t41sfgm. 第 5 章膨胀机 [EB/OL]. (2015-06-13). https://www.doc88.com/p-2989594539623.html.

[68] 侯淑华, 孙洪泉. 泵和压缩机的使用与维护 [M]. 北京: 石油工业出版社, 2015.

[69] 靳兆文. 压缩机运行与维修实用技术 [M]. 北京: 化学工业出版社, 2014.

[70] 梅生伟, 李建林, 朱建全, 等. 储能技术 [M]. 北京: 机械工业出版社, 2022.

[71] 张利, 李友荣. 换热器原理与计算 [M]. 北京: 中国电力出版社, 2017.

[72] 中国华电工程 (集团) 有限公司, 上海发电设备成套设计研究院组编. 大型火电设备手册 汽水系统 [M]. 北京: 中国电力出版社, 2009.